実用電源回路設計ハンドブック
戸川治朗　CQ出版株式会社　2003

著 者 简 介

戸川治朗

　1949 年　出生于栃木县

　1973 年　毕业于新潟大学工学部。曾任职于长野日本无线（株）、SANKEN
　　　　　ELECTRIC（株），现就职于岩崎通信机（株）、产业计测（事）计测技术
　　　　　部。从事高频、低噪声开关调整控制电路的研究与开发业务

　著　作　《スイッチング・レギュレータの設計法とパワーデバイスの使い方》
　　　　　（诚文堂新光社）
　　　　　《スイッチング電源応用設計上の問題と対策》（TRICEPS）等。

实用电源电路设计

从整流电路到开关稳压器

〔日〕户川治朗　著

高玉苹　唐伯雁　李大寨　译

宗光华　校

科 学 出 版 社

北 京

图字：01-2005-1160 号

内 容 简 介

本书根据各种应用领域的电源装置实例，详细讲解了电源的设计方法。全书内容共分两篇：第 1 篇主要介绍线性稳压器的设计方法，包括整流电路的设计方法，如何选择整流二极管和平滑电容器以及如何抑制冲击电流，稳压二极管和基准电压 IC 的基本性能及利用技术，3 端子稳压器和串联稳压器的实用设计方法，设计串联稳压器时的技巧等；第 2 篇主要介绍开关稳压器的设计方法，包括开关稳压器的概念及特征，如何选择变压器及扼流线圈，各种方式开关稳压器的设计方法及实例，电路设计中降低噪声的技术技巧等。另外，本书附录介绍了电源设计过程中散热及散热器安装技巧和电源电路的新技术。

本书注重基础，为帮助读者动手设计，采用了大量篇幅介绍相关的基础知识，甚至包括一些复杂的公式推导，同时还介绍了很多设计过程中的技术技巧，避免读者走弯路。另外本书列举了大量应用实例，能够激发读者的学习热情，指导读者如何综合运用知识进行应用设计和实践。

本书可作为计算机、通信、工业自动化等专业学生的参考用书，也可供从事电源设计的相关技术人员阅读。

图书在版编目(CIP)数据

实用电源电路设计/户川治朗著；高玉苹等译；宗光华校.—北京：科学出版社，2005
（2023.4 重印）

ISBN 978-7-03-016512-1

Ⅰ.实… Ⅱ.①户…②高…③宗… Ⅲ.电源电路-电路设计-技术手册
Ⅳ.TN710.02-62

中国版本图书馆 CIP 数据核字（2005）第 139332 号

责任编辑：杨 凯 崔炳哲 / 责任制作：魏 谨
责任印制：张 伟 / 封面设计：李 力
北京东方科龙图文有限公司 制作
http://www.okbook.com.cn
科 学 出 版 社 出版
北京东黄城根北街 16 号
邮政编码：100717
http://www.sciencep.com
北京虎彩文化传播有限公司 印刷
科学出版社发行 各地新华书店经销
*
2006 年 1 月第 一 版 开本：720×1000 1/16
2023 年 4 月第十六次印刷 印张：23 3/4
字数：462 000
定 价：46.00 元
（如有印装质量问题，我社负责调换）

译者的话

随着计算机、通信、工业自动化、电机电器和家用电器等行业的发展,电源——电子电路的动力源也迅猛发展。当今电源的设计潮流不仅表现在对电源更加准确的稳定度要求、更加优良的性能要求,还表现在对便携、使用寿命及节能等方面的要求。

本书作者根据方方面面应用领域的电源装置实例,讲解了设计方法。全书的内容分为两篇。

第1篇介绍了线性稳压器的设计方法。第1章首先介绍了整流电路的设计方法,即如何得到直流电压。接下来介绍了如何选择整流二极管和平滑电容器以及如何抑制冲击电流。另外,还特别介绍了有关扼流线圈输入型整流的知识。第2章介绍了最简单的稳压电源——稳压二极管和基准电压IC,并详细说明了利用技术。第3、4章详细说明了3端子稳压器和串联稳压器的实用设计方法。第5章说明了设计串联稳压器时的技巧。

从安排上说,第1篇和第2篇的开关稳压器是分开说明的,但是开关稳压器的某些方面是靠线性稳压技术来实现的。也就是说,在很多场合,线性稳压技术是电源电路技术的基础技术。因此,把第1篇"线性稳压器的设计方法"作为电源电路的入门技术。

第2篇介绍了开关稳压器的设计方法。作者首先在第1章总体概括了什么是开关稳压器和它的特征,并说明如何选择变压器及扼流线圈。接下来在第2~8章详细地介绍了各种方式开关稳压器的设计方法及实例。主要有斩波方式稳压器、RCC方式稳压器、正向变换器、多管式变换器、DC-DC变换器、不间断电源及高压电源。在第9章详细介绍了电路设计中降低噪声的技术技巧。

在附录部分作者向读者介绍了电源设计过程中散热及散热器安装技巧及电源电路的新技术。

本书的一个特点是注重基础。为了帮助读者动手设计,作者用了大量篇幅介绍相关的基础知识,甚至包括一些复杂的公式推导。同时作者还介绍了很多设计过程中的技术技巧,避免读者走弯路。

本书的另一个特点是列举了大量应用实例。这很适合我国学生的知识结构和知识层次。通过举例,生动具体地讲解了重要知识点。比起枯燥的纯理论,这更能激发学生的学习热情。同时也教导学生如何综合运用知识进行应用设计和实践。

由于译者的水平有限,书中难免存在错误和缺点,恳请批评指正。

前　　言

当今以存储器为代表的 IC 相关技术的发展瞬息万变,使得电子设备的性能和功能呈现出日新月异的发展,同时,产品在价格和小型化方面的变化也十分惊人。

其中尤其值得注目的是 VTR 照相机、文件处理机、膝上电脑等以电池驱动的便携式电子设备的迅速普及,这类设备的特点是小型、轻便、耗电低,所以如何延长这一类电源的工作时间成为一个需要着力研究的重要课题。

满足这个要求,就是必须根据装置本身的技术规格对各种电路、元器件的电源装置进行最佳设计。因为问题不能像以往仅仅供应必要的电压和电流那样简单了。

正因为如此,市场上出售的通用电源模块已经越来越难以满足电源在特性和经济性方面的新要求了,为个性化产品提供专用电源装置往往呈现出强烈的需求。

有些人误认为电源装置仅仅用于电压和功率的变换,电路又不大复杂,设计比较简单,因而往往轻视它,结果元器件的使用不当、可靠性不高等问题时有发生。

众所周知,电子装置消耗的功率都来自于电源,所以用于稳定电压控制的晶体管、IC 稳压器等必须在高压、强电流状态下工作,因此在半导体中功率损耗和发热问题不可避免。

开关稳压器还会有严重的噪声。电源电路可以称为电子装置运转的中枢,如果上述问题处理得不得当,肯定无法得到预期的性能。

有鉴于此,本书给出了涉及方方面面应用领域的电源装置的电路实例,讲解了设计的方法,包括整流电路的工作机理到大型开关稳压器,而且特别详尽地收录了有关 DC-DC 变换器、专用 IC 芯片的应用实例,这对机载局部稳压器的应用十分有用。除了电路设计外,对散热、噪声有关的元器件的安装也做了说明。

为了有助于读者动手设计,本书花了大量篇幅来介绍相关的基础技术,甚至包含若干读者也许觉得很繁杂的计算公式。变压器和线圈之类的设计是十分重要的内容,颇有难度,有时即使做了数值计算也未必能得到满意的结果。因此,作者还尽可能地介绍了一些技术诀窍,不过建议读者要做好思想准备,很多因素都必须靠实验才能最后敲定。

电源装置虽然简单,但是经过自己的设计和组装,圆满地实现了预期的目标,这不能不说是一件令人愉悦的事情。好,那就照着书上说的动手试试吧!

作　者

目　　录

绪　论　电源电路技术总论　·········· 1

0.1　为什么要稳压电源　·········· 1

0.2　稳压电源的两种方式　·········· 4

【专栏】　电源装置的功率转换效率　·········· 7

第 1 篇　线性稳压器的设计方法

第 1 章　整流电路的设计方法——如何得到直流电压　·········· 10

1.1　各种整流电路　·········· 10

1.2　整流二极管的选择方法　·········· 15

1.3　平滑电容器的选择方法　·········· 21

【专栏】　扼流线圈输入型整流　·········· 24

1.4　冲击电流的抑制　·········· 27

第 2 章　最简单的稳压电源——直流稳压的基础知识　·········· 31

2.1　稳压二极管和稳压电源　·········· 31

2.2　基准电压 IC 及其应用技术　·········· 37

【专栏】　TL431 在恒流电源中的应用　·········· 42

第 3 章　3 端子稳压器的应用设计方法——常用的串联稳压 IC　·········· 43

3.1　78/79 系列 IC 的使用方法　·········· 43

3.2　78/79 系列的应用技术　·········· 50

3.3　低损耗型 3 端子稳压器的使用方法　·········· 53

3.4　电压可调型 3 端子稳压器的使用方法　·········· 60

【篇外话】　100V 输入的串联稳压器 IC MAX610 的应用　·········· 65

第 4 章　串联稳压器的实用设计方法——理解稳压电源的本质　·········· 69

4.1　串联稳压器的基本组成　·········· 69

4.2　可调电压稳压器的设计　·········· 77

4.3　正负跟踪稳压器的设计　·········· 82

第5章 串联稳压器的设计技巧
　　——电源变压器的选择及散热措施 …………… 88
　　5.1 选定电源变压器 ……………………………… 88
　　5.2 半导体的发热 ………………………………… 93
　　5.3 散热器的选择 ………………………………… 96
　　【专栏】 稳压二极管的安装方法 ……………… 97

第2篇　开关稳压器的设计方法

第1章 开关稳压器概述——电路结构及元器件的要点 ………… 104
　　1.1 开关稳压器 …………………………………… 104
　　1.2 开关稳压器的基本形式 ……………………… 109
　　1.3 如何选择变压器和扼流线圈 ………………… 112
　　1.4 电子元器件 …………………………………… 123
　　【篇外话】 开关晶体管的功率损耗 …………… 133
第2章 斩波稳压器的设计方法
　　——适用非绝缘、小型单板的电路 …………… 136
　　2.1 斩波稳压器 …………………………………… 136
　　2.2 自激振荡斩波稳压器 ………………………… 139
　　2.3 利用 IC 设计斩波稳压器 …………………… 144
第3章 RCC 方式稳压器的设计方法
　　——小型、经济、高效的稳压方式 …………… 182
　　3.1 回扫变换器的基础知识 ……………………… 183
　　3.2 RCC 方式的基础 ……………………………… 189
　　3.3 变压器的设计方法 …………………………… 197
　　3.4 平滑用电容器的求法 ………………………… 203
　　3.5 扩大输入电压的范围 ………………………… 207
　　3.6 实际 RCC 稳压器的设计 …………………… 214
第4章 正向变换器的设计方法
　　——适用于中容量、高速度的方式 …………… 225
　　4.1 正向变换器基础 ……………………………… 225
　　4.2 变压器复位分析 ……………………………… 231
　　4.3 输出变压器的设计 …………………………… 236
　　4.4 次级整流电路的设计 ………………………… 239
　　4.5 辅助电源电路的设计 ………………………… 243

4.6 基于 TL494 的控制电路设计 246
4.7 开关晶体管的驱动电路设计 252

第 5 章 多管式变换器的设计方法——实现大容量变换器 269
5.1 推挽式变换器的原理 269
5.2 半桥式变换器的原理 275

第 6 章 DC-DC 变换器的设计方法
——得到彼此绝缘、且互不同值的电压 284
6.1 洛埃耶式 DC-DC 变换器 284
6.2 约翰逊式 DC-DC 变换器 290
【篇外话】 泵电源型 DC-DC 变换器 IC——ICL7660 的应用 295

第 7 章 不间断电源的设计方法——微型计算机的停电补偿 299
7.1 什么是不间断电源 299
7.2 逆变器部分的设计 300
7.3 充电器部分的设计 304

第 8 章 高压电源的设计方法
——利用 DC-DC 变换器和倍压整流 308
8.1 高压电源的原理 309

第 9 章 降低噪声的技术技巧——噪声抑制技术详解 318
9.1 噪声源 318
9.2 噪声的分类 322
9.3 噪声的传递方法 324
9.4 抑制噪声的具体方法 327
【专栏】 关于噪声的感应 329

附 录 散热及散热器安装技巧 339
▶ 热设计分析 339
▶ 散热元器件的安装 343
▶ 线路设计 346

小 结 电源电路的新技术 350
▶ 现有整流电路的缺点 350
▶ 有源平滑滤波器 354
▶ 开关频率的高频化 361
▶ 什么是共振型电源 363
▶ 共振型电源的课题 366

参考文献 368

绪　论　电源电路技术总论

※　为什么要稳压电源
※　稳压电源的两种方式

0.1　为什么要稳压电源

0.1.1　靠直流电源供电工作的电子电路

众所周知,电气设备没有电源就无法工作(图 0.1)。大部分的设备需要 5V 或 12V 稳压直流电源,虽然获得直流电源的方式多种多样,但便携式设备大都采用电池,其余都采用 100V/200V 商业交流电源[1]。

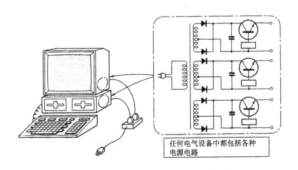

任何电气设备中都包括各种
电源电路

图 0.1　电源电路是电气设备的心脏

图 0.2 中的输入电源是交流的,所以需要经过变压器变换成所需要的电压值,再由整流变成直流电供给电路或设备。仅仅被整流过的直流电源,受到输入 AC100V 的变化、变压器和整流二极管本身电压降等的影响,电压的稳定性和精度都不大好,严重时足以使电路或设备无法达到预期的性能要求。

---

1)　该电源是日本标准,我国为 220V/380V。

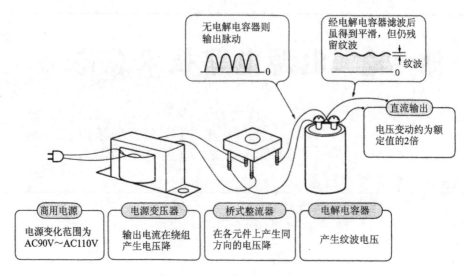

图 0.2   制作简单的直流电源

0.1.2   电压变动的原因

图 0.3 是图 0.2 的接线图,从这个两个图中可以看到直流输出电压变化的主要原因。

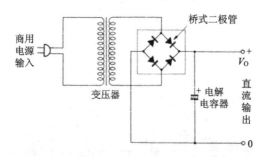

图 0.3   整流电路的构成

1.   交流电源电压的变化

日本的电源品质是相当不错的,商用电源电压的波动也很小。其电压的波动范围通常在 100V±5V 以内。在个别特殊情况下,如附近有大型空调之类的电动机时,每当电动机起动,100V 的电源电压可能下降到 90V 左右。

2.   电源变压器的电压降

变压器的大小不同电压降也不同,变压器内部的线圈由细铜线反复绕制数百匝而成,导线本身的电阻也产生电压降。

另外,变压器初级和次级之间存在的漏电感也会引起电压降。

3.　整流二极管的电压降

整流大都采用桥式二极管,如图 0.3 所示,它是由四个二极管构成的。二极管两端的电压降与流过它的电流方向相同。

4.　纹波电压

交流电源属于正弦波,即使通过电解电容器后能够得到一定程度的平滑,仍然存在纹波电压。纹波电压可看成是以 2 倍的电源频率连续变化的电压脉动。

实际上,还必须考虑图 0.4 所示的负载变化。因此,图 0.3 所示的仅仅经过整流处理的电源,其电压的波动是相当大的。如果考虑所有因素,那么输出电压的波动变化大约是商用电源输入波动的 2 倍以上。

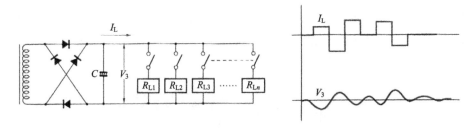

图 0.4　电子电路的负载变化

0.1.3　适合 IC 或电子元件工作的电压

不用说晶体管或 IC 等半导体元器件,就连电机、继电器、指示灯等电子元器件的外加电压都有规定的最大值。越接近这个电压值,电子元器件越容易损坏,使用寿命越短。

例如,数字集成电路 TTL 元件的额定电压为＋5V,保证正常工作的电压为 4.5～5.5V,最大电压为 7V。

再如指示灯,如果外加电压上升 10%,消耗的功率就按平方关系增加至原来的 1.2 倍,而元器件的寿命将降低一半。

在 OP 放大器构成的微弱信号放大电路中,电源电压的变化往往与信号叠加后引起信号变化或噪声。其后果是精度或稳定性达不到要求。

可见,电源电压的变化是影响电子设备性能和可靠性的重要因素。

应该说,电源电路是电子设备的心脏。普通整流电源不能满足大部分电子设备的工作要求。因此,需要借助电子技术制作稳压电源,从而得到稳定的电压供应。

0.2 稳压电源的两种方式

目前,构成直流稳压电源的方法主要有两种:线性稳压器和开关稳压器。

0.2.1 稳定性优先时采用线性稳压器

图 0.5 表示线性方式,所谓的串联稳压器和并联稳压器都属于这种方式。该方式特别适合在电压精度(稳定性)要求高或小功率的场合下使用。

也就是说,线性稳压器很少产生电气噪声,直流输出电压包含的纹波也小,可充当稳定性相当好的电源。那些对噪声非常敏感的无线电传输、测量仪器等采用这种电源是适当的选择。

然而线性稳压电源中输入电源的整流电压与输出电压之差全部施加在控制晶体管上,而且输出电流就是流过控制晶体管的集电极电流。显然,当输出电流较大时,晶体管上的功率损耗也比较大。

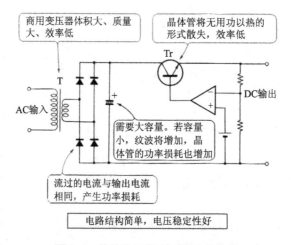

图 0.5 线性稳压器(串联型)的构成

由于功率损耗全部转化成热能,为了防止控制晶体管或二极管等半导体器件的温升超过容许值,必须安装面积很大的散热器。

大功率的应用场合(如输出功率超过 20W)很少采用这样的电源,因为电源部分的功率损耗已经相当可观了。

其十分难得的优点是电路简单、可靠性高,因此在小型局部稳压器中(图 0.6)应用非常广泛。

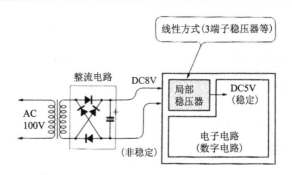

图 0.6 线性稳压器在小型局部稳压器中应用广泛

0.2.2 小型高效率开关稳压器

与线性稳压器(串联稳压器、并联稳压器)相比,图 0.7 所示的开关稳压器的转换效率高达 70% 以上。如 5V、6A 的电源,如果是线性稳压器,损耗约为 70W,换成开关稳压器,损耗可降至约 12W。这样散热器的面积也就相应地减少了。

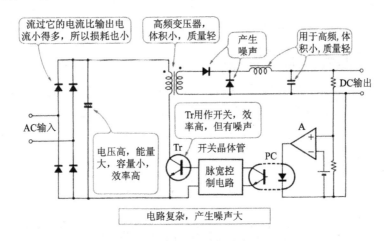

图 0.7 开关稳压器的构成

另外,电源变压器的工作频率越低,它的体积越大。如果用线性稳压器转换交流电源(50Hz/60Hz),那么电源变压器会既重又大。

比较之下,开关稳压器的工作频率一般都在数十千赫以上,它使用的功率变换晶体管体积既小质量又轻。

照片 0.1 给出普通串联稳压电源变压器和开关稳压电源变压器的对比。

在线性稳压器中,通过交流电源变压器使电压下降后整流得到直流电,因此,流过整流电路的电流就是输出电流,结果整流二极管的损耗很大,而且需要大容量的平滑电容器。

(a) 串联稳压器用(50/60Hz商用输入)   (b) 开关稳压器用(20~50kHz)

照片 0.1 电源变压器的比较

对比之下,开关稳压器的工作频率达到数十千赫以上,因此采用小型平滑电容器即可。

开关稳压器还有一个优点就是能把 AC100V 直接整流成直流输入,输入电压高,那么输入电流就相应地降低,所以整流二极管的损耗也就减小。

开关稳压方式的缺点是电路构成以及动作都非常复杂,而且电气噪声相当大。可见,它不适合用于无线电设备、测量仪器、医疗器械之类处理极微弱信号的设备。

0.2.3 开关稳压器发展的时代

近年来,随着 IC 电路集成技术的发展,复杂功能的电路趋于芯片化,逐渐地仅用具有少量几个引脚的封装元件就可组装成高效率的开关稳压器,品种应有尽有,用途极其广泛。

哪怕是输出功率只有数 W,基于 IC 的开关稳压方式直流稳压电源也比串联稳压器来的容易和便宜。

不过在这种场合,仍需要特别注意掌握 IC 的正确使用方法,否则同样会导致可靠性下降和元器件的损坏。

照片 0.2 给出市售的开关稳压器模块和单板开关稳压器。

机载开关稳压器(DC-DC转换)

(a) 100V输入电源模块   (b) 小型机载开关稳压器

照片 0.2 开关稳压器的内部

本书后续各章将分别介绍各种形式的电源电路的设计实例,内容如下:

第 1 篇　线性稳压器的设计方法

第 2 篇　开关稳压器的设计方法

全书将分别对这两部分内容进行说明。基于时代背景的关系,将第 2 篇"开关稳压器的设计方法"单独分离出来,并占用了大量篇幅。

从安排上来说,第 1 篇和第 2 篇是分开来说明的,但是开关稳压器的某些方面是靠线性稳压技术来实现的。也就是说,在很多场合线性稳压技术是电源电路技术的基础技术。因此,应该把第 1 篇"线性稳压器的设计方法"作为电源电路的入门技术来学习。

专　栏

电源装置的功率转换效率

设电源装置的转换效率为 η,则电源内部的功率损耗 P_L 为:

$$P_L = (1/\eta) - 1 \cdot P_O$$

式中:P_O 为输出功率,可通过直流输出电压 V_O 和输出电流 I_O 的乘积($V_O \times I_O$)求得。图 A 给出输出功率与功率转换效率的关系。

通常,串联稳压器输出电压越低,转换效率越差。

具体地说,采用串联稳压器方式驱动微处理器的 5V 电源,功率转换效率大约只有 30%,其余的 70% 变成了热能。例如,5V、6A 的电源,输出功率为 30W,而损耗的功率却达到 70W。

70W 功率是以热的形式损耗的,为了使元器件保持在适当温度以下,需要采用很大的散热器。显然,将它做得又轻又薄并不现实。因此,串联稳压器仅用于高精度的电源和数 W 的小功率系统中。

照片 A 给出以往经常采用的大型串联稳压电源的实例。表面上看全是散热片。

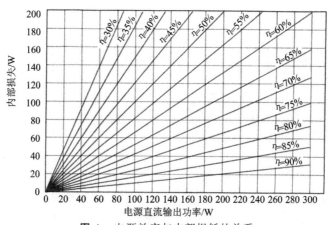

图 A　电源效率与内部损耗的关系

照片 A 带有大量散热器的串联稳压电源

第 1 篇

线性稳压器的设计方法

第1章 整流电路的设计方法
——如何得到直流电压

※ 各种整流电路
※ 整流二极管的选择方法
※ 平滑电容器的选择方法
※ 冲击电流的抑制

下面讲述如何把 AC100V 的商用交流电压直接地(采用开关稳压器时),或者经电源变压器转换(采用线性稳压器时)后的交流电压进行整流,转换成直流电压的电路。

1.1 各种整流电路

1.1.1 单二极管整流电路

商用电源为 50Hz 或 60Hz 的正弦波,每半周期电压波形正负对称。如图 1.1 所示,通过一只二极管,无论正负整流后只剩下半周期,因此称为半波整流电路。

例如,设正半周期供给电流,那么在负半周期二极管外加反向电压 V_R 为:

$$V_R = \tilde{e}$$

也就是说,在正半周期,通过二极管对电解电容器充电;在负半周期,利用二极管的反向特性防止电容器反向放电。

应该注意的是,整流电压波形为半幅正弦波,而电解电容器的充电电流却是脉动波形。如图 1.2 所示,直流输出电流 I_O 是电容器充电电流 i_C 的平均值,即

$$I_O = \frac{1}{T}\int_0^t i_C \cdot \mathrm{d}t$$

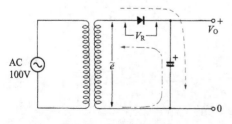

图 1.1 半波整流电路

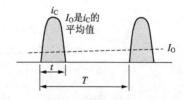

图 1.2 半波整流时电解电容的充电电流

在半波整流电路中,由于电容器的充电电流 i_C 在一个电源周期内仅流过电容器 1 次,所以此时电流最大值 i_{CP} 也达到相应的最大值。如果半波整流电路的输出电流比较大,那么就需采用平滑电容器减小电流的纹波,因此半波整流仅适用于输出数十毫安的小功率电路。

1.1.2　双二极管整流电路

相对于采用单个二极管的半波整流电路,有另外一种采用 2 只二极管,对正弦波的正负方向分别进行整流的两波整流电路,也叫做全波整流电路。

全波整流电路如图 1.3 所示,变压器在中心抽头后形成两个绕组。将变压器的两个绕组按照相同极性连接(图中有·标记的端头)。在正半周期,二极管 D_1 导通;在负半周期,二极管 D_2 导通。

整流波形如图 1.4 所示,它是以 180° 为周期反复的正弦半波脉动电流。照片 1.1 所示为波形图。如果不采取措施的话将产生零电压点,因此必须接入平滑电容器。

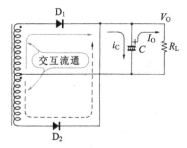

图 1.3　全波整流电路

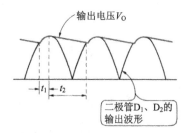

图 1.4　全波整流电路的波形

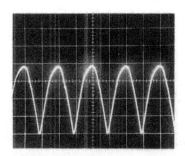

照片 1.1　全波整流波形(无平滑电容器)
(5V/div,5ms/div)

像这样在二极管整流电路的后面连接平滑电容器的整流方式叫做电容器输入型整流。

1.1.3　平滑电容器的大小决定整流电路的特性

电容器具有存储电荷的作用,所以即使外加电流的波形为交流,也能得到

图 1.4 的整流输出,即大于 0V 的直流,但并非像电池那样完全直流,它含有三角波状的纹波成分。

在图 1.4 中,当电压处于上升时段 t_1 时,通过二极管供给的脉动电压比充电后的平滑电容器 C 的电压高,因此在该时段内电容器的充电电流为 i_C。

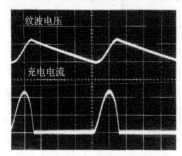

照片 1.2 全波整流电路的纹波电压和

充电电流波形

(上:0.5V/div。下:0.5V/div,2ms/div)

反过来,在 t_2 时段平滑电容器的电压高,没有充电电流,电容器只有流向负载 R_L 的电流。

纹波电压下降的斜率由负荷 R_L 和电容器 C(即时间常数)来决定,如果输出电流 I_o 变大(即负荷 R_L 变小),那么纹波电压将增加。

因此要使电压纹波平缓且与输出电流成正比,必须采用大容量电容器 C。

照片 1.2 给出实际的脉动电压与充电电流之间的关系。

该电路输出电压的最大值与输出电流无关,为正弦波的有效值 e_{rms} 的 $\sqrt{2}$ 倍,即 $1.41e_{rms}$。

1.1.4 电容器输入型整流电路的功率因数恶化

如图 1.4 所示,在电容器输入型整流电路中必有 $t_1 < t_2$,通常其比值为 $1:5$。因此充电电流 i_C 的峰值 i_{CP} 与整流电路输出电流 I_o 成比例增加。当然,i_C 的平均值通常必与 I_0 相等,因此,电容器 C 的充电电流有效值 i_{Crms} 可表示为

$$i_{Crms} = \sqrt{\frac{1}{T}\int_0^{t_1} i_C{}^2 \mathrm{d}t}$$

电流 i_{Crms} 流过二极管和变压器构成了整流电路的输入电流。那么从 AC 输入侧看,功率因数 $\cos\phi$ 可表示为

$$\cos\phi = \frac{W}{V \cdot A}$$

由此可知功率因数恶化了。

V、A 分别表示交流电路的电压和电流的有效值,W 表示交流输入功率。此值通常在 $0.55\sim0.6$ 之间。

电气电路理论上的功率因数如图 1.5 所示,即电流与电压的相位差。在电容器输入型整流电路中电流和电压之间几乎没有相位差。为了增大交流电流的有效值,应该增大视在功率 $V \cdot A$ 的值。

照片 1.3 所示为电容器输入型整流电路的变压器端子电压和电流波形。

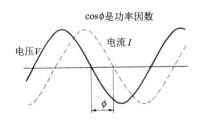

图 1.5 电气电路理论上的功率因数

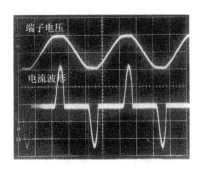

照片 1.3 电容器输入型整流电路的变压器端子电压和电流波形

最近,为了克服功率因数下降,一种所谓的有源平滑滤波器方式逐渐普及。这部分内容将在本书最后(电源电路的新技术)中加以介绍。

1.1.5 4 只二极管构成的整流电路

应用最广的整流电路是由 4 只二极管构成的桥式整流电路(图 1.6),可以把它看成为全波整流电路的另外一种形式。但是由于变压器只有一个绕组,故必须采用 4 只二极管。实际上,利用 4 只二极管构成的桥式二极管(见照片 1.4)在市场上大量有售,用起来非常方便。

在图 1.6 中实线和虚线所表示的电流分别代表正、负半周内交互流动的电流,因此电路的工作情况与全波整流电路的一致。

为了实现全波整流,桥式整流电路在电流的流动路径上必须串接 2 只二极管,因而二极管正方向的电压降 V_F 是全波整流的 2 倍,导致功率损耗有所增加。

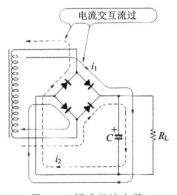

图 1.6 桥式整流电路

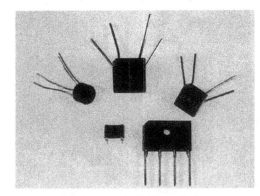

照片 1.4 各种桥式二极管

普通硅二极管的正向电压降大约是 1V,在 4 个二极管的整流电路中,当输出电压很低时,二极管的正向电压降 V_F 与输出电压之比很大,这是导致功率转换效率低的主要原因。

假设整流电压为 5V 和 20V,输出电流都是 1A,二极管的正向电压降 V_F 是 1V,那么 5V 输出时的输入功率 P_5 为:

$$P_5 = (5V + 2V_F) \times 1A = 7W$$

效率 η_5 为:

$$\eta_5 = \frac{5}{P_5} = \frac{5}{7} = 71.4\%$$

另外,20V 输出时有:

$$P_{20} = (20V + 2V_F) \times 1A = 22W$$

效率为:

$$\eta_{20} = \frac{20}{P_{20}} = \frac{20}{22} = 90.9\%$$

可见,二者之间存在很大的差值。

因此可知,与全波整流电路比较,桥式整流不适合低电压、大电流的整流电路。

另外,桥式整流电路的输出纹波与电容器输入型的全波整流电路相同。

1.1.6 输出正负电源的整流电路

利用由 4 只二极管构成的桥式二极管可制成全波整流的正负电源。这时需要带有中心抽头的变压器,电路如图 1.7 所示。

图中①和①′或②和②′每半个周期分别有电流同时流过。且①和②只对电容器 C_1 充电,而①′和②′只对电容器 C_2 充电。

由于变压器的中心抽头与平滑电容器 C_1 与 C_2 之间的中点相连,若设该点的电位为 0V,则可输出绝对值完全相等的正负电压。而从各个电容器 C_1、C_2 看来,也可以看成是两个独立的全波整流电路。

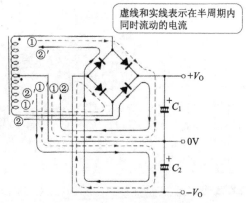

图 1.7 正负电源的整流电路

如果不用电路的中间输出点,而使用两端的输出点,则可以得到一个倍压整流电路。

1.2 整流二极管的选择方法

1.2.1 二极管和桥式二极管的特性

正如自己的记号所示,二极管是仅沿▶方向导通的元件。在图 1.8 中,流过的正电流 I_F 必产生正向电压降 V_F,V_F 与正方向电流存在依赖关系,但不是比例关系,而是非线性关系。

正向电流 I_F 和正向电压 V_F 必然会产生功率损耗,因此在大电流(1A 以上)的整流电路中,必须注意二极管自身的发热问题。

在整流电路中,还经常采用图 1.9 所示的一组包含 4 只二极管的桥式二极管。由于这些二极管只是物理组合在一起,使用方法与普通二极管并无二致。

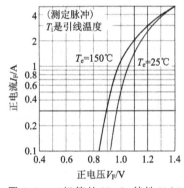

图 1.8　二极管的 V_F-I_F 特性(1A)

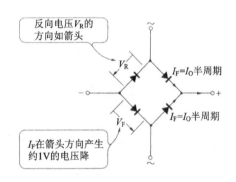

图 1.9　桥式二极管

无论半波整流或是全波整流的电容器输入型整流电路,一般都采用二极管。在这种场合需要注意的是平滑电容器的充电电流都是脉动的(图 1.2 和图 1.4),在确定二极管的额定值时要考虑到这一点。

1.2.2 二极管反向耐压 V_{RM} 的求解方法

在图 1.10 所示的全波整流电路中,当 D_1 导通时,D_2 的阴极与阳极间的外加电压 V_D 为 $2e$。e 为正弦波,故施加于二极管的最大电压值 $V_{D(max)}$ 为:

$$V_{D(max)} = 2\sqrt{2} \times e_{rms}$$

实际上,如果 AC 输入电压有变化,e_{rms} 也按比例随之变化,因此在最大输入电压下也要保证 $V_{D(max)}$ 不能超过二极管的耐压 V_{RM}。

另外,在桥式整流电路中,变压器只有一个绕组,因此加在二极管上的反向电压为 e。值得注意的是二极管并不是串联连接的,各二极管的外加电压最大值都是 $\sqrt{2}\,e_{rms}$。

整流电路的实际应用过程中,由于还存在外部的噪声和冲击,因此元器件的耐压必须留有较大的余裕。反向耐压的估计值大致定为整流电压的 2 倍。

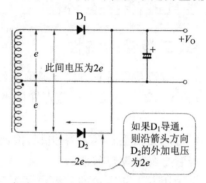

图 1.10 整流二极管的反向电压

1.2.3 二极管正向电流的求解方法

下面来研究一下电流条件。对于普通电容器输入型整流电路,流过二极管的电流 i_C 不是正弦波状而是纹波状。纹波状电流在不同的条件下,最大值是不同的。

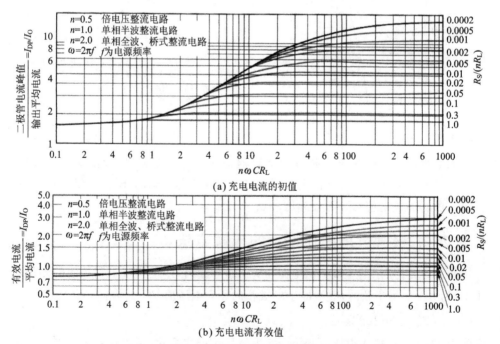

图 1.11 O. H. Schade 曲线(1)

首先,由于二极管的电流 i_C 的平均值 $I_{(ave)}$ 与整流后的直流电流 I_O 相等,设半个循环周期为 T,电流流过二极管的时间为 t_1,则有

$$\frac{1}{T}\int_0^{t_1} i_C \cdot \mathrm{d}t = I_O$$

一般地，整流二极管的正向电流 I_F 由 i_C 的平均值来决定其最大额定值，但该电流是直流状态下的额定值，如果电流脉动，那么应用时必须适当降低额定值。

由图 1.11 所示的 O. H. Schade 曲线可以求出脉动电流的大致数值。表 1.1 可由 1.3 节将要介绍的平滑电容器来求得。

在图 1.11 中，横坐标 $n\omega CR_L$ 中的 n 为简单常数，在全波整流电路中 $n=2$，C 为平滑电容器的容量，R_L 为负载电阻。R_L 可以根据整流电压和直流输出电流 I_O 求得：

$$R_L = V_O / I_O$$

通常情况下，$n\omega CR_L$ 取值在 $40\sim60$ 之间较为合理。

表 1.1　二极管的允许电流（没有带散热器）

种　类	型号外形	额定电流/A	许用电流/A	主要二极管型号
引线型(小)	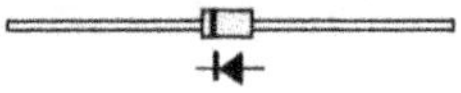	1	0.5	DIV(新电元) EM1(三星)
引线型(大)	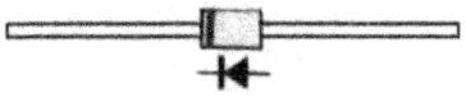	2.5	1	S3V(新电元) RM4(三星)
桥式二极管 (单列直插)	 S1VB	1	0.5	S1VB(新电元) 1B4B(东芝)
桥式二极管	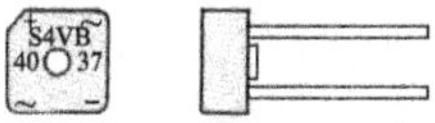 S4VB 40○37	2	1	S2VB(新电元) 2B4B(东芝)
桥式二极管	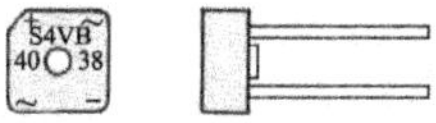 S4VB 40○38	4	1.8	S4VB(新电元) 4B4B(东芝)

图 1.11 的右侧的纵坐标 $R_S/(nR_L)$ 表示负载电阻与线性阻抗之比，R_S 为线性阻抗，如图 1.12 所示。其中除线路的阻值外，还需考虑变压器绕组的电阻值。如果是小型电源变压器，由于绕组的导线细、匝数多，R_S 的值将很大。

由上述条件确定图表，并从左侧纵坐标读取数值（I_{DP}/I_O）。将该数值与直流输出电流 I_O 相乘即可得到峰值电流 i_{CP}。

通常 i_{CP} 为 I_O 的 $2\sim3$ 倍，因此所选用二极管的最大额定值大约为 I_O 的 1.5 倍。这是因为二极

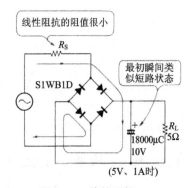

图 1.12　线性阻抗

管的正向电流 I_F 是根据整流后的直流输出电流来确定的,不过个别的也由峰值电流来确定。

例如,设直流输出电压 $V_O=15V$、输出电流 $I_O=3A$,则 $n\omega CR_L=50$。那么负载电阻 R_L 为:

$$R_L=\frac{V_O}{I_O}=\frac{15}{3}=5(\Omega)$$

设线性阻抗 $R_S=1\Omega$,则有:

$$\frac{R_S}{n \cdot R_L}=\frac{1}{2\times5}=0.1$$

由图 1.11(a)曲线有:

$$\frac{I_{DP}}{I_O}=2.7$$

于是流过二极管的峰值电流 I_{DP} 为:

$$I_{DP}=2.7\times I_O=2.7\times3=8.1(A)$$

由此可知,相对于负载电阻 R_L,线性阻抗的阻值越低,流过二极管的电流值越大。

1.2.4　二极管的浪涌电流

二极管的另外一个电流参数是最初形成的浪涌电流 I_{FSM}。

在电容器输入型整流电路中,当电源开关 ON 的瞬间,平滑电容器两端的电压是 0V。因此从变压器看来,二极管导通,电容器处于短路状态。

就是说,在开关 ON 的最初一瞬间,电容器的充电电流很大。该电流称为冲击电流,如图 1.13 所示,在大充电电流作用下电容器两端的电压上升,然后充电电流慢慢落回到正常状态。

在 AC100V 线性操作型直接整流的开关整流器中,该电流值甚至超过 100A。即使是采用电源变压器的串联稳压器,如果整流电压在 40~50V 之间,冲击电流也可达 30A 以上。

显然,该冲击电流同样将流经二极管,因此所选的二极管必须能够承受该电流值。

如图 1.14 所示,通常整流二极管的耐浪涌电流量 I_{PSM} 的容许值是正向电流 I_F 的 10 倍左右。但这仅仅是 1 个周期的保证值,当二极管的温度很高时,它的容许值将降低。因此必须采用额定余裕值足够大的二极管。

1.2.5　二极管的功率损耗

由二极管的正向电压降 V_F 和正向电流 I_F 可求得二极管自身的功率损耗。由于存在功率损耗,二极管将发热并导致温度上升。

目前广泛流行的硅二极管的最大结温度 $T_{j(max)}$ 为 150℃。因此无论何种场合都不能超过这一温度值。

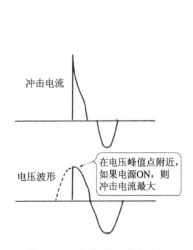

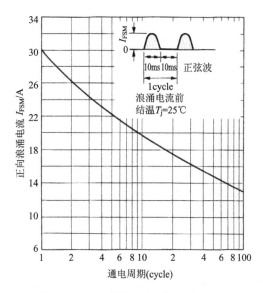

图 1.13　电容器的冲击电流　　　　**图 1.14**　二极管的 I_{PSM}（新电元，DIV）

要精确计算二极管的功率损耗并不容易,这里只介绍一种简单的方法。在前面图 1.8 所示的曲线中,设正向电压降 $V_F = 1.1V$,然后求它与整流后的直流电流 I_O 的乘积。

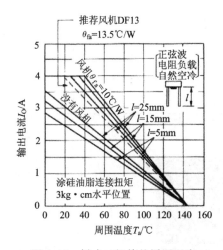

图 1.15　桥式二极管的周围温度　　　　**照片 1.5**　桥式二极管的散热实例
　　　和容许电流（新电元，S4VB）

对于桥式二极管,通常电流流经 2 只二极管,因此必须计算总的损耗,也就是单只二极管损耗的 2 倍。

　　表 1.1 中列出了二极管的形状和容许电流值。

　　图 1.15 所示为 4A 型桥式二极管的周围温度和容许电流值之间的关系。该图是由内部元器件自身发热以及结温度条件确定的。

　　在电流超过以上容许电流值的场合,二极管必须安装散热器,以抑制温度上升。照片 1.5 示出了一种安装在桥式二极管上的散热器的外形。

　　表 1.2 列出了常用整流二极管的参数特性。当需要查阅更详细的资料时可参考二极管性能表(照片 1.6)或厂商提供的其他技术资料手册。

表 1.2　整流二极管的例子

		耐压:V_{RM}					
		100V	200V	400V	600V	800V	1000V
平均正向电流 $I_{F/AV}$	0.5A	S5295B DFD05B	1S2775 S5295D DFD05C	1S2776 S5295G DFD05E	1S2777 S5295J DFC05G,DFD05G	TFR1L TFR2L DFC05J,DFD05J	TFR1N TFR2N DED03L,DF05L
	1A	1S1885 1BH62,1BZ61 10D1 S5277B,S5566B V19B,W03B	1S1886 1DH62,1DZ61 10D2 S5277D V19C,W03C	1S1834,1S1887,1S2756 1GH62,1GZ61 10D4 S5277G,S5566G V19G	1S1834,1S1887,1S2757 1JH62,1JZ61 10D6 S5277J,S5566J V19G	1S1829 1LH62,1LZ61 10D8 S5277L U07J	1S1830 1NZ61 10DZ10 S527N,S5566N U07L
	1.3A	DS185E	V03C DS185D SR1G4	V03E SR1G8	V03G SR1G12	V03J SR1G16	
	2A	DFB20B,DSA20B RU4Y	U06C DFB20C,DSA20C RU4Z	U06E DFB20E,DSA20E	U06G DFB20G,DSA20G	U06J DFB20J,DSA20J	DFB20L,DSA20L
	2.5A	U05B,U19B,U17B ISR17-100 ISR18-100	D05C,U19C,U17C ISR17-200 ISR18-400	U05E,U19E,U17E ISR17-400 ISR18-400	U05G ISR17-600 ISR18-600	U05J ISR17-800	ISR17-1000
	3A	3BH61,3BZ61 U05B DFD30B,DSC30B	3DH61,3DZ61 U15C DFD30C,DSC30C	3GC12,3GH61,3GZ61 U15E DFD30E,DSC30E	3JC12,3JH61,3JZ61 U15G DFD30G,DSC30G	3LC12,3LH61,3LZ61 U15J DFD30J,DSC30J	3NC12,3NZ61 DFD30L,DSC30L
	6A	6BG11 ISR110-100,ISR107-100	6DG11 ISR107-200	6GG11,6GC12	6JG11,6JC12	6LC12	6NC12
	12A	12BG11,12BH11 ISR111-100,ISR108-100 SR10A2	12DG11,12DH11 ISR108-200 SR10A4	12GG11,12GC11 SR10A4	12JG11, 12JH11,12GC11 SR10A12	12LC11 SR10A16	12NC11 SR10A20

注:1)$I_{F(AV)}$ 值随产品额定温度不同而异,详细资料请参考各自的数据表。
　　2)高速种类整流元件(快速恢复二极管)。

照片 1.6　CQ 出版社发行的二极管性能表

1.3　平滑电容器的选择方法

在整流电路中必须特别注意的是平滑电容器。由于需要在同等体积条件下得到最大电容量,所以通常选用铝质电解电容器。此类元器件的构造比较简单,但是一旦把极性搞错,将出现严重的事态,如直流电源输出特性的恶化、元器件被击穿等。

即使电容器没有立即损坏,但往往在很短的时间内静电容量减少,从而寿命缩短。可见,说电源装置的可靠性取决于电解电容器是毫不过分的,因此必须掌握电容器的使用方法。

1.3.1　电容器的额定电压

首先,电容器的耐压必须大于整流、平滑处理之后纹波电压的峰值,所以电容器额定耐压值是变压器的绕组电压的 $\sqrt{2}$ 倍。考虑到输入电压的变化,绕组电压必须是最高输入电压时所对应的值。

变压器的标称电压实际上是与额定电流对应的电压值,因此必须注意,当电流减小时电压值上升。引起这种情况的原因是电流在变压器的绕组上会产生相应的电压降,电压降与变压器电压的比称为变化率,用 ε 表示。

设变压器的额定电压为 e,输入电压变化为 $\pm\alpha\%$,则电容器的耐压值 V_C 为:

$$V_C \geqslant e \times \frac{100+\alpha}{100} \times \sqrt{2} \times \varepsilon \quad (\text{WV})$$

变压器的变化率 ε 随电容器大小而异,大致如表 1.3 所示。式中 WV 称为工作电压,表示电容器的连续耐压值。

除 WV 外,电解电容器还规定了峰值电压 V_{SBRGE}。它表示实际上电压在短时间内是允许超过 WV 的,电容器的最大耐压值的上限大约为 1.3WV。

过去,电解电容器在外加电压的作用下使用寿命将缩短,这是由于电容器的漏电流导致自身发热的缘故。现在电容器的性能已经有了很大程度的提高,漏电流非常小,几乎可以忽略不计。因此,只要不超过额定值,电容器性能的减额(比额定值减少)现象就很少发生,外加电压对电容器寿命几乎没有什么影响。

表 1.3　变压器的容量和变化率

容量/(V·A)	外形尺寸 W×D×H	变化率/%
10	50×45×60	35
15	60×45×70	25
30	70×55×90	17
50	85×65×120	15
70	85×70×120	12
100	85×80×120	9.5
200	110×100×140	7
300	135×110×150	6
500	150×135×150	3.8
1000	170×150×100	2.5

照片 1.7 电解电容器的外观(左起:普通用、高频用、中高压用)

1.3.2 电容器的静电容量

下面求电容器的静电容量。小型电容器由于容量较小整流输出的纹波电压增加。

求解平滑电容器容量常用方法是利用图 1.16 所示的 O. H. Schade 曲线。由于精确计算很麻烦,这里只介绍简单的计算方法。

首先,求出整流后的等效负载电阻 R_L。考虑到电压波形变化、整流二极管的正向电压降,以及纹波电压等因素,因此需要再乘以平均系数 0.9,即

$$V_O = \bar{e} \times \sqrt{2} \times 0.9 (V)$$

对于普通串联稳压器,直流电流 I_O 即输出电流为:

$$R_L = \frac{V_O}{I_O} (\Omega)$$

其次,求 R_S/R_L。R_S 为整流电路线路的线性阻抗,它主要为变压器绕组的电阻。变压器的变化率为额定值(容量和外形),因此可从表 1.3 中找出其大致值。如果简化计算,无负载时的整流电压 V_O' 为:

$$V_O' = \left(1 + \frac{\varepsilon}{100}\right) \cdot V_O$$

于是变压器绕组的电阻 R_S 引起的电压降为:

$$V_O' - V_O = I_O \cdot R_S$$

因此 R_S 可由下式求出:

$$R_S = \frac{\varepsilon}{100} \cdot \frac{V_O}{I_O}$$

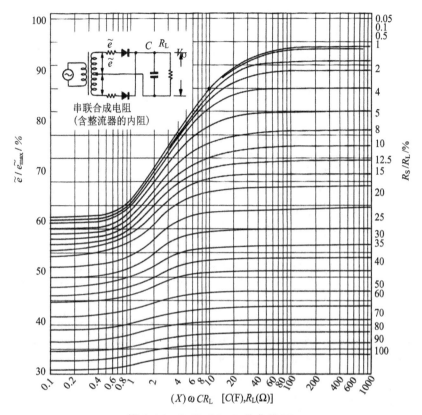

图 1.16　O. H. Schade 的曲线(2)

在图 1.16 中,左侧的纵坐标表示整流电路的电压变化率 $\tilde{e}/\tilde{e}_{max}$。例如,取电压变化率为 10%,则 $\tilde{e}/\tilde{e}_{max}=90$,通过该数值可读取横轴 ωCR_L 的值。如果是全波整流,则 $\omega CR_L=10$,通常该值在 20～30 之间较为合理。ωCR_L 是由整流纹波电压决定的简单系数,其值越大则纹波电压越小。

设该数值为 X,利用下式可求平滑电容器的容量 C:

$$C=\frac{X}{\omega R_L}=\frac{X}{2\pi f \cdot R_L}$$

例如,假设在输出电压 $V_O=15V$、输出电流 $I_O=3A$ 的整流电路中,$X=25$,那么所需的平滑电容器的容量 C 为:

$$C=\frac{25}{2\pi f \cdot R_L}=\frac{25}{2\pi\times50\times5}\approx16\,000(\mu F)$$

这里电源频率是按 $f=50Hz$ 来计算的,若 $f=60Hz$,则 $C=13\,000\mu F$。

专　栏

扼流线圈输入型整流

除电容器输入型整流以外,还有扼流线圈输入型整流方式。由前所述可知,电容器输入型整流时平滑电容器充电电流的峰值很高,且当 AC 输入电流的有效值增加时,AC 输入的功率因数将恶化。

如图 A 所示,在整流二极管和平滑电容器之间直接串联了扼流线圈。如图 B 所示扼流线圈的阻抗成分将抑制充电电流的峰值,使其降低,二极管的电流导通角增大。于是整流后的纹波电压减小了。

不过整流电压并非交流波形的最大值,它相对于 AC 电压的有效值 $\tilde{e}$ 降低了,即

$$V_\mathrm{O} \approx 0.9\tilde{e}$$

如果输出电流 I_O 降低(图 C),扼流线圈输入型整流从某一点开始转化成为电容器输入型整流,整流电压将急剧上升。该点称为临界值,基于上述理由,该整流器不适用于电流 I_O 大幅度变化的电源。

在扼流线圈输入方式中,扼流线圈为大型元件,因此除大功率整流电路外一般很少采用。但是,如果是开关稳压器方式中的正向变换器,它的次级必须采用扼流线圈输入型整流。有关正向变换器将在后面(第 2 篇第 4 章)介绍。

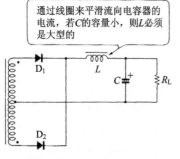

图 A　扼流线圈输入型整流电路

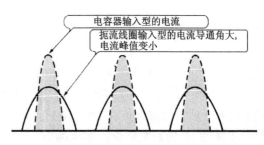

图 B　扼流线圈输入型整流的电流波形

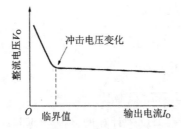

图 C　扼流线圈输入型整流的输出电流特性

1.3.3　纹波电压和纹波电流

在电容器输入型整流电路中,负载越大纹波电压越大,而整流电压的平均值越小。原因是负载电流引起电压发生变化,因此,平滑电容器的容量必须取得足够大才有利于平滑纹波电压。然而,随着电容器容量增加其体积也增大。

为了确定电容器的容量,有必要再次确定流过电容器的纹波电流的条件。纹波电流与电容器内部的纯阻抗损耗有关,由有效值决定。

欲求得纹波电压和纹波电流可借助图 1.17。首先要确定电容器的容量 C,然后反求 ωCR_L 的值,再从与之对应的曲线纵轴求出纹波电压的比率 V/V_0。由于该比值表示纹波电压的有效值与平均整流电压的比例,因此,由以下公式可计算平滑电容器的纹波电流 I_r:

$$I_r = \omega \cdot C \cdot v(\mathrm{A})$$

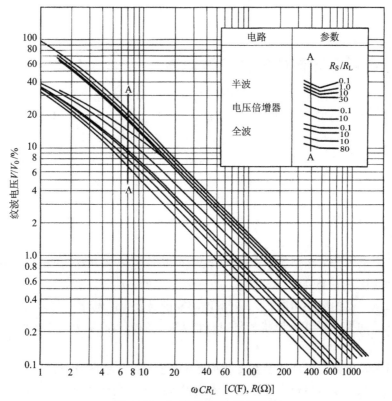

图 1.17　O. H. Schade 的曲线(3)

例如,在 5V、1A 的整流电路中,I_r 值约为 1.2A。

由于全波整流中 ω 的值为电源频率的 2 倍,因此计算时必须以 $2f$ 代入。

电容器的等效电路如图 1.18 所示,可认为 L、C、R 为串联连接,其阻抗 Z 为:

$$Z = R + \omega L + \frac{1}{\omega C}$$

其曲线如图 1.19 所示。

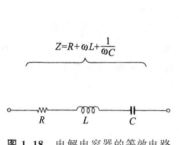

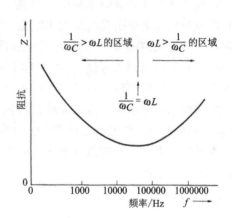

图 1.18 电解电容器的等效电路　　图 1.19 电解电容器的阻抗特性

1.3.4 电解电容器的容许纹波电流

电解电容器的容许纹波电流 I_r 由纯电阻 R 的功率消耗引起自身发热,导致电容器温度上升 5~7℃ 所对应的电流值来确定。温度上升对电容器寿命有影响,温度上升 10℃ 电容器的寿命将减少一半,这就是所谓 10℃ 二倍原理。

普通电解电容器的使用温度为 85℃,高温电解电容器为 105℃,且最大只能保证 2000h 的寿命。设电容器的温度界限为 85℃,当它工作在 55℃ 时,其寿命为

$$T = 2000 \times 2^{(85-55)/10} = 16\ 000\ \text{h}$$

也就是说,如果连续使用的话,只有大约 2 年的寿命。即使采用高温电容器,也应尽量避免受到周围环境温度的影响。

大容量电容器采用螺纹端子或突缘结构,接线时比较麻烦,如果容量相同,那么采用并联连接多个引线型电容器的方法不但特性好而且安装方便。

如果电容器的特性相同,那么电解电容器的最大容许电流与电容器的形状、尺寸成正比。如果电容器的形状相同,线性阻抗低的能量损耗小,可以承受较大的电流。

容许脉动电流随着环境温度变化而不同,通常在产品目录上列出的是最高使用温度值。表 1.4 给出根据实际使用温度得到的温度衰减系数。

对于 60Hz 的全波整流,规定它的容许脉动电流是 120Hz。纹波的频率越高,流过的电流越大。它们之间的关系可参照表 1.5 列出的频率衰减系数。

表 1.4 温度衰减系数				
环境温度/℃	85	70	65	40 以下
系　数	1.0	1.7	1.9	2.8

表 1.5 频率衰减系数				
频率/Hz	60(50)	120	1000	10 000
系　数	0.8	1.0	1.3	1.5

例如,表 1.6 中的 25SSP1000(1000μF,25V)的电容器,在 105℃、120Hz 的条件下,容许的纹波电流为 0.45A。如果在 60℃温度下使用,则容许电流值为

$$I_r=0.45\times2.8=1.26(A)$$

表 1.6 SSP 系列电解电容器(信英通信工业)

额定电压 (电涌电压) (V.DC)	公称静电容量 /μF	名称	静电容量许用差 低于/%	损耗角的斜率(tanδ) 低于	漏电流 低于/μA	容许纹波电流 105℃ 120Hz 低于/mA	ϕD	L	F	ϕd
25 (32)	33	25SSPS33	±20	0.16	8.2	49	5	11	2.0	0.5
	47	25SSP47	±20	0.16	11.7	60	5	11	2.0	0.5
	100	25SSP100	±20	0.16	25.0	92	6.3	11	2.5	0.5
	220	25SSP220	±20	0.16	55.0	155	8	12.5	3.5	0.6
	330	25SSP330	±20	0.16	82.5	205	10	12.5	5.0	0.6
	470	25SSP470	±20	0.16	117	265	10	16	5.0	0.6
	1000	25SSP1000	±20	0.16	250	450	12.5	20	5.0	0.6
	2200	25SSP2200	±20	0.18	550	675	16	25	7.5	0.8
	3300	25SSP3300	±20	0.20	825	800	16	31.5	7.5	0.8
	4700	25SSP4700	±20	0.22	1175	1000	18	35.5	7.5	0.8

(注) ϕD:直径,L:长,F:引脚间距。ϕd:引脚直径

记住:用于电源装置的电解电容器必须根据容许纹波电流条件进行元器件的选择。

1.4 冲击电流的抑制

1.4.1 产生冲击电流的原因

电容器输入型整流接通输入电源的瞬间,如照片 1.8 所示,将产生很大的冲击电流。这是由于初始状态下,平滑电容器的充电电荷为零,相当于短路。

因此将开关稳压器用于 AC100V 直接整流时,必须采取抑制冲击电流的措施。

否则,起动时将有超过100A的冲击电流发生。

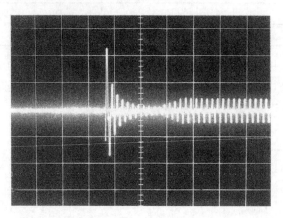

照片1.8 AC输入端的冲击电流(5A/div,100ms/div)

限制冲击电流仅仅是线性阻抗部分,设阻抗为Z_L、电源峰值电压为v_m,则冲击电流的最大值$I_{(P)rush}$为:

$$I_{(P)rush} = \frac{v_m}{Z_L}$$

因此,在正弦波的峰值即相当于相位90°或270°时接通电源,冲击电流为最大值。

冲击电流随后使电容器两端的电压上升,设经过一段时间后电容器的电压达到v_C,则流过电容器电流慢慢减小到

$$I_{rush} = \frac{v_m - v_C}{Z_L}$$

最后达到稳定状态。

如果平滑电容器的静电容量很大,那么电容器充电时间将很长,在较长的时间内有大电流持续流过电容器,这样就可能导致输入侧的电源开关触点烧坏,保险丝熔断,这些后果必须特别引起注意。

1.4.2 功率热敏电阻的应用

冲击电流峰值的大小是由线性阻抗决定的,但线性阻抗值并不固定,且受环境因素的影响比较大。

因此,一般可采用在整流电路中插入适当的线性阻抗来抑制冲击电流的方法。如果仅仅通过增加阻抗来抑制冲击电流,将引起很大的功率损耗,可见此非上策。

解决这一问题的简便做法是利用功率热敏电阻,如图1.20所示。图1.21中给出了热敏电阻的低温高阻特性,随着温度上升,阻抗下降。

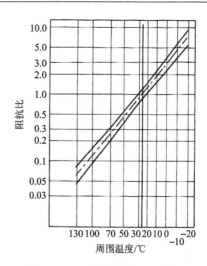

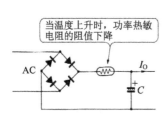

当温度上升时,功率热敏电阻的阻值下降

图 1.20　功率热敏电阻的防止冲击电流电路　　**图 1.21**　功率热敏电阻的特性

例如,在表 1.7 所示中,市售的功率热敏电阻 8D13 在 25℃ 时的阻值为 8Ω,而在最高温度 130℃ 时,阻值变为 0.6Ω。

表 1.7　功率热敏电阻的特性(石冢电子)

型　　号	电阻值 /Ωat25℃	最大动作电流/A		R_1/Ω	时间常数/s	适用温度/℃
		at25℃	at55℃			
3D22	3	3.5	2.9	0.233	220	−30~130
4D22	4	3.0	2.5	0.310	230	
6D22	6	2.5	2.1	0.465	260	
4D18	4	2.6	2.1	0.310	170	
8D18	8	1.9	1.6	0.620	220	
8D13	8	1.6	1.3	0.620	160	
16D13	16	1.2	1.0	1.240	220	
5D11	5	2.0	1.6	0.388	130	
8D11	8	1.6	1.3	0.620	160	
10D9	10	1.3	1.0	0.775	130	
16D9	16	1.0	0.8	1.240	160	
22D7	22	0.8	0.6	1.705	125	
4W25	4	7.8	7.1	0.102	450	−30~200
6W22	6	6.1	5.6	0.153	450	

如果把该功率热敏电阻接入图 1.20 所示的电路,当开关接通时,由于其阻值非常大,能够起到抑制冲击电流的作用。随后,电流流过,热敏电阻本身发热,阻值下降,功率损耗相应减少。

但是,功率热敏电阻具有热时常数,在输入开关断开的瞬间阻值并不能立即返回原来的高阻值状态。因此,如果开关 ON/OFF 的间隔较短时,功率热敏电阻将失去限流能力,电路中仍存在冲击电流,这是功率热敏电阻的缺点。

1.4.3 更理想的方法

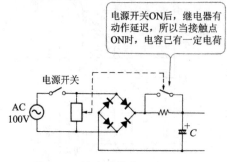

电源开关ON后,继电器有动作延迟,所以当接触点ON时,电容已有一定电荷

图1.22 继电器冲击电流防止电路

器相同了。

在图1.22所示的电路中,电阻和继电器的触点被并联在一起。继电器的触点最初处于打开的状态,由电阻起限流作用,经过一段时间后继电器动作,电阻被短路,因此不会产生功率损耗。

在图1.23中用可控硅代替继电器,由于可控硅只有当门极-阴极间施加正电压时才导通,因此接通开关后,经过一段时间再施加门极信号的话,接下来的动作就与继电

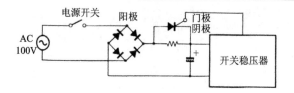

采用可控硅或双向可控硅。由开关稳压器的输出变压器提供门触发信号。开关ON后,由于有动作延迟,电容器已经在某种程度上被充电

图1.23 可控硅冲击电流防止电路

在这些方法中,开关接通后冲击电流的大小由电阻值决定。当继电器或可控硅接通时,会再度有冲击电流,如图1.24所示。如果冲击时间非常短,二次冲击电流不会太大,为使其与平滑电容器的充电时间常数相匹配,必须设置足够长的时间常数 t。

关于这方面的例子将在线性可调型开关稳压器的正向变换器的设计(第2篇第4章)中加以介绍。

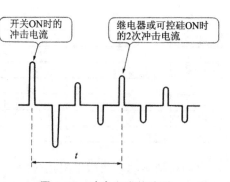

开关ON时的冲击电流

继电器或可控硅ON时的2次冲击电流

图1.24 冲击电流的波形

第2章 最简单的稳压电源
——直流稳压的基础知识

※ 稳压二极管和稳压电源
※ 基准电压IC及其应用技术

制作稳压电源的方法有各种各样,其中最基本的方法是利用稳压二极管,或者利用与稳压二极管工作特性相似的基准电压 IC。它们是获得直流电压(想用 5V 就输出 5V,想用 10V 就输出 10V)不可缺少的元器件。

2.1 稳压二极管和稳压电源

最简单的稳压电源仅由一只电阻和一只稳压二极管即可构成,如图 2.1 所示。

直流输入电压当然不能低于输出电压。由于输出端与稳压二极管并联,因此可以非常简单地根据选定不同的稳压二极管得到不同的输出电压。

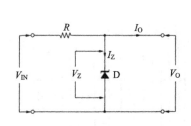

图 2.1 最简单的稳压电源

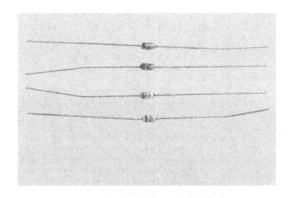

照片 2.1 稳压二极管的外观

稳压二极管作为各种直流稳压电源的基准电压(决定输出电压的基准电压)而得到广泛应用。

普通二极管的特性是只允许正方向流过电流。如果向二极管外施加反向电压,可以看到,它的特性曲线上存在一个点,反向电压值一旦超过该点,二极管的反向电流就急剧增加,这种现象称为击穿(齐纳效应),此时的电压叫做击穿电压,也就是普通二极管的反向耐压值。利用这些性质可构成稳压二极管。

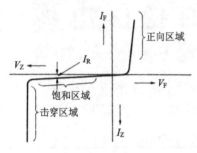

图 2.2 稳压二极管的电压-电流特性

稳压二极管的特性如图 2.2 所示,右侧的特性(正方向)与普通二极管特性相同。注意左边的特性,会发现电流急剧增加现象,即齐纳效应。此时,随外加电压增加虽然电流也增加,但二极管两端的电压几乎不变。也就是说具有稳压的特性。

稳压二极管也叫做齐纳二极管,是利用击穿效应(齐纳效应)制成的。

与普通的二极管相比,稳压二极管的击穿效应更强。如果能在二极管的制作过程中控制击穿电压(齐纳电压),那么就可制作出各种齐纳电压值的稳压二极管。

2.1.1 稳压二极管的稳压特性

由击穿区域、稳压二极管工作区域构成的伏安特性(V_Z-I_Z特性)曲线并不一定与横坐标垂直,而是呈一定倾斜度。图 2.3 给出稳压二极管的串联电阻等效电路,该电阻通常称为动态电阻 r_Z,它对电压的稳定性有很大影响。

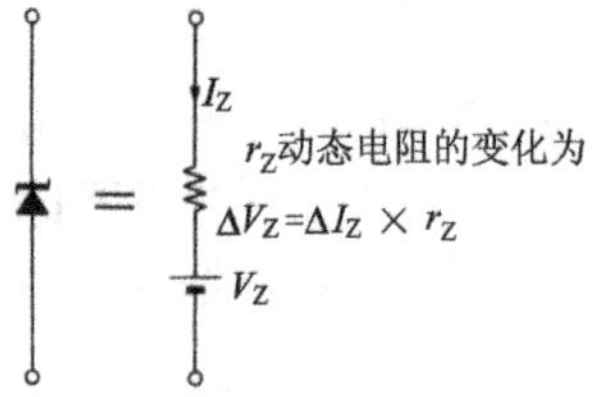

图 2.4 给出了各种电压值的稳压二极管V_Z-I_Z特性,动态电阻是电压-电流的微分值,通常很小。由电流变化量 ΔI_Z 可求得电压降 ΔV_Z,即

$$\Delta V_Z = \Delta I_Z \times r_Z$$

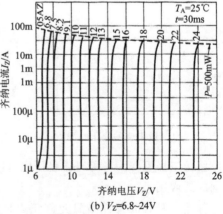

图 2.3 稳压二极管的等效电路

图 2.4 稳压二极管的 V_Z-I_Z 特性

因此,动态电阻 r_Z 越小,电压的稳定性越好。

动态电阻值 r_Z 随电压值不同呈现很大的差异,如图 2.5 所示。稳压值为 7~8V 时动态电阻最小,其他电压值下的动态电阻值都比较大。另外,流过的电流 I_Z 不同对动态电阻的影响也很大,如果齐纳电流 I_Z 低于某一临界值,电压的稳定性会更好。

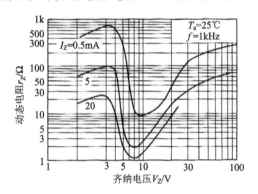

图 2.5　稳压二极管的 r_Z-I_Z 特性

2.1.2　稳压二极管的温度特性

如图 2.6 所示,稳压二极管的电压 V_Z 随元器件温度的变化而不同,这一性质称为稳压二极管的温度特性。5~6V 是临界值,高于该临界值具有负的温度系数,低于该值具有正的温度系数。

图 2.7 表示一只稳压值大约为 5.3V 的稳压二极管,如果温度在 0~50℃ 之间变化,其电压值的变化率只有 0.5% 左右。因此,要得到相对温度稳定的稳压值时,应该采用在电压 5.5V 左右时温度系数大致为零的稳压二极管。

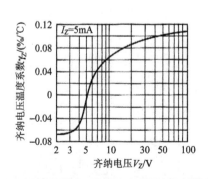

图 2.6　稳压二极管的 r_Z-V_Z 特性

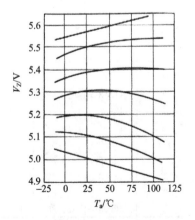

图 2.7　稳压二极管的 V_Z-T_a 特性($PD=500MW$)

或者如图 2.8 所示,由于普通二极管的正向电压降大约为 0.6V,利用它具有负温度系数(-2.4MV/℃)的特点,将其与在 7V 左右具有正温度特性的稳压二极管串联实现温度补偿。

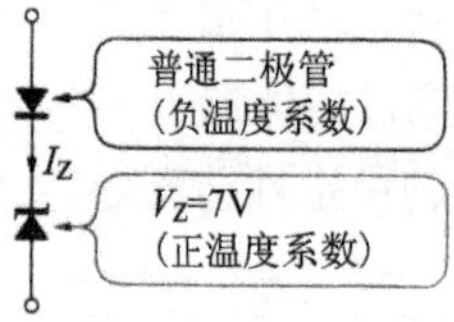

前述图 2.2 所示右侧的曲线(第一象限)属于稳压二极管的正向特性区域。普通二极管的电压降 V_F 差不多为 1V 左右,正向电流为 I_F。值得注意的是,对于稳压二极管来说,其结构并不产生正向电流,所以也就不用施加反向电压。

表 2.1 列出了部分东芝 05AZ 系列稳压二极管的最大额定值和电气特性,仅供参考。

普通二极管
(负温度系数)
I_Z
$V_Z = 7\text{V}$
(正温度系数)

图 2.8 稳压二极管温度特性的补偿

表 2.1 有代表性的稳压二极管

型 号	齐纳电压			动态电阻		动态起动电阻	
	V_Z/V		I_Z	r_Z/Ω	I_Z	Z_{ZK}/Ω	I_Z
	最小	最大	/mA	最大	/mA	最大	/mA
05AZ2.2	2.110	2.445	20	120	20	2000	1
05AZ2.4	2.315	2.650	20	100	20	2000	1
05AZ2.7	2.520	2.930	20	100	20	1000	1
05AZ3.0	2.840	3.240	20	80	20	1000	1
05AZ3.3	3.150	3.540	20	70	20	1000	1
05AZ3.6	3.455	3.845	20	60	20	1000	1
05AZ3.9	3.74	4.16	20	50	20	1000	1
05AZ4.3	4.04	4.57	20	40	20	1000	1
05AZ4.7	4.44	4.93	20	25	20	900	1
05AZ5.1	4.81	5.37	20	20	20	800	1
05AZ5.6	5.28	5.91	20	13	20	500	1
05AZ6.2	5.78	6.44	20	10	20	300	1
05AZ6.8	6.29	7.01	20	8	20	150	0.5
05AZ7.5	6.85	7.67	20	8	20	120	0.5
05AZ8.2	7.53	8.45	20	8	20	120	0.5
05AZ9.1	8.29	9.30	20	8	20	120	0.5
05AZ10	9.12	10.44	20	8	20	120	0.5
05AZ11	10.18	11.38	10	10	10	120	0.5
05AZ12	11.13	12.35	10	12	10	110	0.5
05AZ13	12.11	13.66	10	14	10	110	0.5
05AZ15	13.44	15.09	10	16	10	110	0.5
05AZ16	14.80	16.51	10	18	10	150	0.5
05AZ18	16.22	18.33	10	23	10	150	0.5
05AZ20	18.02	20.72	10	28	10	200	0.5
05AZ22	20.15	22.63	5	30	5	200	0.5
05AZ24	22.05	24.85	5	35	5	200	0.5

2.1.3　稳压电源电路的使用方法

图 2.9 所示为基于稳压二极管的基本电路结构。

现在，设对应于输入电压 V_{IN} 有输出电流 I_O，如果电路不接入稳压二极管，由于电阻 R 产生电压降（$I_O \times R$），则输出电压 V_O 为：

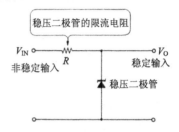
图 2.9　稳压二极管的基本使用方法

$$V_O = V_{IN} - (I_O \times R)$$

如果输出电流或输入电压变化，则输出电压 V_O 也随之发生变化。接入稳压二极管后，设流过的电流为 I_Z，输出电压 V_O 为：

$$V_O = V_{IN} - (I_O + I_Z) \cdot R$$

此时，即使 I_O 或 V_{IN} 发生变化，I_Z 随之变化，但输出电压 V_O 几乎保持不变。

为此，即使输入电压为最低时也必须满足 $V_{IN} > V_Z$。而且应选择阻值较小的 R，这样即使 I_O 增大，也能保持 I_Z 不变。

但是，如果 R 的阻值太小，在输入电压最大而输出电流最小时，将有很大的电流通过稳压二极管，二极管的损耗有可能超过容许值。

实际上，要使这两方面的条件都得到满足，就必须设定 V_{IN} 和 R 的值。

另外，对于该电源电路来说，因为输出电压的稳压元器件（稳压器、稳压二极管等）和输出是并列的，所以也有人称它为并联稳压器。

2.1.4　5V 电源电路的设计实例

图 2.10 电路的输入电压 V_{IN} 在 $10 \sim 14V$ 之间变化，下面来计算当输出电压 $V_O = 5V$ 时的电阻值。

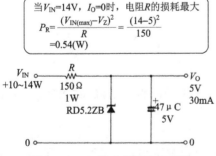
图 2.10　5V 输出的并联稳压器

如果该电路的输出电流减小，那么减小的部分以电流 I_Z 的形式流过稳压二极管。因此，稳压二极管在输入电压最大而输出电流 $I_O = 0$ 时，功率损耗最大。

如图 2.10 所示，稳压二极管的功率为 0.5W，设最大功率损耗 P_D 为 0.3W，则流过二极管的电流 $I_{Z(max)}$ 为：

$$I_{Z(max)} = \frac{P_D}{V_Z} = \frac{0.3}{5} = 60 (mA)$$

因为在 $V_{IN} = 14V$ 时，流过稳压二极管为最大电流 $I_{Z(max)}$，所以求得电阻值 R 为：

$$R = \frac{V_{IN(max)} - V_Z}{I_{Z(max)}}$$

$$= \frac{14-5}{0.06} = 150(\Omega)$$

此时,电阻 R 的损耗 P_R 为:

$$P_R = I_{Z(max)}^2 \cdot R$$

$$= 0.06^2 \times 150 = 0.54(W)$$

当输入电压为最低的 10V 时,输出电流为:

$$I_{O(min)} = \frac{V_{IN(min)} - V_O}{R}$$

$$= \frac{10-5}{150} \approx 33(mA)$$

总之,由稳压二极管构成的稳压电源只能提供上述大小的功率,这是由于 I_Z 与输出电流 I_O 成反比,输出电压 V_O 的变化非常大。因此该稳压电源只适用于输出电流较小,且输出电流没有变化的电路。

2.1.5 需要获得更大输出电流时

当需要更大的输出电流时,应考虑采取某种措施。在图 2.11 所示的例子中,采取的方法是添加一个晶体管,而图 2.11(a)、图 2.11(b)的动作基本上相同。

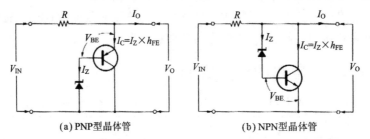

(a) PNP型晶体管 (b) NPN型晶体管

图 2.11 增加电流的方法

流过晶体管集电极的电流 I_C 为基极电流 I_B 的直流放大倍数 h_{FE} 倍,即

$$I_Z = I_B = \frac{I_C}{h_{FE}}$$

因此,输出电流可增大到 $I_C = I_Z \times h_{FE}$。可见,输入电压、输出电流等外部因素变化对电流 I_Z 的制约作用大为缓解。

顺便介绍一下,普通晶体管的增益 h_{FE} 在 100 以上,大增益晶体管(Highβ 晶体管)的 h_{FE} 在 400~1000 以上。然而从图 2.12 可以观察到,晶体管的 h_{FE} 随 I_C 的变化而变化,因此实际应用时,必须根据使用条件在产品数据表中查出适合的 h_{FE} 值。

设晶体管基极-发射极之间的电压为 V_{BE},那么输出电压 V_O 可表示为:

$$V_O = V_Z + V_{BE}$$

晶体管的 V_{BE} 大约为 0.6V,由此可确定稳压二极管的电压。

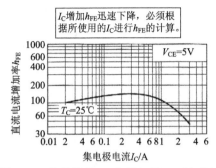

图 2.12 晶体管的 h_{FE} 曲线（2SD880（东芝））

由于该方法只是用晶体管代替了稳压二极管的损耗，总的内部损耗并没有减少。当输出电流增加时内部损耗也随之增加，因此，必须安装散热器以抑制元器件的温升。

2.2 基准电压 IC 及其应用技术

2.2.1 基准电压 IC 和稳压二极管的差异

进入 IC 时代后，利用稳压二极管构成的稳压电源的例子逐渐减少了。如前所述，稳压二极管的特性决定了它的稳定性、精度都不能够达到我们完全满意的程度；反之，IC 要理想得多。

基准电压 IC 的典型产品是 3 端子稳压器，它的种类繁多，在这里只说明利用基准电压 IC 替换稳压二极管的应用技术，至于其他相关的 IC 产品系列，将在第 1 篇第 3 章予以说明。

2.2.2 稳压基准

提到基准电压 IC，它的基本知识是近来流行的所谓稳压基准。稳压基准的原理与传统的齐纳二极管完全不同，下面借助图 2.13 加以说明。在图 2.13 所示的电路中，若 Q_1 与 Q_2 的特性完全相同，则有

$$V_{REF} = V_{BE3} + \Delta V_{BE} \frac{R_2}{R_3}$$

式中：V_{BE3} 即 Q_3 的 V_{BE}。

假设 Q_1 与 Q_2 的集电极电压相等，则有

$$V_{REF} = V_{BE3} + \frac{KT}{q} \cdot \frac{R_2}{R_3} \ln \frac{R_2}{R_1}$$

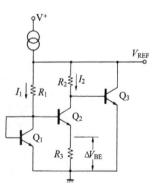

图 2.13 稳压基准的构成

式中:q 为电荷量;K 为玻尔兹曼常量;T 为热力学温度。该式的第一项为负温度系数($-2.4\mathrm{mV/℃}$),第二项为正温度系数。因此,该式的特点就是选择合适的常数以便两个温度系数相互抵消。

也就是说,如果让该电路的输出电压 V_{REF} 与硅半导体的能带宽度电压 $1.205\mathrm{V}$ 相等,那么其温度特征系数为零。

因此,实际的基准电压通过 OP 放大器的组合补偿后可以得到任意电压值。

表 2.2 列出了市售的主要的带有稳压基准的基准 IC。图 2.14 为 REF02(PMI 社)的等效电路。

表 2.2　主要的基准电压 IC

公称电压 V_{Z} /V	精度 $T_{\mathrm{a}}=25℃/\%$	型号名称	温度变化量	工作电流
	± 0.32	LT1004C-1.2	200ppm(typ)	$10\mu\mathrm{A}\sim20\mathrm{mA}$
1.235	± 1	LT1034C	40ppm(max)	$20\mu\mathrm{A}\sim20\mathrm{mA}$
	± 2	LM385-1.2	20ppm(typ)	$15\mu\mathrm{A}\sim20\mathrm{mA}$
	± 0.5	LT1004C-2.5	20ppm(typ)	$20\mu\mathrm{A}\sim20\mathrm{mA}$
	± 0.2	LT1009C	6mV(max)	$400\mu\mathrm{A}\sim10\mathrm{mA}$
2.5	± 2	LM336B-2.5	6mV(max)	$400\mu\mathrm{A}\sim10\mathrm{mA}$
	± 1.5	LM385B-2.5	20ppm(typ)	$20\mu\mathrm{A}\sim20\mathrm{mA}$
	± 3	AD580J	85(max)	1.5mA
	± 1	AD580K	40(max)	1.5mA
5.0	± 0.2	LT1019C-5	20ppm(max)	1.2mA
	± 1	LT1021BC-5	5ppm(max)	1.2mA

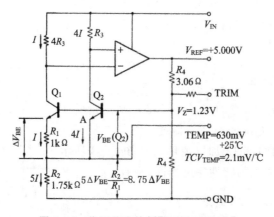

图 2.14　稳压基准的例[REF01(PMI)]

2.2.3　可调并联稳压器 TL431

基于稳压基准原理的基准电压 IC 的种类很多,其中大多数是用于测量仪器或

AD/DA 转换器的基准电压,价格昂贵。作为稳压电源广泛应用的是一款可调并联稳压器 TL431。该 IC 不仅特性(稳定性)较好,而且价格也具有很大的诱惑力。

　　TL431 是内部带有稳压基准的高精度并联稳压器。照片 2.2 所示为该 IC 的外观,表 2.3 列出了它的电气特性。

表 2.3[8]　**TL431 的额定值和特性**

■最大额定值

项　目		符号	额定值	单位
阴极电压		V_{KA}	37	V
连续阴极电流		I_K	100～150	mA
基准电压引脚输入电流		I_{REF}	0.05～10	mA
全损耗 ($T_a \leqslant$ 25℃)	LPB 封装	P_D	900	mW
	LP 封装		775	
	JG 封装		1050	
	P 封装		1000	
	PS 封装		446	
工作温温范围	TL431C	T_{ope}	−20～85	℃
	TL431I		−40～85	
	TL431M		−55～125	

照片 2.2　TL431 的外观

■电气特性

项　目	符号	测试条件		TL431M		TL431I		TL431C		单位
				typ	max	typ	max	typ	max	
基准电压[1]	V_{REF}	$V_{KA}=V_{REF}, I_K=10\text{mA}$		2495	2550	2495	2550	2495	2550	mV
V_{KA} 与 V_{REF} 的电压变化比	$\dfrac{\Delta V_{REF}}{\Delta V_{KA}}$	I_K $=10\text{mA}$	$\Delta V_{KA}=10\text{V}～V_{REF}$	−1.4	−2.7	−1.4	−2.7	−1.4	−2.7	$\dfrac{\text{mV}}{\text{V}}$
			$\Delta V_{KA}=36～10\text{V}$	−1	−2	−1	−2	−1	−2	
基准电压引脚输入电流	I_{REF}	$I_K=10\text{mA}, R_1=10\text{k}\Omega,$ $R_2=\infty$		2	4	2	4	2	4	μA
基准端子输入电流的温度变化	$I_{REF(dev)}$	$I_K=10\text{mA}, R_1=10\text{k}\Omega,$ $R_2=\infty$		1	3	0.8	2.5	0.4	1.2	μA
稳压所需的最小阴极电流	I_{min}	$V_{KA}=V_{REF}$		0.4	1	0.4	1	0.4	1	mA

1)基准电压的最小值是 2440mV(包括 TL431M/I/C)。

　　它的输出电压可在 2.5～36V 内调节,因此称之为可调并联稳压器。图 2.15

给出 TL431 的引脚配置和等效电路。

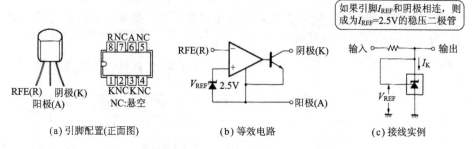

图 2.15 TL431 的引脚配置及接线实例

如果将 REF 引脚与该 IC 的阴极连接,它可作为高精度的 2.5V 稳压二极管来使用。

2.2.4 TL431 用作可变电源

图 2.16 是将 TL431 用作可变电源时的基本电路构成。该电路中,当 REF 引脚电压 V_R 与内部基准电压 V_{REF} 之间存在 $V_R < V_{REF}$ 关系时,TL431 的阴极无电流输出。

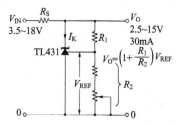

图 2.16 基于 TL431 的可变电源电路

相反,若 $V_R > V_{REF}$ 则存在阴极电流 I_C。因此,若按图 2.16 所示的方式连接,要使输出电压稳定,通常要求 IC 使 $V_R = V_{REF}$。

输出电压 V_O 经分压电阻 R_1 和 R_2 分压,加在 REF 引脚上,则有

$$V_O = V_{KA}$$
$$= V_{REF} \cdot \left(1 + \frac{R_1}{R_2}\right) + I_{REF} \cdot R_1$$

由于 I_{REF} 通常为数安,上式可简化为

$$V_O = V_{REF} \cdot \left(1 + \frac{R_1}{R_2}\right)$$

由于 V_{REF} 稳定在 2.5V,如果改变 R_1 和 R_2 的比例,则输出电压 V_O 就可以任意调节。

也就是说,如果当输出电压 V_O 由于某种原因上升(如输入电压上升,输出电流减小)时,V_{REF} 也将按比例上升,于是阴极就有电流 I_K 流过。此时,由于在电阻 R_S 上有很大的电压降,输出电压 V_O 保持设定值不变。

2.2.5 TL431 在串联稳压器中的应用

TL431 除了可以用作并联稳压器外,也可以作为基准电压 IC 使用,此时即充当串联稳压器。

图 2.17 所示为串联稳压器的应用实例,由检测电阻 R_1 和 R_2,可求得输出电压 V_O 为:

$$V_O = \left(1 + \frac{R_1}{R_2}\right) \cdot V_{REF}$$

于是可知它能够构建高精度的可变电源。

利用 R_1 和 R_2 之比可任意设定输出电压值。当 $R_1 = 0$ 时,输出电压值最低,即

$$V_{O(min)} = V_{REF} + V_{BE}$$

$$V_O = \left(1 + \frac{R_1}{R_2}\right) V_{REF}$$

图 2.17　基于 TL431 的串联稳压器

$$V_{Omin} = V_{REF} + V_{BE}$$

输出电流 I_O 由外加晶体管的集电极电流 I_C 决定。不过应该注意,晶体管 C-E 之间的电压 V_{CE} 和输出电流 I_O 将使电路产生很大的功率损耗。

在 TL431 的阴极与 V_{REF} 引脚之间连接电容器可以克服振荡现象。电容量约为 $0.1\mu F$。

2.2.6　使用 TL431 的注意事项

可调并联稳压器的内部等效电路与稳压二极管类似,输出电压与由阴极电流 I_K 得到的 V_{REF} 之间不存在依赖关系,因此,即使在稳定性要求很高的基准电压源中也不必将 I_K 与恒电流电路相连接。

如果把 TL431 与电容器并联连接,阴极电流 I_K 与电容量选择不当的话会在某个区域产生振荡,应加以留意。总之,电容器的容量不要在 $0.01 \sim 3\mu F$ 之间。

由于它的最大外加电压 V_{KA} 为 37V,最大阴极电流为 150mA,因此,功率损耗 P_D 为:

$$P_D = V_{KA} \times I_K$$

注意不要超过最大容许损耗。

另外,当阴极电流很小时,TL431 无稳压作用。通常流过 TL431 阴极的电流必须在 1mA 以上。

TL431 的基准电压也存在不一致性,但小于 $\pm 2\%$,温度特性也很好。因此它能构成内部误差放大器增益大、精度极高的电源。

专　栏

TL431 在恒流电源中的应用

除了本文介绍的并联稳压器之外,TL431 还有其他应用场合。

图 A 所示为一个高精度的恒流电源。电路(a)为电流流出型,输出电流 I_O 为:

$$I_O = \frac{V_{REF}}{R_{CL}}$$

电路(b)为电流吸入型,输出电流 I_O 为:

$$I_O = \frac{V_{REF}}{R_S}$$

无论哪种情况,通过改变 V_{AK} 电压值,控制晶体管的基极电流,都可以使电流检测电阻两端的电压与 V_{REF} 相等。

无论是图 A 的哪种情况,输出电流 I_O 都由检测电阻和 TL431 的基准电压来决定,无温度变化时,具有稳定的恒电流特性。若希望电流可任意调节,将 R_{CL}、R_S 改为可变电阻即可。

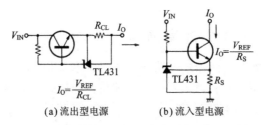

(a) 流出型电源　　　　(b) 流入型电源

图 A　TL431 在恒流电源中的应用

第 **3** 章　3端子稳压器的应用设计方法
——常用的串联稳压IC

※ 78/79系列IC的使用方法
※ 低消耗型3端子稳压器的使用方法
※ 电压可调型3端子稳压器的使用方法

此前我们尚未叙述 IC 给电子技术带来的影响和冲击,如果说起来,那么在电源电路技术中,3端子稳压器带来的影响恐怕是最大的。

在 3 端子稳压器之前的稳压电源都涉及晶体管、OP 放大器的集成设计,这是"电源电路设计"中的一个例行程序。但是 3 端子稳压器 IC 出现后,大为简化了对这些设计细节的考虑,问题简单到只要准备一块 IC 芯片即可。

本章将介绍 3 端子稳压器 IC 的应用技术。其实 3 端子稳压器 IC 已有相当长的历史了,而最近又开发了许多具有新性能的品种,下面将详细地进行介绍。

3.1　78/79 系列 IC 的使用方法

3.1.1　78/79 系列 3 端子稳压器

78/79 系列是 3 端子稳压器 IC 中最具代表性的系列。特别是如图 3.1 所示,该系列 IC 与整流电源集成在一起作为功率输入,能提供各种稳定的输出电压,是一款非常不错的 IC。

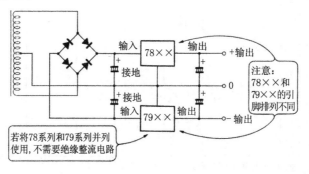

图 3.1　基于 78/79 系列的正负电源

3端子稳压器IC出自线性IC的著名厂家——费尔恰尔德半导体公司,最初问世的是μA78/79系列,如今已成为通用系列IC,很多公司都在生产。78/79系列的额定输出电流、额定输出电压的品种非常多。按照输出电流分类主要有

输出电流 100mA (max)	78L××、79L××
输出电流 0.5A (max)	78M××、79M××
输出电流 1A (max)	78××、79××

上面的××指电压的等级,有5V/6V/7V/8V/12V/15V/18V/24V等。

但是产品的规格因制造商而异,因此必须仔细根据产品样本来确定。

表3.1粗略地列出了78/79系列性能规格,照片3.1给出封装外观,图3.2给出内部结构框图。

表 3.1(a) 3端子稳压器的规格

项 目		符号	78L	78M	78	79L	79M	79	单位
输入电压	5~18V	V_{IN}	35	35	35	−35	−35	−35	V
	24V	V_{IN}	40	40	40	−40	−40	−40	V
输出电流		I_O	0.15	0.5	1	−0.15	−0.5	−1	A
最大损耗		P_D	0.5	7.5	15	0.5	7.5	15	W
工作温度		T_{op}	−30~75	−30~75	−30~75	−30~75	−30~75	−30~75	℃

注:表中所列为通用数据,因厂家不同略有区别。

表 3.1(b) 78系列3端子稳压器的主要性能规格

项 目	符号	规 格								单位
		7805	7806	7807	7808	7812	7815	7818	7824	
输出电压	V_{OUT}	4.8~5.2	5.7~6.3	6.7~7.3	7.7~8.3	11.5~12.5	14.4~15.6	17.3~18.7	23~25	V
输入稳定度	δ_{IN}	3	5	5.5	6	10	11	15	18	mV
负载稳定度	δ_{LOAD}	15	14	13	12	12	12	12	12	mV
偏压电流	I_Q	4.2	4.3	4.3	4.3	4.3	4.4	4.6	4.6	mA
纹波压缩度	R_{REJ}	78	75	73	72	71	70	69	66	dB
最小输入输出电压差	V_D	3	3	3	3	3	3	3	3	V
输出短路电流	I_{OS}	2.2	2.2	2.2	2.2	2.2	2.1	2.1	2.1	A
输出电压温度系数	T_{CVO}	−1.1	−0.8	−0.8	−0.8	−1.0	−1.0	−1.0	−1.5	mV/℃

注:表中所列为通用数据,因厂家不同略有区别。

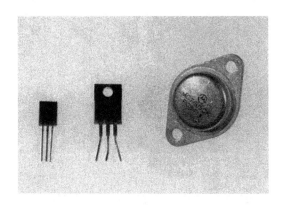

照片 **3.1**　3 端子稳压器举例 TO220(中),TO3(右)

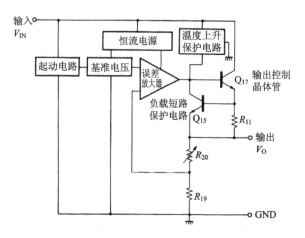

图 **3.2**[4]　78 系列的等价电路构成

3.1.2　输入输出侧接入电容器

图 3.3 所示为 78/79 系列最基本的使用方法。最重要的是必须在输入侧、输出侧分别接入电容器,输入侧的电容器 C_1 用于提高 IC 动作的稳定性,通常相当于整流电路的平滑大容量电容器。

如果在输出侧没有接入电容器 C_2,那么 IC 有可能产生振荡现象。

如照片 3.2 所示,3 端子稳压器的振荡为高频正弦波,且频率随接线长度变化而变化,对于稳定直流输出电压来说,高频振荡的危害类似于纹波。

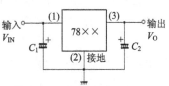

图 **3.3**　78 系列基本用法

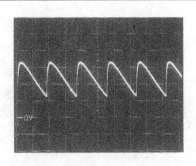

照片 **3.2** 3端子稳压器的振荡波形（2V/div，0.5μs/div）

因此，为了防止发生振荡，最好在接近3端子稳压器的输入输出端接入电容器 C_1 和 C_2。

3.1.3 稳压器输出侧电容器的作用

不仅是3端子稳压器，普通稳压电源的输出端接入电容器也能改善稳压器的传递特性。

理想情况下，作为稳压电源，当然希望它的输出阻抗为零，而实际上总是存在一定的输出阻抗。图3.4显示了输出阻抗随着频率增加而增加的趋势。

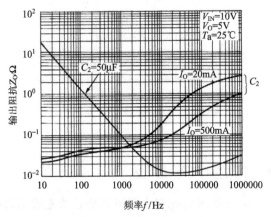

图 **3.4**[4] 78系列的输出阻抗特性

这一现象是由内部放大电路的频率特性在高频区域增益下降造成的。从图3.5看出，无论放大器怎么构成，一到高频段放大增益就下降。

再看图3.6，它表示了3端子稳压器作为稳压电源的原理。如果输出电压发生变化，误差放大器将变化放大，并按电压变化量的相反方向进行补偿，达到稳定输出电压的作用。放大器的增益越大，补偿的效果越好，输出电压就越稳定。

因此，如果输出电流毫无变化，或变化非常缓慢，即上述过程发生在直流～低频率区域，那么误差放大器能得到足够大的增益，输出电压几乎不变。

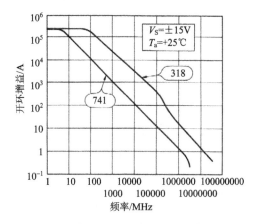

图 3.5　放大器在高频段增益降低

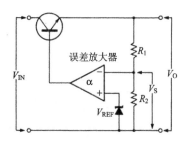

图 3.6　稳压电源的原理

设某个周期内,输出电流的变化量为 ΔI_O,该频率的输出阻抗为 Z_O,那么输出电压的变化量为

$$\Delta V_O = \Delta I_O \times Z_O$$

如图 3.4 所示,Z_O 随频率升高而增加,因此电压的变化量也随频率升高而增加。

这说明有必要通过输出一侧的电容器 C_2 来降低输出的高频阻抗值。

假设稳压电源的负载为 TTL,应用场合为高速开关状态,如果输出侧的电容器选用铝质电解电容器,那么内部的阻抗将上升。因此,需要将高频特性好的陶瓷电容器或者聚酯树脂电容器与电解电容器并联使用。其结果是电路的频带变宽(从低频段到高频段),因此可以保持较低的电源输出阻抗。

3.1.4　3 端子稳压器的容许损耗

通常 1A 的 3 端子稳压器最大容许损耗 P_D 为 15W,由于 3 端子稳压器的电路结构为串联稳压,所以当输入电压很高而输出电流很大时,电路的损耗很高。

设输入电压为 V_{IN}、输出电压为 V_O、输出电流为 I_O,则 3 端子稳压器的功率损耗 P_D 为:

$$P_D = I_O \cdot (V_{IN} - V_O)$$

但是,如果是 TO220 型这类模压封装 IC,实际使用时温度上升,所允许的功率损耗充其量不得超过 1W 左右。例如,$V_{IN} = 10V$,$V_O = 5V$ 时,输出电流 I_O 为:

$$I_O = \frac{P_D}{V_{IN} - V_O} = \frac{1}{10 - 5} = 0.2(A)$$

就是说只能连续地提供这一点点电流。

由此可知,必须采取适当的措施抑制温度上升,引起的损耗。换句话说,如果 3 端子稳压器不安装散热器,便无法输出 0.2A 以上的电流。

图 3.7 给出 3 端子稳压器的最大容许损耗与环境温度之间的关系。实际上,

容许损耗几乎由散热器的大小(=散热器的热电阻)来决定。所以3端子稳压器的散热技术非常重要,我们将在第1篇第5章详细地加以介绍。

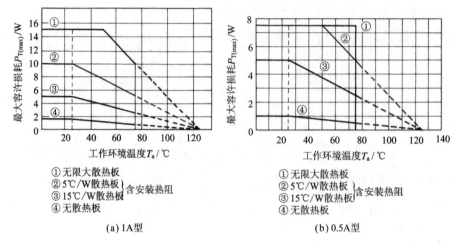

①无限大散热板
②5℃/W散热板 含安装热阻
③15℃/W散热板
④无散热板

(a) 1A型

①无限大散热板
②5℃/W散热板 含安装热阻
③15℃/W散热板
④无散热板

(b) 0.5A型

图 3.7 78系列环境温度和容许损耗关系

78/79系列3端子稳压器工作的环境温度只要保证在IC的工作温度75℃以下即可。但是,这只是元器件封装的表面温度,内部芯片的温度要高得多,这就是IC芯片和封装表面间存在温度梯度的原因。

无论哪个品牌的3端子稳压器,内部都带有芯片结温度限制功能(热击穿保护电路),即如果芯片的温度达到大约125℃,稳压器将停止工作。从防止因发热造成IC烧坏的角度看,这是一项非常重要的技术。

3.1.5 3端子稳压器的限流电路

为了防止由于操作错误引起输出短路损坏元器件,在3端子稳压器内部还装有限流电路(过电流保护)。

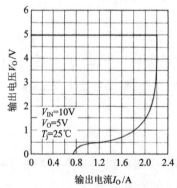

$V_{IN}=10V$
$V_O=5V$
$T_j=25℃$

图 3.8[4] 7805的限制输出电流特性

图3.8给出了5V输出7805型(HA17805P)3端子稳压器的输出电流电压特性。从该图看到,当输出电流超过2A时,输出电压开始下降,因此它的输出电流不会超过2A。

从图3.8还可以看出,虽然输出端完全短路,由于电路的保护特性,输出电流大约只有0.8A。由于该曲线与日文字母"フ"相似,因此称为"フ"字下降特性,或向后折叠特性。

3.1.6 "フ"字型限流电路的特点

"フ"字型限流曲线具有以下意义。设图 3.9 的输入电压 $V_{\text{IN}}=10\text{V}$、$I_{\text{O}}=2\text{A}$，则控制晶体管的损耗 P_{C} 为：

$$P_{\text{C}}=(V_{\text{IN}}-V_{\text{O}})\times I_{\text{O}}=10(\text{W})$$

然而，如图 3.10 所示，由于限流作用，当输出电流 $I_{\text{O}}=2\text{A}$ 时，电压垂直下降，V_{IN} 全部加在晶体管上，因此，此时的功率损耗 $P_{\text{C}}=20\text{W}$。

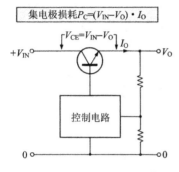

图 3.9　串联稳压器的晶体
管上的功率损耗

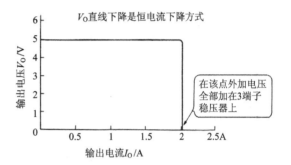

图 3.10　恒电流下降特性

但是，如果短路电流被限制在 0.8A，则晶体管的功率损耗 $P_{\text{C}}=8\text{W}$，IC 的损耗相应减小，从而能减小散热所需的空间。

那么是不是短路电流越小，电路性能就越好呢？其实并非如此。过流保护的目的是当电路出现某种故障造成输出短路时防止元器件烧坏，短路消除后电路应该恢复正常工作。

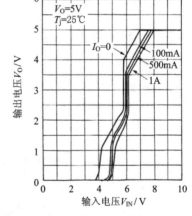

图 3.11[4]　7805 输入电压与输出电压特性

然而，若短路电流设定得过小，电路将无法自动恢复。因此短路电流通常设定为最大输出电流的一半左右。

3.1.7 78××系列的输入电压与输出电压特性

78××系列 3 端子稳压器的瞬时输出电流可达 2A，连续最大输出电流达 1A。其输出输入电压的特性参见图 3.11，当 $V_{\text{IN}}\approx7\text{V}$ 时 V_{O} 达到 5V。

由此可知 3 端子稳压 IC 内部有电压降,因此为了在最低输入电压点仍留有余裕,输入输出电压至少应该有 3V 的差值,且该电压差必须是整流电压的纹波最低值。输入输出电压关系可参考表 3.2。

表 3.2 3 端子稳压器的使用条件

型号	最低电压/V(DC)	变压器电压/V(AC)	变压器电流/A(AC)	平滑电容器/(μF/WV)	最大损耗/W
7805	8	8	1.3	6 800/16	4.4
7806	9	8.7	1.3	6 200/16	4.6
7808	11	10.3	1.3	4 700/25	5
7809	12	11.1	1.3	4 700/25	5.2
7810	13	11.9	1.3	4 200/25	5.4
7812	15	13.5	1.3	3 900/25	5.8
7815	18	15.9	1.3	3 300/35	6.4
7818	21	18.3	1.3	2 700/35	7
7820	23	19.9	1.3	2 200/50	7.4
7824	27	23.1	1.3	1 800/50	8.3

1)输出电流 $I_O=0.8A$; 2)输入电压变动为 $\pm10\%$。

表 3.2 对第 1 篇第 5 章中有关电源变压器的确定将提供很有用的帮助。

78/79 系列的应用技术

3.2.1 用于正负稳压电源

在电子电路中不仅需要(+)电源,而且需要(-)电源。79 系列的 3 端子稳压器能用于(-)电源。基于 78/79 系列的正负电源已经在图 3.1 中介绍过了。

显然,如图 3.12 那样通过 78 系列正输出 3 端子稳压器使电压稳定,然后以输出的(+)端为地,就可构成(-)输出端。

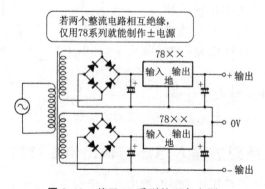

图 3.12 基于 78 系列的正负电源

但在许多情况下,同时需要(+)、(-)电源,构成稳压电路输入源的整流电压通常是公共点为 0V 的正负电源。

也就是说,仅由正输出的 78 系列 3 端子稳压器无论如何也不能构成正负电源,必须需要 79 系列的负输出稳压器。

3.2.2 在输出电压可变电源中的应用

即使是固定输出的 3 端子稳压器,它的输出电压也是可以调节的。图 3.13 所示为可变电压输出的电路,输出电压通过电阻 R_1 和 R_2 分压,与接地端相连。

此时输出电压 V_O 为:

$$V_O = \frac{R_1 + R_2}{R_1} \cdot V_{\times\times}$$

式中:$V_{\times\times}$ 为 3 端子稳压器的输出电压。

然而,实际上由于 3 端子稳压器内部存在偏压电流 I_Q,因此必须要考虑 R_2 两端的电压上升量。

如果考虑偏压电流 I_Q,则输出电压为:

$$V_O = \frac{R_1 + R_2}{R_1} \cdot V_{\times\times} + I_Q \cdot R_2$$

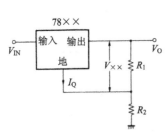

图 3.13 增大 78 系列
输出电压的方法

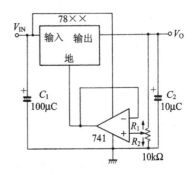

图 3.14 带 OP 放大器的可调输出电压方法

78×× 系列的 I_Q 为恒定值,约为 4mA,如果保持 R_2/R_1 值不变,同时减小其阻值,那么电压降 $I_Q \times R_2$ 可忽略。

但是,若两个电阻的值太小,那么电阻上功率损耗 P_R 将增加,即

$$P_R = \frac{V_O^2}{R_1 + R_2}$$

如图 3.14 所示,若采用 OP 放大器,可在一定范围内任意设定输出电压值。输出电压 V_O 为:

$$V_O = \left(1 + \frac{R_2}{R_1}\right) V_{\times\times}$$

如果 R_1 和 R_2 为可变电阻,则可得到连续变化的输出电压。

与固定输出电路类似,该电路的输入侧、输出侧需要连接电容器。

3.2.3　0.5～10V 输出电压可调稳压器

如果打算让输出电压低于 3 端子稳压器的固定电压,那么上述方法就无能为力了,因为它的输出电压总是高于 3 端子稳压器的固定电压。

如果借助图 3.15 的电路,那么输出电压可以低到 0.5V,但外接 OP 放大器需要有－10V 的偏压电源。由于流过的电流很小,因此只要满足 20mA 左右的电流容量就足够了。

图中还给出了输出电压在 0.5～10V 之间调节时的参数值。OP 放大器的输入输出电压之间的关系如图 3.16 所示。

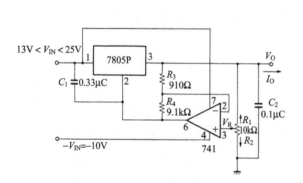

图 3.15　0.5～10V 输出电压可调稳压器

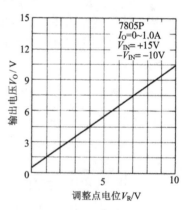

图 3.16　输出电压可调稳压器的调整点电位 V_R 的特性

3.2.4　增加输出电流的方法

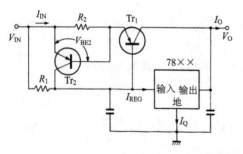

图 3.17　增加 78 系列输出电流的方法

欲使 3 端子稳压器的连续输出电流在 1A 以上,必须增加输出功率晶体管。图 3.17 给出了增加输出电流的方法。

功率晶体管 Tr_1 的直流电流放大率 h_{FE} 必须满足以下关系:

$$h_{FE} \geqslant I_O / I_{REG}$$

式中:I_{REG} 为 3 端子稳压器的最大连续额定电流,它是不允许超过的。

输出电流 I_O 的最大值由 Tr_1 的额定值决定,所以当需要大的输出电流时,该晶体管应该改成达林顿晶体管。

该电路中,由于 3 端子稳压器的输出电流 I_{REG} 减少至上述晶体管输出电流的 $1/h_{FE}$,因此由输出电流引起的输出电压变化即负载变化率也得到相应的改善。

由于此时 3 端子稳压器内部的过电流保护功能不起作用,因此必须增加外部保护电路。在图 3.17 中的 Tr_2 和 R_2 即组成了外部保护电路。

这个过电流保护电路的原理是电流 I_{IN} 在 R_2 上产生的电压降如果达到了 Tr_2 的基极-发射极电压 V_{BE2},则 Tr_2 导通,此时供给 Tr_1 的基极电流将被 OFF,从而限制了输出电流。过电流的动作点为:

$$I_{O(max)} \approx I_{IN(max)} = V_{BE2}/R_2$$

由于晶体管 V_{BE2} 对温度有 $-2.4\text{mV}/℃$ 的负系数,因此确定 R_2 时必须考虑到这个因素。

3.3 低损耗型 3 端子稳压器的使用方法

3.3.1 3 端子稳压器的功率损耗

如前述,在图 3.11 中,78/79 系列 3 端子稳压器必须确保输入输出端之间的最低电压差为 3V 以上。在这个电压差驱动下产生输出电流(图 3.18),并以热能的形式全部损耗掉。

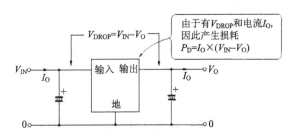

图 3.18 3 端子稳压器的损耗

因此,尽量让这种稳压器 IC 输入、输出间的电压差越小越好,低损耗型 3 端子稳压器就是一个可选择的方案。

低损耗型 3 端子稳压器也有许多类型,这类 IC 的特点是输入输出端之间的电压差大致为 $0.6 \sim 1\text{V}$,而且输出电压非常稳定。

虽然上面两种 3 端子稳压器的输入输出端之间的电压差分别为 3V 和 1V,但是如果考虑到输入电压的变化,这个电压差值会更大一些。

如果3端子稳压器的输入电压为包含8％$_{p-p}$的纹波电压的整流电压,那么我们可以假设输入电压V_{IN}的变化为±10％。下面来求5V输出的3端子稳压器的最大电压差。

首先,最高输入电压时的整流电流$V_{IN(max)}$为:

$$V_{IN(max)} = (1 + v_{rippie}) \times \frac{1}{0.9} \times \frac{1}{0.9}(V_O + V_{DROP})$$

即它们分别为10.7V和8V,差值为2.7V。由于$(1/0.9) \times (1/0.9)$为由最低输入电压到最高输入电压时的换算式,所以V_{DROP}表示3端子稳压器的输入输出端之间的电压差。

如果把整流二极管的电压降也考虑进去,电压差将更大一些。

由上可知,输入输出端之间的电压差越小,功率损耗也越小。

3.3.2 低损耗结构

低损耗型3端子稳压器也有多种类型。图3.19给出内部的基本构成,采用PNP型控制晶体管。

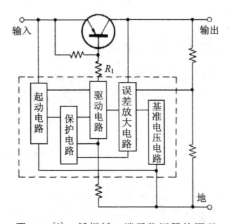

图3.19[6] 低损耗3端子稳压器的原理

PNP晶体管的特点是基极电流从发射极→基极,如果流过与基极连接的R_1的电流可以控制,就可以实现集电极电流的调节,即能够得到稳定的输出电压。因此,输入输出端之间的电压差只要大于控制晶体管的$V_{CE(sat)}$(集电极-发射极饱和电压)即可。

就是说,相对于输出电压V_O,最低的输入电压$V_{IN(min)}$为:

$$V_{IN(min)} = V_O + V_{CE(sat)}$$

即可。与由NPN晶体管构成的电路相比,其输入输出端之间的电压差更小,损耗也低。

设此时控制晶体管的直流电流放大率为h_{FE},基极电流I_B产生的晶体管内部损

耗 P_B 为：

$$P_B = V_{IN} \cdot I_B = V_{IN} \cdot \frac{I_O}{h_{FE}}$$

也就是说，即使采取许多措施，但也不能忽视输入电压升高引起的功率损耗，因此，为尽量减小基极电流，最好采用 h_{FE} 大的控制晶体管。

近来，很多电路都采用 MOSFET，它不需要门极驱动电流，因此损耗很小。

普通 3 端子稳压器（78/79 系列）输出端的晶体管属于 NPN 型，因此基极必定有电流流过，驱动部分必然存在电压降，且输入输出端之间的电压差也小不了。

如图 3.20 所示，控制晶体管的基极必然有来自输入电压 V_{IN} 的电流流过。虽然恒定电流驱动，但总需要一定的电压，相对于发射极电压 V_E，基极的电位 V_B 必为：

$$V_B = V_E + V_{BE}$$

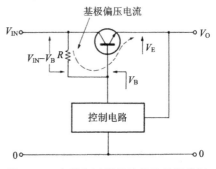

图 3.20　串联稳压器晶体管的基极偏压

因此可知，它比由 PNP 晶体管构成的控制电路总需要很高的输入电压。

表 3.3 列出了市场上出售的 3 端子稳压器的主要产品。

表 3.3　主要的低损耗型稳压器

型　　号		TA78DS××	TS78DL××	SI3××2V	STR90××
输入输出端电压差	V_{DROP}(V)	0.2	0.4	1	1
输出电流	I_O(A)	0.03	0.25	2	4
封　　装		TO92L	TO220	TO3P	TO3PH
制 造 商		东芝	东芝	三星	三星

3.3.3　与普通 3 端子稳压器在使用方法上的相似点

低损耗型 3 端子稳压器与普通 3 端子稳压器的使用方法基本相同。但是，由于该电路结构很容易产生振荡现象，因此输入、输出端都要连接电容器，且必须紧靠 IC 输入输出引脚。

另外，一旦输入电压高于额定值，那么无论何种型式的低损耗 3 端子稳压器都无法减少损耗。这一点是非常重要的。

经过电源变压器整流后的非稳定输入电源中叠加有整流的纹波。因此，必须考虑输入电压所需的最低电压 $V_{IN(min)}$，而损耗由输入电压平均值 $V_{IN(mean)}$ 决定，如图 3.21 所示。若整流纹波为三角波，那么平均值 $V_{IN(mean)}$ 近似为：

$$V_{\text{IN(mean)}} = V_{\text{IN(min)}} + \frac{V_{\text{IN(max)}} - V_{\text{IN(min)}}}{2}$$

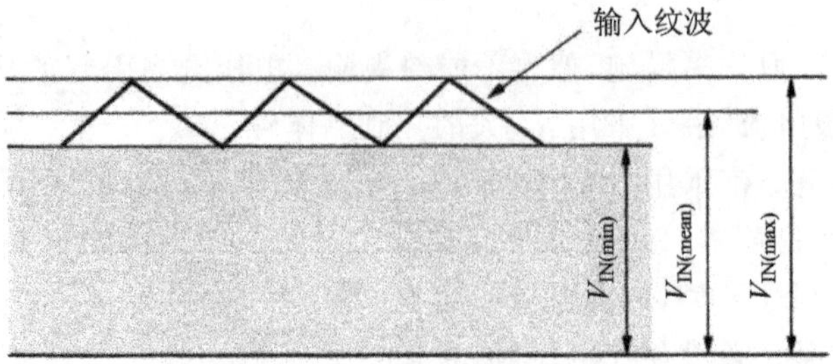

图 3.21　稳压器的输入电压波形

因此,为了减小功率损耗,输入电源纹波电压的峰值差 $V_{\text{IN(max)}} - V_{\text{IN(min)}}$ 应该尽量小。可见,设计整流平滑电路非常重要。

3.3.4　2A 输出的 SI3000V

由于制造商不同,低损耗稳压器的品种也有很多。下面首先介绍图 3.22 所示的三垦电气生产的 SI3000V 系列。

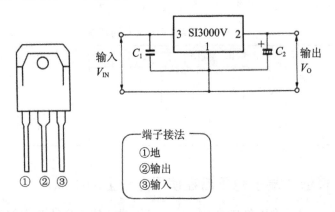

图 3.22　低损耗稳压器 SI3000V 的使用方法

该系列 IC 的特点是内部集成了整体 IC、独立的功率晶体管芯片等,最大输出电流可到 2A。

它的封装形式为 TO3P 型,需要留意的是其引脚排列与 78 系列略有不同。连续输出最大电流 I_O 可达 2A,过电流保护在 2.5A 左右开始生效。

它的输出电压有 5V、12V、15V 等几种,设定电压偏差分别为 ±0.1V、±0.2V、±0.2V。

图 3.23 给出了输入输出端之间的电压差曲线,当输出电流 $I_\text{O} = 2$A 时,电压差标准值约为 0.6V。另外,从图 3.23 中还可以看出,输出为 1A 时电压差约为

0.2V,这比普通 3 端子稳压器的功率损耗低。

SI3000V 系列的临界工作温度为 100℃,而普通 3 端子稳压器的临界工作温度为 75℃。这一特性使前者的应用范围更广。

图 3.24 给出了在各种散热条件下环境温度 T_a 与容许损耗 P_D 之间的关系。

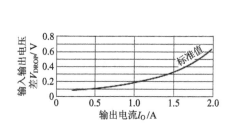

图 3.23　SI3000V 的输入输出电压差

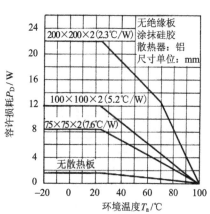

图 3.24　SI3000V 的散热特性

3.3.5　4A 输出的 STR9000 系列

图 3.25 给出了 STR9000 系列 3 端子稳压器,它的输出电流非常大,连续输出电流可高达 4A。

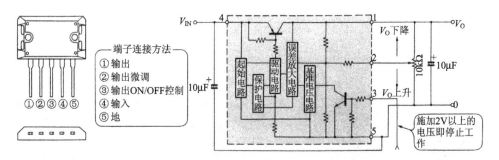

图 3.25[6]　4A 输出的 STR9000 稳压器的使用方法

实际上该 IC 为 5 端子结构,若引脚 2 和引脚 3 悬空,那么就可当作固定输出的 3 端子稳压器使用。

STR9000 系列有 5V、12V 两种输出电压。由于输出电流可达 4A,因此相应的功率损耗也很大,使用时必须注意散热问题。图 3.26 给出输入输出端之间的电压差曲线。设输出电压为 12V,输入电压取最大值 16V,则损耗 P_D 为:

$$P_D=(V_{IN}-V_O) \cdot I_O=(16-12) \cdot 4=16(W)$$

由图 3.27 所示的曲线可知,该 IC 损耗为 16W,若最高在周围温度 $T_a = 50℃$ 的条件下工作,则必须安装面积为 150mm×150mm、厚度为 2mm 的铝质散热器。

若将引脚 2 外接电阻,就可对输出电压进行微调,在引脚 1~2 之间连接电阻,则输出电压下降,在引脚 2~5 之间连接电阻,则输出电压升高。

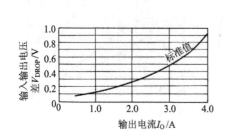

图 3.26 STR9000 的输入输出电压差

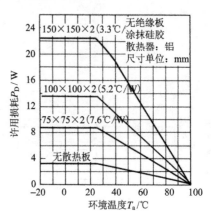

图 3.27 STR9000 的散热特性

为了稳定输出,输出电压 5V 型号的可调范围为±0.2V,而输出电压 12V 型号的可调范围为±0.5V。如果无需特别提高电压的输出精度,最好是不要使用这两个引脚。

如果在引脚 3 上外加 2V 以上的电压,STR9000 系列 IC 稳压器就停止工作。这一功能可用于复杂的多输出电源装置中,以便确定各电路电源的起动顺序,实现顺序控制。

3.3.6 小功率稳压器

近来,又有一类备用电流非常小的低损耗型稳压器开始出售。

日本国家半导体公司的 LP2950/2951 就是其中一款。图 3.28 给出的 2950 属于 5V 固定输出型,另外也有带外围电路的 3 端子稳压器 TO92 封装形式,而 2951 的输出电压随外加电阻而改变。

该 IC 的特点为备用电流非常小,仅 $75\mu A$,但输出电流却可达到 100mA 以上,而且此时输入输出端之间的电压差只有 0.38V。由于它的电压设定偏差小、电压精度高,可构成特性优良的高稳定性电源。

图 3.29 展示了线性技术公司生产的 LT1020 稳压器,它的备用电流更小,仅 $40\mu A$。该 IC 采用 DIP 封装,具有 14 只引脚,内置一个完全独立的比较器,可构成 2 路稳压电源(图 3.30)。

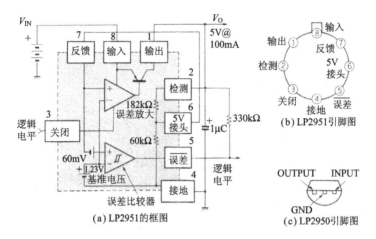

图 3.28　小功率稳压器 LP2950/2951 的构成

项目	记号	规格		单位
		LP2950	LP2951	
电源电压	V_{IN}	30	30	V
输出电压	V_O	4.975~5.025		V
基准电压	V_{REF}	—	1.22~1.25	V
输入稳定性	δ_{IN}	0.1	0.1	%
负载稳定性	δ_{OUT}	0.1	0.1	%
输入/输出电压差	V_{DROP}	380	380	mV
输出短路电流	I_{OS}	200	200	mA
工作温度	T_{op}	−55~150	−55~150	℃

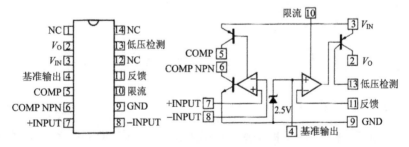

项目	记号	规格	单位
电源电压	V_{IN}	36	V
基准电压	V_{REF}	2.46~2.54	V
输入稳定性	δ_{IN}	0.01	%
负载稳定性	δ_{OUT}	0.2	%
输出短路电流	I_{OS}	250	mA
输出电流	I_O	125	mA
输入/输出电压差	V_{DROP}	0.2	V
工作温度	T_{op}	0~100	%

图 3.29　小功率稳压器 LT1020 的构成

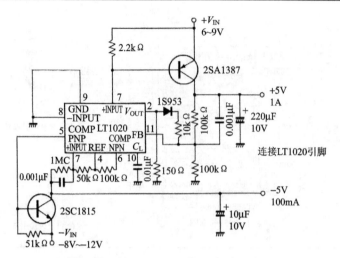

图3.30 基于LT1020的±5V稳压电源

LT1020的输出电流为125mA时,输入输出端之间的电压差为0.4V,可见损耗非常小。它的基准电压值 V_{REF} 为2.5V±0.04V,因此精度非常高。它不使用电位器,仅靠固定电阻即可构成高精度的电源。

图3.30给出由LT1020构成的±5V输出的应用实例,由于采用了低损耗IC,因此电路还加设了一个PNP型晶体管,它的输出为+5V,用来增加电流,减小损耗。

3.4 电压可调型3端子稳压器的使用方法

3.4.1 LM317系列

如果在固定输出3端子稳压器中也引入图3.14所示的OP放大器,那么就能组成一个输出电压可调的电源。当然,实际上也还有其他类型的专用输出电压可调型电源。

图3.31所示的LM317系列是最具代表性的电压可调型稳压器,改变它的两个外围电阻的阻值之比,就可实现对输出电压的调整。该IC输出电压的可调范围为2~32V。表3.4列出了它的主要性能规格。

该IC为双重内嵌式封装,共有3只引脚,与TO92型相似,占用安装空间较小。

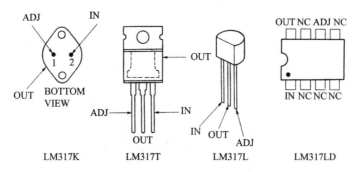

图 3.31[13] LM317 系列的引脚接线图

表 3.4 LM317 系列的性能规格

项 目	符 号	规 格			单 位
		LM317L	LM317T	LM317K	
电源电压	V_{IN}	40	40	40	V
输出电流	I_O	0.1	1.5	1.5	A
最大损耗	P_D	0.625	15	20	W
工作温度	T_{op}	$-40\sim125$	$0\sim125$	$0\sim125$	℃
输入电压变化	δ_{IN}	0.01	0.01	0.01	％
负载变化	δ_{OUT}	0.1	0.1	0.1	％
基准电压	V_{REF}	1.25	1.25	1.25	V
输出短路电流	I_{SC}	0.2	2.2	2.2	A
纹波衰减率	$V_{r(REJ)}$	65	65	65	dB
接点-机壳间热电阻	θ_{j-C}	—	4	2.3	℃/W
封装型式	—	TO92	TO220	TO3	—

照片 3.3 LT1020 的外观

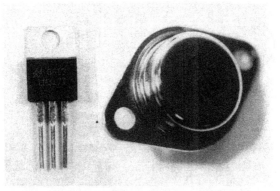

照片 **3.4** 输出电压可调型 3 端子稳压器 LM317

3.4.2 LM317 系列的基本使用方法

图 3.32 给出了 LM317 的基本电路。将 R_2 换成电位器,由电阻值可得输出电压 V_O:

$$V_O = V_{REF}\left(1 + \frac{R_2}{R_1}\right) + I_{ADJ} \cdot R_2$$

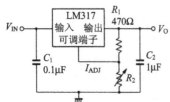

图 **3.32** LM317 的使用方法

由上式可知,输出电压的值可任意调整。式中 I_{ADJ} 的平均值为 $50\mu A$,最大值也只有 $100\mu A$,因此通常情况下可忽略不计。V_{REF} 的标准值为 $1.25V$,于是上式可简化为:

$$V_O = 1.25 \times \left(1 + \frac{R_2}{R_1}\right)$$

LM317 稳压器 IC 的输出电流必须在 $1.5mA$ 以上,否则无法正常工作。如果需要提高 R_1 和 R_2 的电阻绝对值,必须在输出端之间连接一个电阻,称之为分压电阻。

3.4.3 输出电压的调节范围从 0V 开始

即使让 LM317 系列 3 端子稳压器连接的电阻 $R_2 = 0$,即输出短路,其输出电压也不会小于 V_{REF}。因此,如果准备一个图 3.33 所示的负电源,并通过电阻 R_3 与 R_2 之连接,那么输出电压的变化范围就能减至从 0V 开始。

LM317 系列为正输出电压可调稳压器,而 LM337 系列为负电压输出型,用法以及应用实例与 LM317 没有什么不同。图 3.34 给

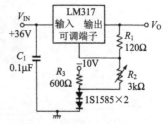

图 **3.33** 从 0 变化的 LM317 输出电压可调电路

出它的基本电路。

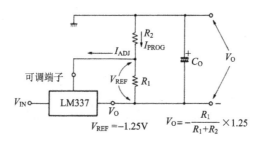

$$V_{REF} = -1.25V \qquad V_O = -\frac{R_1}{R_1 + R_2} \times 1.25$$

图 3.34　负输出 LM337 的使用方法

3.4.4　减小纹波的措施

LM317 自身具有 60dB 以上的输入纹波压缩度,采用图 3.35 所示的电路可以进一步减小纹波,得到令人满意的直流电压。在 ADJ(可变)端子与地之间连接电容器 C_2 的作用就是减小纹波。

如果 C_2 的容量在 $10\mu F$ 左右,可使纹波压缩比上升约 20dB,使输出纹波减小约 1/10。

在 ADJ(可变)端子与输出端之间接入二极管 D_1 的目的是当输出短路时防止内部元器件产生反向偏压。C_3 的作用是当输出短路时立即放电,如果没有 D_1,那么电容器 C_2 只能以电阻 R_1 决定的时间常数放电,因此,当 OUT 端子为 0V 时需要防止 ADJ 端子残留正电压。

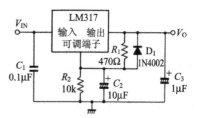

图 3.35　减小 LM317 脉动的方法

3.4.5　增加输出电流的方法

TO92 型 LM317L 的最大输出电流只能到 200mA,最大容许损耗约为 800mW。LM317 与固定输出 3 端子稳压器一样也可以采取增加输出电流的措施。在图 3.36 的实例中,由于输出电流可以高达 2A,因此再将 NPN 晶体管互补连接,可进一步提高总的电流放大率。此时 LM317 的电流 I_{REG} 为:

$$I_{REG} = \frac{I_O}{h_{FE1} \times h_{FE2}}$$

由于这个电流很小,因此 3 端子稳压器内部的损耗几乎可以忽略不计。当输出电压为最低值 $V_{O(min)} = 3V$ 时,Tr_1 的损耗为:

$$P_{C1} = (V_{IN} - V_{O(min)}) \times I_O$$

$$= (20 - 3) \times 2 = 34(W)$$

设该电流放大率 $h_{FE1} = 80$,那么 Tr_2 的损耗为:

$$P_{C2} = [V_{IN} - (V_{O(min)} + V_{BE1})] \times \frac{I_O}{h_{FE1}}$$

$$= 20 - (3 + 0.7) \times \frac{1.5}{80} = 0.4(W)$$

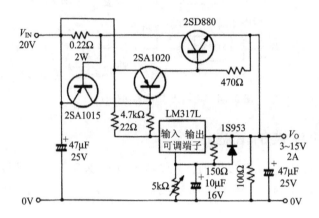

图 3.36 提升 LM317 电流的方法

LM317 系列 IC 的过流保护电路与固定输出 3 端子稳压器相类似,输入侧连接电流检测电阻 R_C,通过 PNP 晶体管 Tr_3 即可构成过流保护电路。

3.4.6 应用于稳定电流/稳定电压动作

虽然 3 端子稳压器很少用于恒流电源电路,但这并不表示它没有这种功能。

图 3.37 给出的电路为基于 LM317 的恒流电源应用实例。当可调端子电压与基准电压 V_{REF} 相等时该 IC 即工作,因此,电阻 R_1 的电压降 V_{R1} 有 $V_{R1} = V_{REF}$,且 $V_{REF} = 1.25V$,输出电流 I_O 为恒流,即

$$I_O = \frac{V_{R1}}{R_1} = \frac{V_{REF}}{R_1} = \frac{1.25}{R_1}$$

如果 R_1 为可调电阻,可由其值任意设定输出电流 I_O。

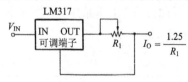

图 3.37 基于 LM317 的恒流电源

图 3.38 表示采用了 2 组 LM317 构成的 0V 可调的恒压/恒流电源。其中 IC_1 完成恒流工作,IC_2 完成恒压工作。如果需要对多种电子设备进行检测,有这么一个电源就非常方便。

输出电流的检测是通过连接在 IC_1 上的输出端电阻 R_{SC} 实现的,利用 $1k\Omega$ 的电阻即可任意设定输出电流的最大值。

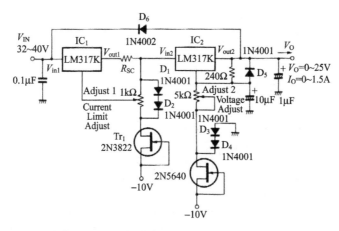

图 3.38　稳定电压/电流的试验用电源($V_O = 0 \sim 25V, I_O = 0 \sim 1.5A$)

篇外话　100V 输入的串联稳压器 IC MAX610 的应用

1. MAX610 的特点

美国 MAXIM 公司生产的 MAX610 是一款很有特点的 IC,其内部稳压电路属于普通的串联稳压器,但可直接连接 AC100V 输入电压。

它的输入侧内部装有整流二极管,如果外加电容器,则可得到整流直流电压。图 A 给出了该 IC 的基本结构,表 A 列出了它的电气特性和引脚连接,照片 A 为 MAX610 的外观。其中 MAX610/612 采用桥式全波整流,MAX611 则采用半波整流。

由于该 IC 内部没有变压器,AC 输入与 DC 输入之间没有绝缘,因此,外露的直流输出侧存在触电的危险,使用时需采取相应措施避免发生这种情况。

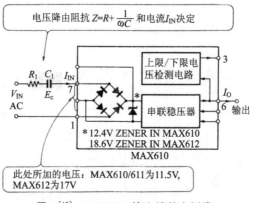

图 A[12]　MAX610 输入端的电压降

表 A[12] MAX610 系列的性能规格

项 目	符号	规 格			单位
		MAX610	MAX611	MAX612	
交流输入电压	$V_{IN(AC)}$	11.5	11.5	17	V
整流方式		桥式	半波	桥式	
击穿电压	V_Z	12.4	12.4	18.6	V
输出电压	V_O	4.8～5.2	4.8～5.2	4.8～5.2	V
输出电流	I_O	150	150	150	mA
最大损耗	P_D	0.75	0.75	0.75	W
工作温度	T_{op}	0～50	0～50	0～50	℃

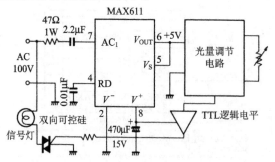

照片 A MAX610/611 的外观

我们知道,利用门触发电路直接控制 AC 输入电压是十分方便的,图 B 表示了一个基于双向可控硅控制的调光器的例子。

图 B[12] MAX611 调光器的应用

2. 输入电压最大值的设定

MAX610 内部采用整体 IC 结构,实际上其耐压并未达到 AC100V 的程度,因此需在输入端连接分压元件,如图 A 所示。虽然理论上说直接接入电阻即可,但由于功率损耗比较大,因此还需要再串联一个电容器。

设输入电流为 I_{IN},电阻 R_1 消耗的功率为 $P_R = I_{IN}^2 \times R_1$。如果串联电容器,则线性阻抗所承受的电压降为

$$E_C = \frac{1}{\omega C_1} \cdot I_{IN}$$

由于电流的相位比电压超前 90°,因此不会产生功率损耗,如图 C 所示。

我们要注意,由于流过电容器的电流为交流,因此不能采用有极性的电解电容器。另外,电阻 R_1 的另一个作用是在电源接通瞬间限制流过电容器 C_1 的冲击电流,因此该电阻必不可缺少。

MAX610/611 允许最大外加电压为 11.5V,因此 IC 输入端的最大输入电压必须满足以下关系:

$$V_{IN} - I_{IN}\left(R_1 + \frac{1}{\omega C_1}\right) \leqslant 11.5V$$

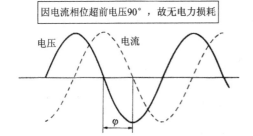

图 C　输入电容 C_2 的电压和电流

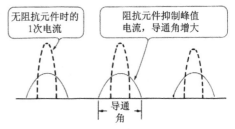

图 D　使用 MAX610 时的次级电流波形

虽然整流电路属于电容器输入型,但是由于在图 D 中有 R_1 和 C_1 的阻抗作用,电流的导通角非常大。实际上,考虑到内部损耗,输入电压值必须设置得很低,对于该 IC,$R_1 = 47\Omega$、$C_1 = 2.2\mu F$。

图 E 中,输出电流 I_O 的最

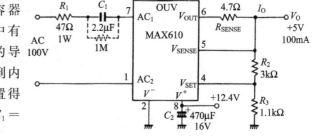

图 E　输入为 AC100V、输出为 +5V 的实例

大值为 150mA。当 I_O 减少时,R_1 和 C_1 两端的电压降也减小,而 AC_1、AC_2 之间的电压将上升。然而由于整流后的 V^+、V^- 之间连接了稳压二极管,因此在它导通

后,电压不可能超过稳压二极管的电压。

这只稳压二极管的电压因型号而异,MAX610/611 为 12.4V,MAX612 为 18.6V,因此平滑电容器的耐压值必须高于二极管的耐压值。

电压实际上与 MAX610 的引脚 8 即 V^+ 端子有关(图 E),如果对电源的稳定性要求不太高,那么 V^+ 也可作为 12～18V 的电源。

3. 设定输出电压

当要求输出电压为恒定的 5V 时,需将 V_{SET} 端子接地,而 V_{SENSE} 端子与 V_O 相连。

由于输出电压在 1.3～15V 之间可调,且此时分压电阻 R_2、R_3 与 V_{SET} 连接,内部基准电压 V_{REF} 为 1.3V,故输出电压 V_O 为:

$$V_O = V_{\text{REF}}\left(1+\frac{R_2}{R_3}\right)=1.3\left(1+\frac{R_2}{R_3}\right)$$

在图 E 中我们看到一只与电容 C_1 并联的、用虚线表示的 1MΩ 电阻,它的作用是当输入侧开关 OFF 时,充当 C_1 存储电荷的放电电路。

R_{SENSE} 是电流检测电阻,由下式可设定过流保护的动作点:

$$I_{\text{O(LIMIT)}} = \frac{0.6}{R_{\text{SENSE}}}$$

MAX610 系列稳压器 IC 不仅可以输入 AC100V,通过调整 R_1、C_1 的值,甚至还可以输入 AC200V。

MAX610 系列 IC 属于一种基本的串联稳压器,输入电压升高时,由于内部损耗增加会引起发热,元器件温度也会随之升高。因此,需在引脚 8 处外接低电压稳压二极管(图 F),起到抑制内部控制晶体管外加电压,增大输出电流的作用。

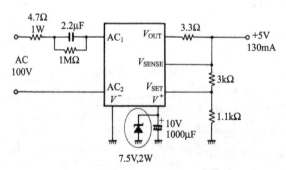

图 F　增大 MAX610 电流的方法

第 **4** 章　串联稳压器的实用设计方法
——理解稳压电源的本质

※ 串联稳压器的基本组成
※ 可调电压稳压器的设计
※ 正负跟踪稳压器的设计

正如数字电路兴起的同时伴随着模拟电路衰退一样,开关稳压器的出现,衍生出串联稳压器淡出市场。

但是,在许多局部、模拟电路、小容量的稳压领域,串联稳压器仍大有市场。与此有关的 IC 已经在第 1 篇第 2 章、第 3 章中做了详细介绍。

下面介绍串联稳压器的实用设计方法。在串联稳压器的设计过程中,同样也包含许多通用电源电路设计的基本事项,这些内容甚至对后面的开关稳压设计也是不可或缺的。

4.1　串联稳压器的基本组成

4.1.1　基于 OP 放大器的误差检测

我们在第 1 篇第 2 章、第 3 章很少涉及串联稳压器的基本组成。在 3 端子稳压器出现之前,串联稳压器通常由 OP 放大器和稳压二极管构成误差检测电路,如图 4.1 所示。

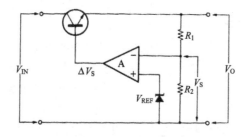

图 4.1　基于 OP 放大器的稳压电源原理

该电路中,OP 放大器的反向输入端子与输出电压的检测信号相连,正向输入

端子与基准电压 V_{REF} 相连。于是,反相输入的信号电压 V_S 为:

$$V_S = \frac{R_2}{R_1 + R_2} \cdot V_O$$

由此可知,V_S 与 V_O 成正比,当输出电压 V_O 上升时,它也上升。

然而,由于基准电压 V_{REF} 一定,假设 $V_S > V_{REF}$,OP 放大器的输出电压 V_O 要保持原来的值而下降,其变化量 ΔV_S 为:

$$\Delta V_S = A \times (V_{REF} - V_S)$$

式中:A 为 OP 放大器放大系数的绝对值。

由于放大信号 ΔV_S 为负值,控制晶体管的基极电压下降,因此输出电压减小。在正常状态下,必有以下关系:

$$V_{REF} = V_S = \frac{R_2}{R_1 + R_2} \cdot V_O$$

由此可知,调整 R_1 与 R_2 之比,即可设定所需要的输出电压值。

4.1.2 处理不当将产生振荡

普通 OP 放大器单只的电压增益为 70~90dB,假设为 80dB,那么放大系数约为10 000倍,这意味着利用反馈的方法可以将 10V 的电压变化抑制到 1mV。因此 OP 放大器的增益越大,输出电压的稳定性越好。

然而,OP 放大器不仅可以放大直流,而且在数兆赫的频域范围内其增益也非常大,这就容易引发振荡现象。

第1篇第3章在介绍3端子稳压器的应用时曾讲过,应该绝对禁止电源装置的振荡现象。因为一旦发生振荡,在振荡频率分量的作用下,本应作为直流输出的电源将产生很大的振荡。同时还引起主控晶体管产生异常损耗,甚至损坏元器件。

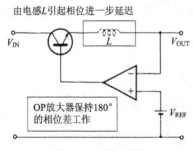

图 4.2 相位延迟

由于稳压电源采用负反馈控制,因此放大器输入与输出之间保持 180°的相位差工作,这通常应该不会发生振荡。然而如图 4.2 所示,由于在反馈环路内由于连接线、元器件引线等因素也存在电感 L,将引起相位的进一步延迟。

同时还要考虑由相位延迟引起的时间延迟。对于负反馈系数固定的电路,时间延迟也是一定的,与频率无关。如图 4.3 所示,例如延迟时间为 1μs,对于 250kHz 的频率将产生 90°的相位延迟,而对于 500kHz 的频率将产生 180°的相位延迟。

图 4.4 表示,如果总的相位延迟为 360°,那么就变成了正反馈。此时如果 OP 放大器的增益为 1 以上的某个带宽,那么在该频率下信号被慢慢放大结果导致振

荡发生(图 4.5)。

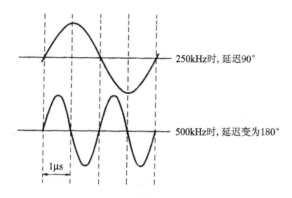

图 4.3　延迟为 1μs 的场合

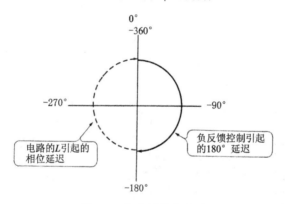

图 4.4　相位延迟的表示

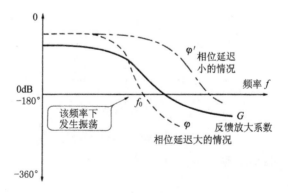

图 4.5　反馈系的波特图

　　对于线性稳压器来说,为了减小反馈环内的电感,在 180°相位的偏离点上应该有非常高的频率。

　　另外,如果 OP 放大器的接线很长、增益带宽很大,也会引起振荡现象。

在开关稳压器中,由于必须在电路中存在较大的电感成分,因此180°相位延迟通常出现在数千赫处。这时产生的振荡特别地称为寄生振荡。

4.1.3 振荡的防止

要防止 OP 放大器电路的振荡,只要在 180°相位延迟所对应的频率下,使放大器的增益小于 1 即可。如图 4.6 所示,OP 放大器本身带有交流负反馈,称之为相位补偿。其结果是在图 4.6(b)的曲线中,高频区域的增益被降低,起到了防止振荡的作用。

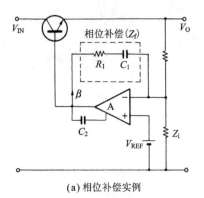

(a) 相位补偿实例

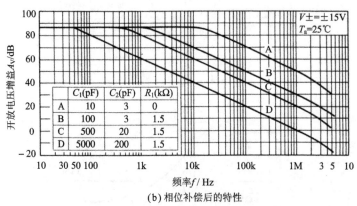

(b) 相位补偿后的特性

图 4.6 OP 放大器的相位补偿

此时 OP 放大器的增益 A 为:

$$A = 20 \lg \frac{Z_f}{Z_i}$$

式中:Z_i 为检测输出电压的分压电阻的阻抗成分,Z_f 为相位补偿元件的阻抗。由于连接了电容器 C_1,结果 Z_f 随频率上升而下降,通过降低增益,电路在高频区域也能稳定地工作。

4.1.4　输出电流的增大

要增大串联稳压器的输出电流,必须下一番功夫。

图 4.7 中,设晶体管的直流电流放大率为 h_{FE},设得到输出电流 I_O 所必需的驱动晶体管的基极电流为 I_B,则有 $I_B = I_O / h_{FE}$。即使为最低输入电压 $V_{IN(min)}$ 时,也必有该电流存在。

但是,要使输入电压为最大值 $V_{IN(max)}$,而输出电流 I_O 为零,只要基极电流 $I_B \approx 0$ 即可。于是,此时流过电阻 R_1 的驱动电流 I_{R1} 的大部分必须被 OP 放大器吸收。

但是,一般情况下,普通 OP 放大器只能保证吸收 10mA 以下的电流。

现在,设输入电压 V_{IN} 在 $13 \sim 18V$ 之间变化,需要得到输出电压 $V_O = 10V$ 的电源,由于 Tr_1 的基极电压 V_B 为:

$$V_B = V_O + V_{BE}$$

故电阻 R_1 的值为:

$$R_1 = \frac{V_{IN(max)} - (V_O + V_{BE})}{I_Z} = \frac{18 - (10+1)}{0.01} = 700(\Omega)$$

于是,在最低输入电压,流过阻抗 R_1 的电流 I_{R1} 仅为:

$$I_{R1} = \frac{V_{IN(min)} - (V_O + V_{BE})}{R_1}$$

$$= \frac{13 - (10+1)}{700} = 2.8(mA)$$

因此,即使晶体管的放大率 h_{FE} 为 100,输出电流 I_O 也仅仅只有 0.28A。

因此,当需要更大的输出电流时,可采用图 4.8 所示的达林顿连接法。

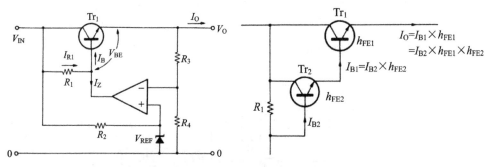

图 4.7　功率晶体管的基极驱动电流　　　　图 4.8　达林顿连接

4.1.5　晶体管·达林顿电路的利弊

设晶体管 Tr_1、Tr_2 的放大率分别为 h_{FE1}、h_{FE2},那么达林顿电路总的放大率为它们的乘积。因此该电路的输出电流 I_O 被放大为:

$$I_O = I_{B2} \cdot h_{FE1} \cdot h_{FE2}$$

近来,有一种晶体管是在原来单个晶体管的内部采用达林顿结构构成的。但是,在某些条件下,达林顿结构晶体管的集电极电流与 h_{FE} 之间的线性关系恶化(图4.9),因此在实际使用过程中,必须注意集电极电流值。

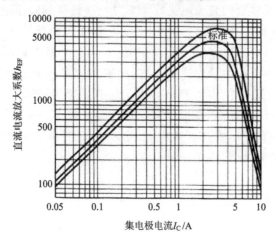

图 4.9　达林顿晶体管的 h_{FE} 曲线

设晶体管以达林顿结构连接,考虑到有两个晶体管的 V_{BE},OP 放大器的输出电压 V_B 肯定要高得多,为

$$V_B = V_O + V_{BE1} + V_{BE2}$$

当然,如果输入电压没有那么高,在最低输入电压的条件下,可能出现电压不足的现象。这样电路控制晶体管的损耗将增加,而这并不是我们所期望的。

因此,如图 4.10 所示,预先设主控晶体管的输入电压 V_1 的最小值为:

$$V_1 = V_O + V_{CE(sat)1}$$

即预先让电流放大晶体管的输入电压 V_2 高于 V_1 数 V,这样就可以使 Tr_1 的损耗限制在最低限度内。

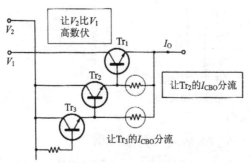

图 4.10　达林顿连接时的偏压

图 4.10 中,与 Tr_1、Tr_2 基极连接的电阻起到分流晶体管的漏电流 I_{CBO} 的作用。由于该达林顿电路总的 h_{FE} 增加,因此即使仅有数十安的漏电流,最终也能成为很大的电流。这样一来,当负载电流较小时,就无法实现稳压控制,这一点必须特别注意。

4.1.6　过电流保护电路

当出现错误电源输出短路时,可能产生的大电流将造成元器件的损坏。因此必须在电源电路中添加过流保护电路。

通常串联稳压器采用图 4.11 所示的过流保护电路。

在图 4.11 的电路中,由于电流检测电阻 R_S 有输出电流 I_O 流过,其两端的电压降为 $V_{RS}=I_O \times R_S$。若晶体管 Tr_2 的 V_{BE2} 与 V_{RS} 之间存在以下关系:

$$V_{RS} \geqslant V_{BE2}$$

则 Tr_2 导通。

结果,由于流过 R_1 的偏压电流 I_{R1} 被分流为 I_{C2},即 Tr_1 的基极电流减小了。也就是说,电路具有如图 4.12 所示的 $I_S=V_{BE2}/R_S$ 的稳流特性,确保了电路不会超过上述电流。

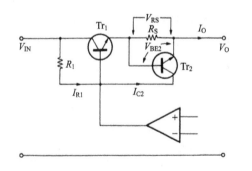

图 4.11　下降型过电流保护电路的构成

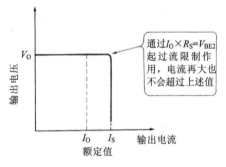

图 4.12　定电流下降特性

不过,由于晶体管的 V_{BE} 特性具有 $-2.4mV/℃$ 的负温度系数,因此要保证在最高温度下,输出电流不至于达到最大,晶体管的额定值必须留有足够的余裕。

另外,输出短路时,控制晶体管 Tr_1 的集电极-发射极电压为:

$$V_{CE1}=V_{IN}-I_S \cdot R_S$$

几乎所有的输入电压都施加在它们之间,而且晶体管内有很大的集电极电流,因此要对集电极损耗给予足够的重视。

4.1.7　45V、2.5A 串联稳压器的设计实例

图 4.13 给出一个 45V、2.5A,即大约 110W 的大功率输出电路的实例。为分

散集电极的损耗,用了两个主控晶体管 Tr_{1A}、Tr_{1B} 并联构成。

此时,各个晶体管必须分别连接发射极电阻 R_1,否则由于 V_{BE} 的离散性,基极电流将仅仅流过放大系数较低的那一个晶体管。

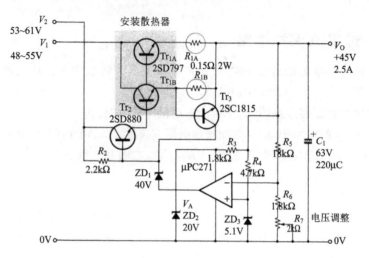

图 4.13 +45V、2.5A 的串联稳压器

这里 Tr_1 采用 2SD797,封装为 TO3,最大集电极损耗 $P_{C(max)}=200W$。

由于电流放大晶体管 Tr_2 的最大集电极损耗达 1W 左右,因此需要安装散热器。

Tr_1 的损耗 P_{C1} 约为 2 个晶体管的集电极损耗之和,即

$$P_{C1}=[V_1-(V_O+V_{R1})]\times I_O$$
$$=[55-(45+0.6)]\times2.5=23.5(W)$$

设集电极电流大致为平均分,那么每个晶体管的损耗大约为 12W。

这样,要想将晶体管外壳表面的温升 ΔT 控制在 50℃ 左右,散热器的热阻值 θ 应该为:

$$\theta=\frac{\Delta T_C}{P_{C1}}=\frac{50}{23.5}=2.1(℃/W)$$

30BS098(LYUSUN)等型号的散热器符合上述要求。若采用铝制散热片,所需厚度约 3mm、面积约 400cm² 。结果该元件的体积将非常大。

然后再求电流放大晶体管 Tr_2 的损耗 P_{C2}。设 Tr_1 的电流放大系数 h_{FE1} 为 40,则流过 Tr_2 集电极的电流 I_{C2} 为:

$$I_{C2}=\frac{I_O}{h_{FE1}}=\frac{2.5}{40}=0.063(A)$$

因此,损耗为

$$P_{C2}=[V_2-(V_O+V_{BE1}+V_R)]\times I_{C2}$$
$$=[61-(45+0.6+0.6)]\times0.63=0.93(W)$$

为了防止温升过高,需要安装热电阻为 25℃/W 的小型散热器(如 OSH1625SP 等)。

如果因输出短路导致过流保护电路动作,那么 Tr_1 的损耗最大将达到 150W。为了保证这种状态下电路的安全,需要安装体积更大的散热器。因此,注意不要让电路输出短路的时间超过 20~30s。

在图 4.13 中,OP 放大器输出端子与稳压二极管 ZD_1 相连的作用是防止 OP 放大器上外加过大的电压。由于是 40V 的稳压二极管,因此 OP 放大器的最大外加电压 V_A 为:

$$V_A = V_2 - V_{ZD1} = 61 - 40 = 21(V)$$

用于这种目的的二极管称为电平移位二极管。

4.2　可调电压稳压器的设计

4.2.1　通用可调稳压器 μA723

在串联稳压器 IC 中 3 端子稳压器以使用简单著称,而 μA723 则以应用广泛而闻名。

μA723 属于经典的串联稳压 IC。由于性能非常好,它至今仍被广泛采用。该 IC 的独特之处是基准电压 V_{REF} 连接在外部,因此可以非常简单地改变输出电压。

另外,该 IC 具有约为 80dB 的输入电压重叠纹波消除率,可将输入纹波降低到 1/10 000。

由于基准电压 V_{REF} 的温度系数仅为 0.003%/℃,因此,即使存在 50℃ 的温度变化,输出电压也仅仅变化 0.15%。图 4.14 给出它的引脚连接图和方块图,表 4.1 给出 μA723 的电气特性,照片 4.1 为 μA723 的外观。

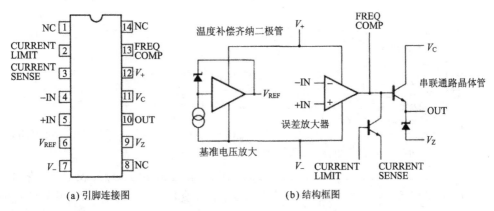

(a) 引脚连接图　　　　(b) 结构框图

图 4.14　μA723 的构成

表 4.1[6]　μA723 的电气特性

项目	符号	规格	单位
电源电压	V_{CC}	40	V
最大损耗	P_D	1	W
工作温度	T_{op}	0~70	℃
相对输入电压的变化	δ_{IN}	0.2	%
相对负载的变化	δ_{OUT}	0.15	%
纹波衰减率	$V_{r(REJ)}$	86	dB
输出短路电流	I_{SHORT}	65	mA
基准电压	V_{REF}	7.15	V

照片 4.1　μA723 的外观

4.2.2 μA723 的基本使用方法

图 4.15 给出了基于 μA723 的正电压稳压器的基本电路。

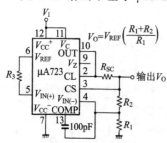

图 4.15 μA723 的基本电路

引脚 4、引脚 5 是误差放大器的差动输入端子。在引脚 5 的 $V_{IN(+)}$ 上加基准电压 V_{REF},引脚 4 的 $V_{IN(-)}$ 上加分压电阻的输出电压。

此时,电源的输出电压 V_O 为:

$$V_O = \left(1 + \frac{R_2}{R_1}\right) \cdot V_{REF}$$

然而,即使 $R_2 = 0$,即 $V_{IN(-)}$ 与输出之间短路,输出电压也达不到 2V,只有 $V_O = V_{REF}$。因此,要得到比 V_{REF} 更低的输出电压,应该反过来,先将 R_1、R_2 固定在某个值,然后改变基准电压 $V_{IN(+)}$,再使其为 0V 的话,就能让输出电压 V_O 调节到 2V。

误差放大器的 $V_{IN(+)}$ 和 V_{REF} 连接在 IC 的内部,不能按上述方法使用。

4.2.3　2～24V、0.5A 电源的设计

下面来设计 2～24V、0.5A 的可调电压电源。实际的电路如图 4.16 所示。

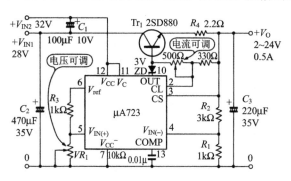

图 4.16　基于 μA723 的 2～24V 可调电源

设计时，首先求对应于可调输出电压 2～24V 的分压电阻 R_1、R_2。μA723 的典型基准电压 V_{REF} 的标准值为 7.15V，如果连接 $V_{\text{IN}(+)}$ 端子的固定电阻 $R_3 = 1\text{k}\Omega$，用 10kΩ 的电位器电压调节电压，分压的结果得到的最大外加电压为：

$$V_{\text{IN}(+)} = \frac{VR_1}{R_3 + VR_1} \times V_{\text{REF}}$$

$$= \frac{10}{1+10} \times 7.15 = 6.5(\text{V})$$

R_2/R_1 为：

$$\frac{R_2}{R_1} = \frac{V_O}{V_{\text{REF}}} - 1 = \frac{24}{6.5} - 1 = 2.7$$

考虑到 IC 产品的 V_{REF} 存在离散性，取 $R_2/R_1 = 3$，则确定 $R_1 = 1\text{k}\Omega$，$R_2 = 3\text{k}\Omega$。

由于 μA723 的输出电流最大只能到 150mA，要得到 0.5A 的输出电流，需要外接电流放大电路。

这里采用图 4.17 所示的 NPN 型晶体管 2SD880（$V_{\text{CEO}} = 60\text{V}$，$I_C = 3\text{A}$，TO220 封装），设 $I_C = 0.5\text{A}$ 时的电流放大系数 $h_{\text{FE}} = 100$，那么 IC 的输出电流为 5mA 即可。

图 4.18 表示 μA723 的输出电流 I_O 越小，输出电压的稳定性越高，这个特性非常好。

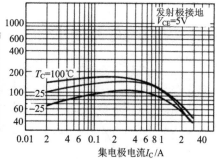

图 4.17[9]　2SD880 的 h_{FE} 曲线

接下来设定输入电压 V_{IN}。如图 4.19 所示，设 Tr_1 的集射极饱和电压 $V_{\text{CE}(\text{sat})}$ 为 1V，电流检测电阻的电压降为 1V，再加上

输出电压的最大值 24V,结果输入电压达到 26V。但实际上这个电压值是不够的。

723 型 IC 内部的输出级采用达林顿结构连接,以起到电流放大的作用。为此,输入电压与输出电压之间必须保持约 3V 的电压降,因而输入电压 V_{IN} 的最低值要求在 29V 以上。

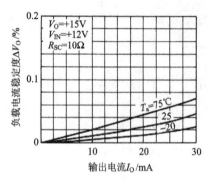

图 4.18 μA723 的负载电流稳定性与输出电流关系特性

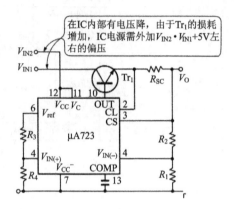

图 4.19 μA723 的偏压连接方法

我们设输出电流 I_O 为最大值 0.5A,输出电压 $V_O = 2V$,此时晶体管 Tr_1 的集电极损耗 P_C 最大,即

$$P_C = (V_{IN} - V_O) \cdot I_O$$
$$= (29 - 2) \times 0.5 = 13.5(W)$$

考虑到输入电压发生变化时,该损耗还将增大,因此尽量取低一点的 V_{IN} 值为好。

实际上提供给 IC 的电压 V_{IN2} 比 V_{IN1} 高 3V 以上(图 4.19),比直接让 V_{IN1} 取最大的 26V 更为有利。

由于 μA723 的最大外加电压为 40V,所以为了不超过这个范围,V_{IN2} 的取值的上限为 V_{CC}。

4.2.4 限流电路的设计

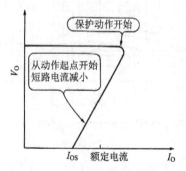

图 4.20 过流的折叠特性

下面讨论限流电路。在输出短路等过负载状态下,如果电路具有图 4.20 所示的折叠特性,那么通过限制电流,就可以减小晶体管的损耗。这种方法较前述图 4.12 所示的恒电流下降方式具有更大的好处。这里将限流电路的特性曲线称为"フ"字特性曲线。

图 4.21 所示的电路具有"フ"字特性,电流检测电阻 R_4 的电压降加在 CL 端子上。CL 和 CS 端子分别为 NPN 型晶体管的基极和发射极,

设它们之间的电压 V_{BE} 在 0.6V 以上,当输出电流 I_O 为:

$$I_O = \frac{1}{R_4}\left[\left(1+\frac{R_6}{R_5}\right) \cdot (V_O+V_{BE}) - V_O\right]$$

时电路开始工作。再设输出完全短路时的输出电流为 I_{OS},此时将 $V_O = 0$ 代入上式得到:

$$I_{OS} = \frac{R_5+R_6}{R_4 \cdot R_5} \cdot V_{BE}$$

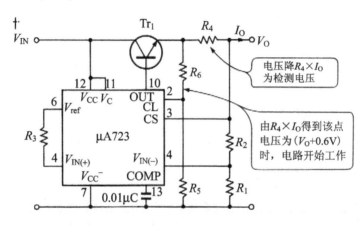

图 4.21 折叠型过电流保护电路

假设输出电流 $I_O = 0.6A$、$V_O = 12V$、$V_{BE} = 0.6V$、$R_4 = 2.2\Omega$,则 $R_6/R_5 = 0.057$。因此,当 $R_5 = 1.8k\Omega$、$R_6 = 100\Omega$ 时,短路电流 $I_{OS} = 0.29A$。

由上述公式可知,在上面给出的限流电路中,限流动作点随输出电压 V_O 变化而变化。

另外我们知道,试验用的电源,如果能够提供恒电流是很方便的,图 4.22 给出了这样的一个电源电路。该电路与图 4.21 相同,也是利用 $R_4 \times I_O$ 所得的电压降。检测电压还要加上晶体管 Tr_1 的 V_{BE1},即

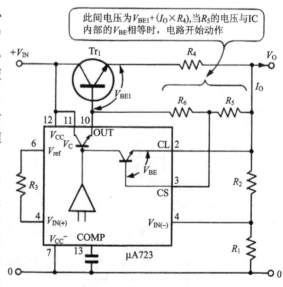

图 4.22 恒流型保护电路

$$\left(\frac{R_5}{R_5+R_6}\right) \cdot (V_{BE1}+I_O \cdot R_4) = V_{BE}$$

由此即可确定与输出电压 V_O 无关系的输出电流的最大值。

将上式变形,有

$$I_O = \frac{1}{R_4}\left[\left(1+\frac{R_6}{R_5}\right) \cdot V_{BE} - V_{BE1}\right]$$

若 $V_{BE}=V_{BE1}$,则当 $R_6=0$ 时,输出电流 I_O 可设定为 0A。

当然在设定该值时,也还必须考虑到任何晶体管的电压 V_{BE} 都具有 $-2.4mV/℃$ 的负的温度系数。

4.3 正负跟踪稳压器的设计

4.3.1 ±15V 专用 ICTA7179P

对于基于 OP 放大器的试验电源,如果能利用正负电源同时设定电压,使用起来一定非常方便。这种电源称为跟踪型电源。这种电源虽然不需要很大的输出电流,但是希望电流的精度高,能保持正负电压的平衡。

在市场上有专用的 ±15V 固定电压输出的跟踪稳压器出售,如东芝 TA7179P 就是其中的一款。图 4.23 给出了该 IC 的结构,表 4.2 给出它的电气特性,照片 4.2 给出其外观。

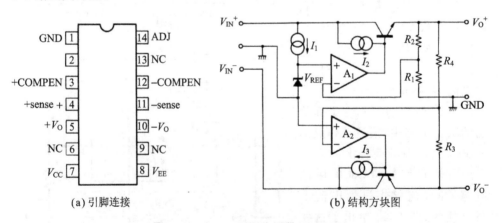

(a) 引脚连接　　　　　　　　　(b) 结构方块图

图 4.23 ±15V 可调稳压器 TA7179P

表 4.2[5] TA7179P 的电气特性

项目	符号	规格	单位
电源电压	V_{IN}	±30	V
输出电流	I_O	±100	mA

续表 4.2

项目	符号	规格	单位
<u>输出电压</u>	V_O	±15	V
工作温度	T_{op}	−30~75	℃
最大损耗	P_D	625	mW
输入输出端之间的电压差	V_{DROP}	2	V
输入电压变化	δ_{IN}	5	mV
负载变化	δ_{OUT}	5	mV
纹波衰减率	$V_{r(REJ)}$	75	dB

照片 4.2　TA7179P 的外观

　　图 4.24 给出基于 TA7179P 的固定型跟踪稳压器的具体实例。该 IC 的输出电流基本上可以达到 ±100mA，使用时需要安装散热器。因此在实际应用中，其输出电流通常被限制在 ±50mA 以内。

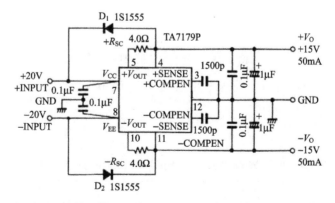

图 4.24[5]　基于 TA7179P 的 ±15V 固定型跟踪稳压器

　　该 IC 最适合于基于小型 OP 放大器的局部稳压器。

4.3.2 0～±18V、0.2A 电源的设计

对于实验室电源,即使同样是跟踪稳压器,总希望输出电压能够任意调整。下面我们采用 2 个 OP 放大器构成跟踪电源。

一提到跟踪型电源,就很容易让人以为将单个正负电源简单地排列起来,再用双联调节旋钮同时改变设定电压就行了,但是由于电位器的阻值存在一定的离散性,很难得到平衡性非常好的正负电源。

因此,通常的组成办法是将正输出电压或者负输出电压之一设为可调型,将可调的电压设定为另一个输出的基准电压,把这个基准电压当作跟踪的对象。下面介绍 0～±18V、0.2A 的跟踪稳压器的设计。图 4.25 给出了设计实例的基本结构。

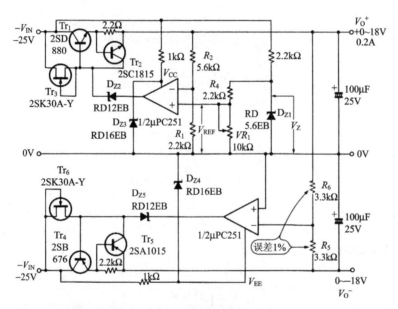

图 4.25 0～±18V 的跟踪电源

在图 4.25 的电路中,+侧输出设定为可调节型。由于+侧的输出电压 V_O^+ 为:

$$V_O^+ = \left(1 + \frac{R_2}{R_1}\right) \cdot V_{REF}$$

故用 R_4 和 VR_1 就可以调节由 D_{Z1} 构成的基准电压 V_z,甚至可设定输出电压 $V_O^+ = 0V$。

其次,稳压负电压的电路部分如图 4.26 所示,OP 放大器的非反相输入端与 0V 相连,OP 放大器的反相输入端与 R_5、R_6 相连。R_5 的另一端与 V_O^- 相连,用来检测电压,而 R_6 的另一端与 V_O^+ 相连,用来作为基准电压源。

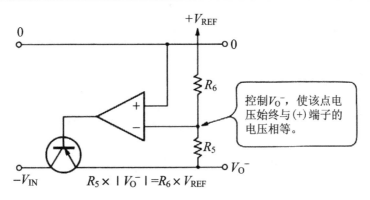

图 4. 26　负稳压电源电路

稳压电源的电压控制是通过调节输出电压始终保持误差放大器的非反相输入和反相输入相等来达到的,所以若设 $R_5 = R_6$,则必有 $V_O^- = V_O^+$。这就是跟踪稳压器工作原理。

正负电压平衡靠 R_5 和 R_6 的偏差来决定,所以应该挑选高精度的电阻,最好它们的偏差低于 1%。OP 放大没有太大的讲究,不过最好采用一个双路封装的对偶型放大器。

本书采用的 OP 放大器是 NEC 的 μPC251。它的频率特性比应用最广的 4558 更好,即使频率在 1MHz 左右也能抑制电压的变化。

4.3.3　防止晶体管反向偏压的重要性

图 4.25 所示的电路中,各 OP 放大器的输出端分别接入的稳压二极管 D_{Z2}、D_{Z5} 并非用于基准电压,而是被称为电平移位二极管。当某种原因造成输出电压急剧上升时,OP 放大器的输出将反相,在＋侧电压的 V_{EE},和—侧电压的 V_{CC} 之间来回切换。

那么此时就会如图 4.27 所示,输出控制晶体管的基极电压相对于发射极产生反向偏压。为了防止这种情况发生,电路中接入了稳压二极管 D_{Z2}、D_{Z5},作用在锁定＋侧、—侧电压,保护电路。

实际上,OP 放大器的电源电压 V_{EE} 和 V_{CC} 无法直接采用输出电压 V_O^+ 和 V_O^-,因为输出电压在 $\pm 5V$ 以下的范围内变化,OP 放大器无法

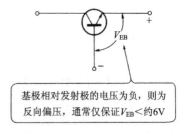

图 4. 27　晶体管的反向偏压

工作,所以必须由＋V_{IN} 和—V_{IN} 提供电源。因为超过了允许外加的最大额定电压值时,所以用稳压二极管 D_{Z3}、D_{Z4} 来抑制。

4.3.4 输出纹波的减小

与 Tr_1、Tr_4 基极相连的 FET 构成了恒电流电路。如果 FET 的门极和源极连接在一起,就由 FET 的 I_{DSS} 来决定电流的值,这个电流便是恒流。

因此,如果将此电流接入输出晶体管的基极,那么即使输入电压 $+V_{IN}$ 和 $-V_{IN}$ 带有纹波,由于 Tr_1、Tr_4 的基极电流不受纹波电流的影响,输出电压的纹波电压也就很有限。

在该电路中,即使输出电流达到最大,输出电压的纹波总能被控制在 1mV 以下。

4.3.5 进一步提高电压稳定性的措施

在跟踪型电源中,从供电基准的角度说,直流输出特性当然是非常重要。由于它既是基准的输出电压,同时又是另一个输入的基准,因此,如果该输出产生纹波或噪声,将同时反映在另一输出当中去。

当然稳压的精度也是由基准电压决定的,所以这同样被看作十分重要的特性。

图 4.28 给出进一步改善输出特性的方法。该电路通过让产生基准电压 V_Z 的齐纳二极管起 FET 恒电流驱动作用来降低输入电压变化和纹波。

齐纳二极管是从外部连接的,自身会产生噪声。这些噪声是随机的和周期性的,称为齐纳噪声。虽然其电压信号不是特别大,但仍然是影响输出特性优劣的重要原因之一。

如图 4.29 所示,在齐纳二极管的旁边并联一个电容器即可消除齐纳噪声。此时,由于电容器充电需要一定的时间,因此基准电压 V_Z 缓慢上升,同时输出电压也随之缓慢升高。

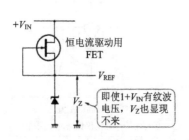

图 4.28 齐纳二极管的定电流驱动

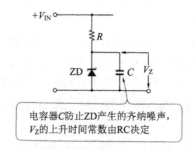

图 4.29 防止齐纳二级管噪声的方法

这种情况只发生在输入开关 ON 的瞬间,进入正常工作状态后即达到完全稳定的 V_Z。如图 4.30 所示,这也是一个解决输入开关接通瞬间输出电压过冲击的好方法。

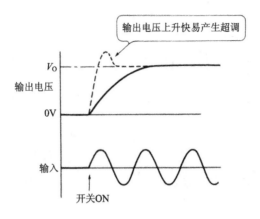

图 4.30　输出电压的过冲击

　　但是如果电容器的容量选得太大,时间常数过大,就会引起起动不良等故障。因此,常用的上升时间常数应在在 200ms 以内。

第5章 串联稳压器的设计技巧
——电源变压器的选择及散热措施

※ 电源变压器的选择
※ 半导体发热问题
※ 散热器的选择

串联稳压器的突出特点是几乎没有噪声,稳定性好,容易制作。但是每个设计者都面临一个问题,即如何散热。

数百毫伏以下的小容量电源(如小容量的 3 端子稳压器等)不存在散热问题。但是如果电源功率超过 1W,就必须考虑散热,否则将影响电源的可靠性。

电源电路允许的发热温度通常被限定在用手触摸电源发热体(如控制晶体管)时能够忍受的程度。如果烫得手都无法触摸,那么说明该元件已处于危险的工作状态。

在前面本书已经介绍了串联稳压器的输入电压和整流电路的输出电压等相关问题,下面我们来进一步研究确定电源变压器绕组电压的方法,以及在控制晶体管上如何安装散热器的问题。

本章将分别讨论这两个问题。

5.1 选定电源变压器

5.1.1 变压器选择的难点

就设计串联稳压器而言,确定变压器的绕组电压是非常重要的项目。

要抑制控制晶体管或 3 端子稳压器的发热问题,将变压器绕组电压设定得低一些当然有利。这样做的缺点是当输入电压较低时会降低输出电压的稳定性。反之,如果输入电压很高,控制晶体管或 3 端正稳压器的电路损耗又将大大增加,那么就必须安装很大的散热器。

5.1.2 绕组电压的确定

变压器绕组电压与初级绕组的外加电压,以及前后两级绕组的匝数比成正比。确定绕组电压必须首先考虑的外部条件是:第一,在输入电压的最低值(如

AC100V 输入电压有 10％的变动,即最低值为 90V),输出端也应该得到期望的整流电压值;第二,在输出电流最大的条件下,串联稳压器的各个元器件承受的电压降也最大,这也是设计的一个前提。

图 5.1 中,变压器的次级端子的电压 $\tilde{E}_S$ 可由下式来计算:

$$\tilde{E}_S = \frac{1}{\sqrt{2}}\left(V_C + \frac{1}{2}\Delta V_r + V_F\right) \times A \times B$$

式中:V_C 为整流平滑后的直流电压平均值;ΔV_r 为纹波电压的峰值差;V_F 为整流二极管的正向电压降(桥式整流时为 2 倍 V_F);A 为变压器端子电压的设定误差(由于匝数必须为整数,电压不能被整除,通常估计会产生 2％左右的误差);B 为导线电压降,估计为 3％的余量。

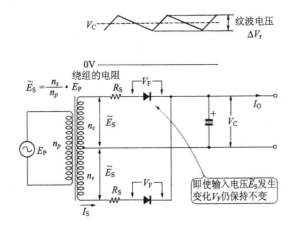

图 5.1　确定变压器电压的方法

此外,为了用输入电压的额定值来表示电源变压器的规格参数,还必须考虑输入电压的变化率±α％,则有:

$$\tilde{E}_S = \frac{\left[1 + (|-\alpha|/100)\right]}{\sqrt{2}} \cdot \left(V_C + \frac{1}{2}\Delta V_r + V_F\right) \times A \times B$$

简便起见,这里设$-\alpha = 10$％,纹波电压 $\Delta V_r = V_C \times 8$％,采用桥式整流方式,则有:

$$\tilde{E}_S \approx 0.81V_C + 1.5$$

下面介绍如何确定流过变压器的电流。与整流后的直流电流 I_O 不同,流过变压器的电流 $\tilde{I}_S$ 为交流,因此必须取其有效值来进行计算。由整流电路计算 ωCR_L,并按图 1.11 求出 I_D 后,可由下式计算 $\tilde{I}_S$:

$$\tilde{I}_S = I_D \times \sqrt{2}$$

5.1.3　采用 5V、1A 的 3 端子稳压器时

图 5.2 表示了一个 5V、1A 的串联稳压器,采用 7805 三端子稳压器。下面将

以此为例进行数值计算。设 7805 的输入输出电压差 $V_{\text{DROP}}=3\text{V}$,整流电路的输出电压为 $V_{\text{C}}=8\text{V}(5+3)$,于是有:

$$\tilde{E}_{\text{s}}=0.81\times 8+1.5\approx 8(\text{V})$$

$$\tilde{I}_{\text{s}}=1.6(\text{A})$$

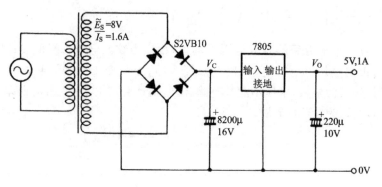

图 5.2 5V、1A 电源的例子

变压器的容量 P_{s} 为:

$$\tilde{P}_{\text{s}}=\tilde{E}_{\text{s}}\times\tilde{I}_{\text{s}}=13(\text{V}\cdot\text{A})$$

虽然绕组的电压比整流电压低,但是必须注意的一点是它的电流有效值非常大。

在电容器输入型整流中,这些问题都是由于电流的峰值太高造成的。要特别注意的是如果电源变压器的电流容量不足,变压器绕组的线性阻抗将引起很大的电压降,结果导致整流电压低于预定值。

5.1.4 变压器电压变化的原因

前面讲述了输出电流保持额定值不变的情况。然而,正如第1篇第1章曾经讲过的那样,随电流值变化,变压器的输出电压也是变化的。我们可以用图 5.3 所示的最简 T 型等效电路来分析一下。

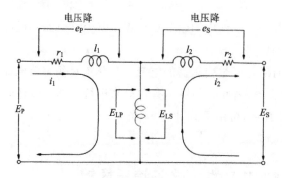

图 5.3 变压器的 T 型等效电路

在初级电路、次级电路中分别串联了 r_1、r_2 和 l_1、l_2。r_1 和 r_2 为绕组的电阻成分，l_1 和 l_2 为漏电感。漏电感是指初级绕组和次级绕组未能实现 100％ 耦合所产生的寄生电感。

设初级电流为 i_1，次级电流为 i_2，则每个绕组的电压降为：

$$e_P = i_1(r_1 + \omega l_1) = (n_2/n_1) i_2 (r_1 + \omega l_1)$$

$$e_S = i_2(r_2 + \omega l_2)$$

且电压降与次级电流成正比，这就是前述的电压变化率 ε。小容量变压器的导线细、绕组匝数多，所以 ε 的值比较大。例如，13V・A 的变压器，变化率大约为 30％，在额定值下绕组电压 $\tilde{E}_S$ 约为 8V，无负载时绕组电压 $\tilde{E}_S$ 约为 10.4V。

5.1.5　保持变压器处于非饱和状态

电源变压器的输入电压条件也必须搞清楚。如果输入电压比额定输入电压值低，那么整流电压也将降低。相反，如果输入电压比额定输入电压高，则可能引起变压器的磁饱和。

变压器铁心应该具有大的磁导率。也就是说，如果绕组的电感很强，那么产生磁通电流即励磁电流不必很大，变压器就能够工作。当然，大的磁导率对于防止初级绕组磁通外漏以及提高绕组之间的铰链度都是很有意义的。

铁心的磁通量即磁通密度 B 可以用下面的式子表示：

$$B = \frac{E}{A \cdot N \cdot S \cdot f} \times 10^8$$

式中：A 为外加电压的波形系数，正弦波为 4.44，方波为 4；N 为初级绕组的匝数；S 为铁心的有效截面积；f 为频率；E 为外加电压的有效值。

如图 5.4 所示，磁通密度随铁心的材质不同，B 的最大值 B_m（最大磁通密度）具有不同的临界值。

电源变压器的铁心大都采用 H 型或 Z 型铁质有机硅钢片，最大磁通量在 15 000G（高斯）以上。

但是，商用电源的变压器频率 f 一般很低，考虑到增加匝数会影响体积，所以设计中往往将磁通密度用到最大值。结果导致输入电压稍微超过额定值范围一点，就出现磁饱和现象，磁通无法从铁心内部通过。

变压器发生磁饱和后，铁心磁导率 $\mu = 1$，即相当于空心状态，线圈的励磁电感非常低。其结果是励磁电流变得十分大（图 5.5）。这种大电流足以引起变压器绕组烧毁或保险丝熔断等重大事故，因此必须十分小心地处理它。

照片 5.1 给出变压器在磁饱和状态下的输入电流波形。

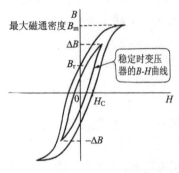

图 5.4　变压器的 B-H 曲线

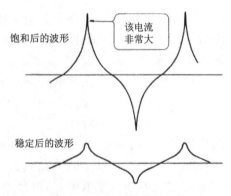

图 5.5　变压器的励磁电流

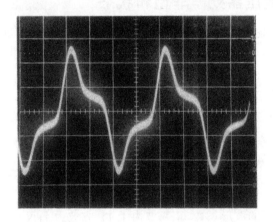

照片 5.1　变压器饱和时的输入电流波形

5.1.6　注意冲击电流

电源变压器还有另外一种不好的现象,即电源接通瞬间有很大的冲击电流流过。即使次级绕组一侧的线圈是开路的,冲击电流也将流过电源变压器。

如图 5.6 所示,在变压器合上电源开关的瞬间,磁通处于零点。而最初设计时零点作为起点,磁通密度仅能上升 $2 \times \Delta B$,可见电源接通瞬间将超过了最大磁通密度 B_m,引起磁饱和现象,然后再慢慢地向稳定状态回归,如图 5.7 所示。

可见,电源变压器电路中存在与次级整流电路无关的冲击电流,且该电流受变压器绕组电阻成分大小的限制,尤其在大型变压器(绕组阻抗值低)中冲击电流是非常大的。

因此,在电源开关及熔断器的设计上必须仔细考虑上述因素。

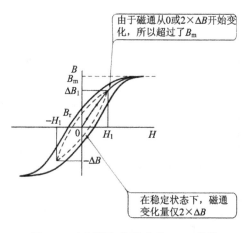

由于磁通从0或2×ΔB开始变化，所以超过了B_m

在稳定状态下，磁通变化量仅2×ΔB

图 5.6　变压器初始状态的 $B\text{-}H$ 曲线

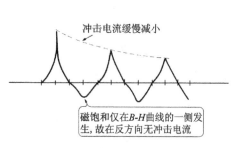

冲击电流缓慢减小

磁饱和仅在$B\text{-}H$曲线的一侧发生，故在反方向无冲击电流

图 5.7　变压器的冲击电流

5.2　半导体的发热

5.2.1　功率损耗转化成热

由于电源(电路)是处理功率的装置,它的内部元器件将产生很大的功率损耗。设电源的输出功率为 P_O、功率变换效率为 η,则电源电路内部的损耗 P_{loss} 为:

$$P_{loss} = P_O\left(\frac{1}{\eta} - 1\right)$$

这些损耗 P_{loss} 将全部转换成热量,使元器件的温度升高。但是,无论是什么元器件都有最高使用温度的限制,在使用过程中,元器件的温度不允许超过规定值。

电源电路中使用的晶体管、二极管、IC 等元器件,虽然是小型元器件,但功率损耗大,因此需要取一定的措施来改善散热条件。

例如,当晶体管中有一定的集电极电流 I_C 流过时,内部芯片上将消耗功率,并产生热量。

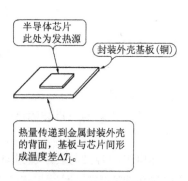

半导体芯片此处为发热源

封装外壳基板(铜)

热量传递到金属封装外壳的背面,基板与芯片间形成温度差$\Delta T_{j\text{-}c}$

图 5.8　半导体的内部构成

图 5.8 表示,半导体芯片只有数毫米大小,安装在一片金属基底上(一般是铜)。

然而,金属基底不会很大,它允许的集电极损耗仅为 2W。

5.2.2　功率晶体管的集电极损耗

如上所述,设输入电压为 V_{IN}、输出电压为 V_O、输出电流为 I_O,则串联稳压器

控制晶体管的损耗 P_C 可由下式计算：

$$P_C = (V_{IN} - V_O) \cdot I_O$$

即 P_C 等于输出电流与输入、输出端之电压差的乘积。如果输入电压非常高、输出电流也非常大，那么损耗 P_C 也将非常大。

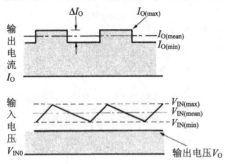

图 5.9 输入电流/输出电压的变化及晶体管的损耗

然而，相对于 P_C 的快速变化，功率晶体管的热反应速度并不快。如图 5.9 所示，设输入电压中含有脉动成分，输出电流 I_O 存在波动，其变化量为 ΔI_O，那么最大集电极损耗 $P_{C(max)}$ 为：

$$P_{C(max)} = (V_{IN(max)} - V_O) \cdot I_{O(max)}$$

但是，V_{IN} 和 I_O 的变化时间充其量只有数十毫秒，因此我们取其平均值来计算也无妨，于是平均集电极损耗 P_C 为：

$$P_C = (V_{IN(mean)} - V_O) \cdot I_{O(mean)}$$

假设输入电压在 AC90～110V 之间变化，那么毕竟在 110V 输入时功率损耗最大，因此必须根据这个条件求集电极损耗。

5.2.3 芯片结温度的推测

二极管或晶体管等半导体类元器件都规定了结温度(T_j)，也就是元器件允许使用的最高温度。目前，广泛采用的硅半导体的最高许用温度几乎都按照 $T_{j(max)}$ =150℃ 来考虑，但是用于高频整流的肖特基势垒二极管，它的最高容许温度减低到 $T_{j(max)}$ =125℃。

$T_{j(max)}$ 并不是指元器件外侧表面的温度，它规定的是元器件内部的温度，即芯片的温度。显然，其值无法在元器件的外侧用温度计测定，只能通过计算封装表面的温度来推测。

内部芯片温度和封装温度之差称为 ΔT_{j-c}（封装-结之间的温度升高量）。对于晶体管，该值可通过集电极损耗 P_C 以及结和封装间的热电阻 θ_{j-c} 值来确定。

热电阻的含义与表示流过电流的电阻类似，是表示热量传递的参数，热电阻越小热量传递越容易，即散热越快。

由于晶体管的集电极损耗 P_C 可通过计算 V_{CE} 与 I_C 之乘积求得，当热电阻 θ_{j-c} 一定时，可简单计算 ΔT_{j-c}。

通常结和封装间的热电阻 θ_{j-c} 不登载在半导体数据表或样本目录中，实际上，可以通过元器件的最大集电极损耗 $P_{C(max)}$ 来计算

晶体管的 $P_{C(max)}$ 是指封装表面温度保持 25℃ ($= T_a$) 不变时所消耗的功率，由此即可推测 T_j 达到 150℃ 时的值，因而由下式可求得 θ_{j-c} 的值：

$$\theta_{j-c} = \frac{T_{j(max)} - T_{a(25)}}{P_{C(max)}} (\text{℃}/\text{W})$$

由表 5.1 可知,当晶体管 $P_{C(max)} = 40\text{W}$,有:

$$\theta_{j-c} = \frac{150 - 25}{40} = 3.125(\text{℃}/\text{W})$$

表 5.1　半导体的结-封装间的热电阻 θ_{j-c}(℃ / W)

最大损耗 $P_{C(max)}$	20W	30W	40W	60W	80W	100W
热电阻 θ_{j-c}	6.25	4.17	3.13	2.08	1.56	1.25

大多数情况下,二极管与其用最大容许损耗 $P_{D(max)}$,还不如用结-封装间的热电阻 θ_{j-c} 来表示更合适。例如,肖特基二极管 S2VB10 有 $\theta_{j-c} = 7\text{℃} / \text{W}$。

根据 θ_{j-c} 和损耗 P_C 或 P_D,结—封装间的温度差 ΔT_{j-c} 还可以用下式求得:

$$\Delta T_{j-c} = \theta_{j-c} \times P_C$$

那么,如何才能合理地使用最大结温 $T_{j(max)} = 150\text{℃}$ 的半导体呢?虽然完全凭经验来确定,但对于串联稳压器的控制晶体管大约留 20% 的安全裕量即可,就是说上限为 120℃。

5.2.4　单个元件的容许损耗

不同形状的半导体的容许损耗究竟多少呢?这首先应由电源所处的环境温度 T_a 的高低来确定。

通常,装置工作的环境温度大多保持在 40℃ 左右,由于电源处于装置的内部,所以需要多加 10～20℃ 的温度上升量。

例如,当 $T_a = 60\text{℃}$ 时,串联稳压器的控制晶体管的容许芯片结温上升量 ΔT 为:

$$\Delta T_j = 0.8 \times T_{j(max)} - T_a$$
$$= 0.8 \times 150 - 60 = 60\text{℃}$$

另外,单个晶体管在大气环境下的散热的热电阻 θ_{c-a} 随封装形式不同而变化。如 TO220 型约为 60℃ / W,TO3P 型约为 40℃ / W。

金属封装的 TO3 型约为 30℃ / W。设 ΔT_{j-c} 恒为 5℃,以此计算各种封装形式的最大容许损耗,由下式可求得:

$$P_C = \frac{\Delta T_j - \Delta T_{j-c}}{\theta_{c-a}}$$

其值如表 5.2 所示。

可见,单个元器件由于自身温度的升高,不允许集电极有较大的损耗,若需处理更大的功率则必须安装散热器,以提高散热效率。

表 5.2 单个半导体的许用损耗

封装形式	TO220	TO3P	TO3
容许损耗 $T_a = 60℃$	0.92W	1.4W	1.8W
容许损耗 $T_a = 40℃$	1.25W	1.9W	2.5W
封装-大气间热电阻 θ_{c-a}	60℃/W	40℃/W	30℃/W

5.3 散热器的选择

5.3.1 散热系统的等效电路

包含散热器的半导体元器件的散热系统可以按照电气电路的欧姆法则进行处理。元器件的功率损耗由电流及热电阻引起,所以温度差相当于电压,热电阻相当于电阻。

图 5.10 为散热系统的等效电路。热源是元器件的芯片,θ_c 是元器件散热器所用的绝缘体的热电阻,云母板约为 0.3℃/W,硅橡胶板约为 0.2℃/W。绝缘体的热电阻越小越好。最近,许多元器件都用硅橡胶板来封装,照片 5.2 给出它的外观。

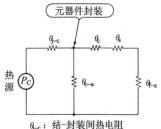

θ_{j-c}:结-封装间热电阻
θ_f:绝缘热电阻
θ_s:接触热电阻
θ_{f-a}:散热器热电阻
θ_{c-a}:封装与大气间的热电阻

图 5.10 散热系统的等效电路

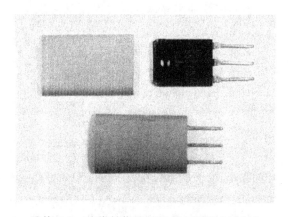

照片 5.2 绝缘封装 TO220(SAKON・Tube)

θ_s 为接触热电阻,它由于接触面无法完全紧密接触而产生。元器件的形状不同,θ_s 的值也不同,TO220 型约为 0.5℃/W,TO3 型约为 0.3℃/W。

降低接触热电阻的方法是在接触面涂抹硅润滑油。图 5.11 给出了接触面涂抹和未涂抹硅润滑油的热电阻曲线比较,该热电阻值为接触热电阻和绝缘热电阻之和,如果绝缘体厚度 $d=0$,则表示接触热电阻。

在图 5.10 中,θ_{f-a} 为待求的散热器的热电阻。实际上,它与元器件的封装与大

气间的热电阻 θ_{c-a} 为并联关系。

θ_{c-a} 是指元器件表面直接向大气散热的热电阻分量。由于元器件的一侧安装了散热器,所以与单个元器件的散热条件相比,该 θ_{c-a} 值很大,对于 TO220 型为 $80\sim90$ ℃/W。因而,如果 θ_{f-a} 的值比较小,则可将其忽略,对计算结果也不会产生大的影响。

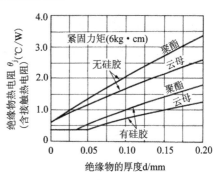

图 5.11 绝缘体的厚度与热电阻

从热源侧看,总热电阻值为:

$$\theta=\frac{\theta_{c-a}\cdot(\theta_c+\theta_s+\theta_{f-a})}{\theta_c+\theta_s+\theta_{f-a}+\theta_{c-a}}+\theta_{j-c}$$

若省略 θ_{c-a},化简为:

$$\theta=\theta_c+\theta_s+\theta_{f-a}+\theta_{j-c}$$

因此,如果确定了总热电阻 θ 的大小,那么通过逆运算可求出散热器的热电阻 θ_{f-a}。同样 θ 也可由前面计算好的 P_c 和结温上升量 ΔT_j 来求得,而 ΔT_j 为:

$$\Delta T_j=T_j-T_a$$

所以有

$$\theta=\frac{\Delta T_j}{P_c}=\frac{T_j-T_a}{P_c}$$

稳压二极管的安装方法

图 A 给出 0.5W 稳压二极管安装在电路板上的容许损耗曲线。当损耗为 0.3W 时,容许环境温度为 100℃,但是该值并没有余裕,且电压随温度变化也有很大的变化。因此使用时温度必须限制在 60℃ 以下。

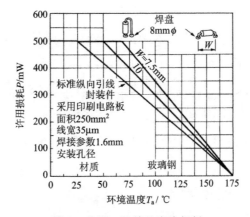

图 A 稳压二极管的容许损耗

5.3.2　实际散热器的选择

下面求 TO220 型晶体管 2SD880,当集电极损耗 $P_C=3W$ 时所需的散热器。

首先,设该元件在环境温度 $T_a=50℃$ 的条件下使用,则结温度的升高值 ΔT_{j-c} 为:

$$\Delta T_j = 0.8 \times T_{j(max)} - T_a$$
$$= 0.8 \times 150 - 50 = 70(℃)$$

从产品样本数据表查得 2SD880 的 $P_{C(max)}$ 为 30W,则结-封装间的热电阻 θ_{j-c} 为:

$$\theta_{j-c} = \frac{T_{j(max)} - T_{a(25)}}{P_{C(max)}} = \frac{125}{30} = 4.17(℃/W)$$

因而,总的热电阻 θ 为:

$$\theta = \frac{\Delta T_j}{P_C} = \frac{70}{3} = 23.3(℃/W)$$

因此,所必需的散热器的热电阻 θ_{f-a} 为:

$$\theta_{f-a} = \theta - (\theta_c + \theta_{j-c} + 2\theta_s)$$
$$= 23.3 - (0.3 + 4.17 + 2 \times 0.5) \approx 18(℃/W)$$

式中:θ_s 乘以系数 2 是因为有两个接触面,即分别为晶体管与绝缘板之间以及绝缘板与散热器之间的接触面。

最后是根据计算出的热电阻 θ_{f-a} 选择散热器。散热器有各种形状和安装结构,应该挑选与上述计算最为接近的散热器。

图 5.12 所示的印刷电路板安装型散热器 OSH3030SP[(株)菱产]的热电阻 $\theta_{f-a} \leqslant 18℃/W$。该散热器有两个铜制的引脚,可以固定在电路板。

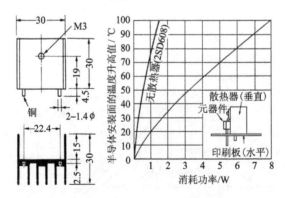

图 5.12　印刷板安装型散热器的实例((株)菱产)

5.3.3　散热器的使用要点

半导体散热也可以不采用市售的散热器,利用金属板材,通常是铝板也能散热。

图 5.13 给出 1^t、2^t 铝板和 1^t 铜板的面积与热电阻之间的关系曲线(1^t 表示厚 1mm)。如用 1^t 的铝板制成 18℃／W 的散热器,则由图中曲线可以查出所需的面积为 $20cm^2$。

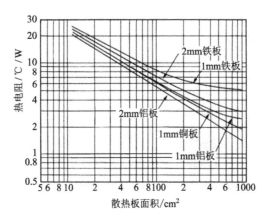

图 5.13　金属板的热电阻

图中还给出了 1^t、2^t 铁板的热电阻曲线,以供参考。显然,同一种材料的散热器,面积越大热电阻 θ_{f-a} 越小。

同种材料的散热器,板厚越大热电阻越小。而相同厚度的铝板与铜板相比,铝板的热电阻更小,且面积越大其热电阻之差也越大。这是板材与大气之间的热电阻始终不变,而热量向整个散热板传递的传递热电阻与板的面积成正比增加所致。

用于数瓦损耗的小面积散热板,其热电阻几乎不会因为材质和板厚差异而发生变化。因此,如果计及散热材料成本,也可以考虑采用铁板。

如果散热板的厚度相同,那么铁板比铝板的机械强度好,并且可焊接安装在印刷电路板上,即加工性能也很好。

实际上,如果环境空气的对流性不好,散热器的热电阻值将上升。因此,必须注意散热器的安装方向。空气流动是自下而上的,为了不阻碍空气流动,散热器的叶片必须与空气的流向一致。

5.3.4　大型散热器

用于更大功率的散热需要采用梳状散热器。例如,TO3 型晶体管 2SC1576,当 $P_C = 10W$ 时,由产品样本的数据表查得该晶体管的 $P_{C(max)}$ 为 100W,求得结-封装间的热电阻 $\theta_{j-c} = 125／100 = 1.25℃／W$。因此,总的热电阻 θ 为:

$$\theta = \frac{\Delta T_j}{P_C} = \frac{0.8 \times 150 - 50}{10}$$

$$= 7(℃／W)$$

由此可得散热器的热电阻 θ_{f-a}：

$$\theta_{f-a} = \theta - (\theta_c + \theta_{j-c} + 2 \cdot \theta_s)$$
$$= 7 - (0.3 + 1.25 + 2 \times 0.3) = 4.85(℃/W)$$

图 5.14 给出(株)菱产梳形散热器 32CU060，该散热器的长 $L = 70mm$，$P_c = 10W$，散热器的热电阻 $\theta_{f-a} = 4.2℃/W$，所以这个散热器挺合适。

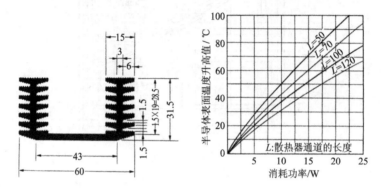

图 5.14 大型散热器 32CU060((株)菱产)

散热器的形状很多，必须根据实际情况来选择最恰当的散热器。图 5.15 给出典型的散热器热电阻曲线，照片 5.3 为散热器的实例。

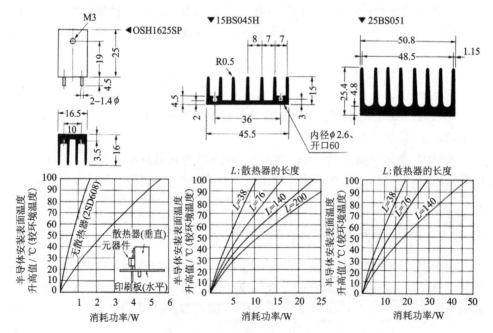

图 5.15 各种散热器的特性((株)菱产)

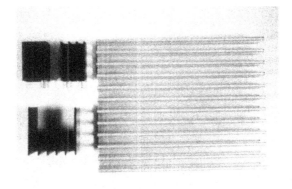

照片 5.3　各种散热器的外观

　　前面介绍的叶片型散热器的热电阻也可由其包络体积来估算,所谓包络体积是指将散热器看成长方体时的体积。虽然不同的散热器的叶片数量和叶片间隔有一些差别,但都是根据一定的原则来设计的,因此,其曲线关系大体如图 5.16 所示。

　　由图 5.16 的横坐标包络体积与曲线的交点即可反读出纵坐标上的热电阻值,而由包络体积,也可一目了然地确定采用何种长度的散热器。

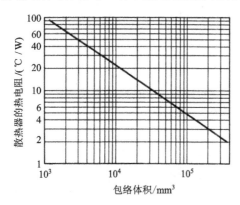

图 5.16　散热器的包络体积与热电阻的关系曲线

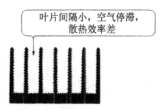

叶片间隔小,空气停滞,散热效率差

图 5.17　散热器的叶片间隔

　　图 5.17 表明,散热器的叶片并非间隔越小、数量越多,热电阻就越低。因为间隙狭小反而会导致空气对流恶化,从而减弱散热效果。因此,通常必须保持散热片的间隔在 5mm 以上。

5.3.5　测定散热器热电阻的方法

　　如果热电阻值没有明确给出,而又想了解散热器的热电阻,可采用以下方法测定。

首先,如图 5.18 所示构建测量系统,让晶体管 Tr_1 作为热源,它必须与被测定的散热器紧密地接触。

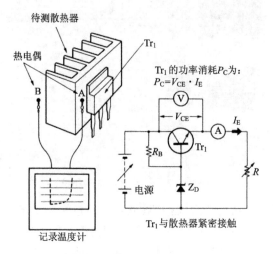

图 5.18 热电阻的测定方法

用热电偶温度计的 A 点测量晶体管近旁处散热器的温度 T_f,用热电偶温度计的 B 点测量散热器周边环境的温度 T_a。

求得热源晶体管 Tr_1 的功率(热量)消耗 P_C 为:

$$P_C = V_{CE} \cdot I_E \, (W)$$

由此可求得散热器的热电阻 θ_{f-a}

$$\theta_{f-a} = (T_f - T_a) / P_C \, (℃ / W)$$

如果要精确地测定热电阻,还需要测定晶体管的结温 T_j,然后根据结-封装间的热电阻 θ_{j-c} 和接触热电阻 θ_s 来求散热器的热电阻,即

$$\theta_{f-a} = \frac{T_j - T_a}{P_C} - (\theta_{j-c} + \theta_c) \, (℃ / W)$$

其中,θ_{j-c} 可由下式求得:

$$\theta_{j-c} = \frac{T_{j(max)} - T_{a(25)}}{P_{C(max)}}$$

$$= \frac{125}{P_{C(max)}} \, (℃ / W)$$

$\therefore T_{j(max)} = 150℃, T_a = 25℃$

但是,由于结温 T_j 的测定非常困难,因此,实际上往往是尽量采用集电极许用损耗 P_C 较大,而结-封装间热电阻 θ_{j-c} 较小的晶体管作热源。

第 2 篇

开关稳压器的设计方法

第**1**章 整流电路的设计方法
——如何得到直流电压

※ 各种整流电路
※ 整流二极管的选择方法
※ 平滑电容器的选择方法
※ 冲击电流的抑制

1.1 开关稳压器

1.1.1 各种各样的实现方式

在电源市场(各种电子电路的电源电路和电源装置)上,凡是以模拟电路为主的装置,只要可能,好像几乎都无例外地改换成开关稳压器了。结果满足各种不同用途的开关稳压器也是琳琅满目,以致很难将它们正确地加以区分。

即便如此,开关稳压器仍可分为表1.1中列出的几大类型,按结构形式可分为斩波方式的稳压器和变换器方式的稳压器两大类。

斩波方式在输入输出端之间几乎没有电气绝缘,所以不能用于采用商用电源的线性可调电源。从某种意义上说,也许它不适宜称为开关稳压器,多用于构成 DC-DC 转换器,即由一种直流电源得到另一种所需的直流电源,例如,可以由+5V 电源得到-5V 电源。

斩波方式通常用作单板稳压器,它们将在第 2 篇第 2 章用许多实例加以介绍。

真正的开关稳压器是由变频方式构成的,主要有小型(小容量)RCC 方式、中容量的正向变换器方式、大容量的多晶体管变换器方式。这些方式地有关内容将在第 2 篇第 3 章至第 5 章中详细地加以介绍。

另外有一类器件叫 DC-DC 变换器,虽然采用了相似的技术,但是与开关稳压器有明显的差异。它们的作用只是实现电压的变换,除非专门定做了稳压器(稳定电压),否则不具备开关稳压的功能。

由于 DC-DC 变换器也使用了开关晶体管和变压器,因此与开关稳压器具有类似的工作原理和功能。在第 2 篇第 6 章后面的应用实例中将介绍一些这方面的相关内容。

1.1.2　与串联稳压器的损耗的差异

一直以来处于主流地位的串联稳压器都是由图 1.1 所示的控制晶体管集电极-发射极间的电压 V_{CE} 来承担输入电压 V_{IN} 和输出电压 V_O 之间的差值,从而实现输出电压稳定的。因此在这种状态下,若输出电流为 I_O,则流过控制晶体管的集电极电流也为 I_O,那么晶体管的损耗 P_C 为:

$$P_C = I_O \cdot (V_{IN} - V_O)$$

从这个式子中可以看出,输出电流以及晶体管的外加电压将直接消耗功率,因此通常串联稳压器的功率损耗很大。

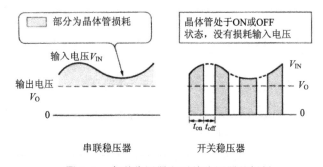

图 1.1　串联稳压器和开关稳压器的损耗

形成对比的是,开关稳压器则是通过控制晶体管在 ON 状态、OFF 状态之间切换(开关动作)使输出电压保持稳定的。晶体管完全处于 ON 状态时,$V_{CE(sat)} \leqslant 1V$,晶体管的集电极-发射极电压 V_{CE} 很小。此时,纵然有集电极电流 I_O 流过晶体管,也不会引起过大的功率损耗。

另外,开关稳压器处于 OFF 状态时无集电极电流,当然也就不存在功率损耗。这就是开关稳压器功率损耗小的主要原因。

不过,开关电路输出的电流不是直流,它的后面还需要连接整流平滑电路,把脉动电流转换成直流电流。

1.1.3　开关稳压器的整流、平滑电路

开关稳压器的整流、平滑电路有电容器输入型和扼流线圈输入型两类,需要根据开关稳压器的电路方式加以灵活运用。

例如,降压型斩波开关稳压器中采用扼流线圈输入型,而升压型斩波和反极性斩波开关稳压器则采用电容器输入型。图 1.2 表示,调节晶体管的 ON 和 OFF 比例,可以得到任意值的直流、稳定输出电压。

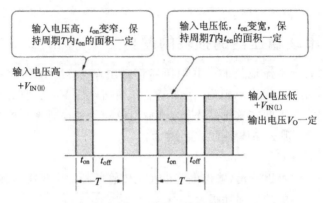

图 1.2 开关稳压器的稳压

开关晶体管只有在 ON 状态时才有电流流过,因此,无论输入电压如何变化,集电极-发射极的损耗也不会增加。

1.1.4 AC 输入

大多数电子设备都需要把 AC100V 或 200V 的输入电源转换成自身所需的工作电压。采用的方法之一是先把 AC 输入通过工频电源变压器变为直流电压,然后经由串联稳压器或斩波方式稳压器(非绝缘型)稳压,如图 1.3 所示。

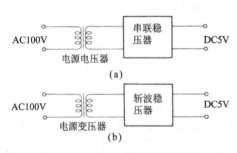

图 1.3 AC 输入型稳压器的构成实例

然而,电源变压器只能变换 50Hz 或 60Hz 的交流电源,而且体积和质量都很大,不利于设备的小型化。

因此,最近大多采用开关稳压方式将 AC 输入电源直接转换成需要的直流电压。

通常把不经过商用电源变压器,而是将 AC 直接输入电源的开关稳压器称为线性可调型电源或离线变换器。

图 1.4 是线性可调型开关稳压器结构,(a)称为自励型,由开关晶体管和输出变压器产生持续振荡。该电路的构成非常简单,但只适用于小功率输出的设备。(b)称为他励型,控制电路中有振荡器,电路结构复杂但特性好,适用于大功率设备。

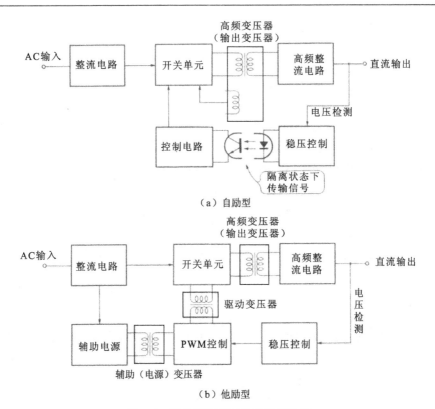

（a）自励型

（b）他励型

图 1.4　线性可调型开关稳压器结构

即使是线性可调型开关电源,若直接通过开关输入 AC 电压,也会产生图 1.5 所示的输出电压为 0V 的情况。所以 AC 电压必须经过整流转换成为直流电压。设输入为 AC100V,则整流电压 V_{DC} 为:

$$V_{DC} = \sqrt{2} \cdot V_{AC} = 141(\mathrm{V})$$

然后,经晶体管等开关控制元件将直流电压 V_{DC} 转换成高频电压,再经整流

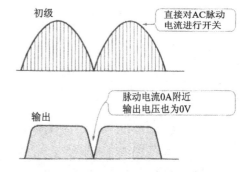

图 1.5　不能直接对 AC 输入进行开关控制

稳压得到需的直流电压。这就是线性可调型的开关稳压器。

1.1.5　输出变压器的隔离

线性可调型开关稳压器中包含输出变压器,输入和输出之间必须进行隔离,以避免产生感应电压。就安全来说,隔离非常重要。

通常开关晶体管的开关频率都设定在人的听觉频率之外,超过 20kHz 以上,

因此采用小型输出变压器即可满足要求。变压器初级绕组匝数 N_P 由下式求得：

$$N_P = \frac{V_{IN}}{4 \cdot \Delta B \cdot A_e \cdot \delta} \times 10^8$$

由上式可知，开关频率 f 越高 N_P 越少。由变压器外形决定的磁芯有效截面积 A_e 也很小。可见，开关频率越高变压器的型号越小。

上式中的系数 4 是对应于工作波形为方波的条件，若工作波形为正弦波，则系数取 4.44。ΔB 为变压器线圈磁通密度的变化量。

在图 1.4(b)的电路结构框图中，辅助电源单元是保证稳压控制电路动作的重要部分。通常控制电路需提供 15V 电压的电源，如果没有这个电源，就无法产生驱动开关晶体管的信号。电源功率约为 3W，因此既可用小型商用电源变压器，也可用隔离型 DC-DC 变换器。

1.1.6　线性可调型电源的诸多问题

虽说线性可调型电源可以由整流电路取得直流输出，但必须直接高速地对 AC 进行开关控制。这样做的结果是开关电流流过 AC 电源，容易产生噪声（图 1.6）。另外，打雷等自然现象也会引起 AC 电源内部的浪涌电压，而且将被直接引入开关电源的内部。

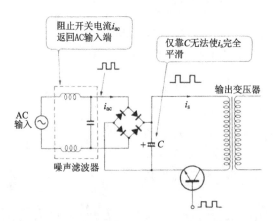

图 1.6　线性可调型稳压器的 AC 输入中含有噪声

因此，必须在 AC 输入端接入噪声滤波电路以解决噪声问题。

由于 AC 的输入侧接有电容器输入型整流平滑电路，在电源接通时将会产生很大的冲击电流。如果没有防冲击电流电路，强大的冲击电流将使电源开关的触点熔化或熔断器烧毁。

另外，线性可调开关电源的结构非常复杂，因为它被直接转换成高电压，为安全起见，需要安装各种保护电路或附属电路，使这些电路协同工作本身就不是一件容易的事。解决这些问题的有关各种技术将在以后的章节中详细介绍。

1.2 开关稳压器的基本形式

表 1.1 列出了多种有关开关稳压器的实现方式。应该根据传输功率的大小来选择适合特定用途的方式。

表 1.1 开关稳压器的分类

开关稳压器			
・斩波方式			
	(非绝缘型)	小型单板稳压器等	第 2 篇第 2 章
・变换器方式			
・回扫变换器方式			
RCC 方式	(绝缘型)	小容量 到 50W 左右	第 2 篇第 3 章
・正向变换器方式	(绝缘型)	中容量 到 150W 左右	第 2 篇第 4 章
・多晶体管变换器方式	(绝缘型)	大容量 到 300W 左右	第 2 篇第 5 章
DC-DC 变换器			
・洛埃耶方式			
	(绝缘型)	蓄电池用换流器等	第 2 篇第 6 章
・约翰逊方式			

1.2.1 斩波方式适用于局部稳压

最简单的开关稳压器是斩波稳压器。图 1.7 给出了它的特点。斩波稳压器的输入输出端之间没有电气隔离,因此以图 1.3(b)所示的应用方式为多。

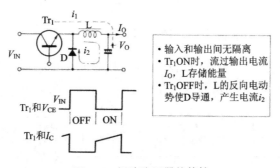

图 1.7 斩波稳压器的特性

斩波方式借助商用电源变压器起到与 AC 电缆隔离的作用,然后根据需要在印刷电路板(即局部)上准备一个斩波稳压器。该方式的特点是无需变压器可获得小型化的稳压器,不仅可降压,也可升压或者转换极性等。

1.2.2　RCC 方式适用于 50W 以下

如果直接输入 AC100V 市电,那么线性可调型稳压器按动作原理又可分为回扫方式和正向方式两种类型。

所谓回扫方式就是在开关晶体管 ON 期间,输出变压器存储能量,不传递输出功率。在晶体管 OFF 期间,通过变压器的反向电动势将功率输出。因此,输出变压器的初级和次级都是反极性连接的,如图 1.8 所示。另外它采用电容器输入型整流方式。

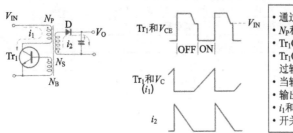

• 通过变压器使输入输出之间隔离
• N_P 和 N_S 的极性相反
• Tr_1ON时, i_1 流过 N_P, 变压器存储能量
• Tr_1OFF时, 在变压器反向电动势作用下 i_2 流过输出侧
• 当输入为AC100V时, 最适合50W以下的电源
• 输出侧整流为电容器输入型, 不需要扼流线圈
• i_1 和 i_2 的最大值都很大
• 开关频率在30kHz左右

图 1.8　RCC 方式的特征

自励式的 RCC(Ringing Choke Convertor)就是一种典型的回扫方式。

如果电源功率在 50W 以下,那么最适合采用 RCC 方式。这种方式电路构成简单,造价低廉。然而由于功率转换效率不高,在大功率应用中很难实现小型化。

在回扫方式中,即使变压器次级绕组匝数不多也会产生很高的电压,所以可以用作高压电源。我们可以举出电视机的回扫变压器作为它的典型用途之一。

1.2.3　正向变换器适用于高频场合

图 1.9 所示的正向变换器为正向方式稳压器的典型应用。在图 1.9 中,变压器的初级和次级同极性连接,所以在开关晶体管 ON 期间,功率被传递到次级。

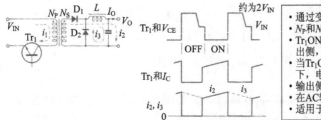

• 通过变压器使输入输出之间隔离
• N_P 和 N_S 的极性相同
• Tr_1ON时, i_1 流过 N_P, 同时 i_2 流过输出侧, 变压器存储能量
• 当 Tr_1OFF时, 在反向电动势作用下, 电流 i_3 流过输出侧
• 输出侧为采用L的输入型整流
• 在AC输入时, 功率可达150W
• 适用于100kHz以上的高频

图 1.9　正向变换器的特征

此时电流流过扼流线圈 L，使 L 存储能量。当晶体管 OFF 后，L 的反向电动势经二极管 D_2 施加到次级，因此次级始终有电流流过，输出纹波电压值也随之减小。

在正向方式中，变压器的次级采用的是扼流线圈输入型整流方式。

在正向变换器中，晶体管的集电极电流约为 RCC 方式的 1/2，它适用于输出功率为 150W 左右的电源。还有一点就是这种方式非常适合高频开关电源，现在市场上已经有 500kHz 的成品电源，开关元件采用功率 MOS FET。

为了增大容量、提高效率，有的正向变换器采用两个开关晶体管。图 1.10 给出这种变换器的特征。

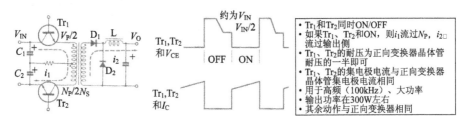

图 1.10　双晶体管正向变换器的特征

1.2.4　推挽方式适用于小于 300W 的场合

该方式如图 1.11 所示，采用了两个相位错开 180℃ 的开关晶体管，它们反复交互 ON/OFF。变压器次级的工作方式与扼流线圈输入型整流构成的正向变换器类似，但流过每个晶体管的集电极电流只有正向变换器的一半。

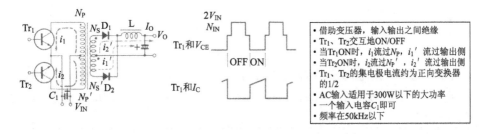

图 1.11　推挽变换器的特点

由于经过整流电路平滑后脉冲波形的频率是开关频率的 2 倍，因此扼流线圈的体积也相应减小。

推挽方式不适用于高频，但能用在功率比较大的场合，如 300W 左右的电源。

1.2.5 半桥方式适用于 AC100V/AC200V 输入

该方式与推挽方式相同,也采用两个晶体管,电路如图1.2所示。

但采用半桥方式时,变压器的初级绕组最好只绕1匝线圈,且一端与两个电容器的中点连接。由于该点的电压为输入电压的一半,因此初级绕组的外加电压为 $V_{IN}/2$。

半桥式开关晶体管的 V_{CE} 为推挽式晶体管的 1/2,集电极电流为推挽式的 2 倍。基于这些特点,半桥式适用于输入电压为 100V/200V 的共用型电源。更确切地说,当输入为 AC100V 时它起到为倍压整流的作用,而输入 200V 时起到普通桥式整流的作用。无论对于哪种场合,如果取晶体管的耐压 V_{CE} 为 400V,那么就都是足够安全的。

此外,还有一种增大输出的方法——采用 4 个晶体管的全桥方式。该方式的电路结构非常复杂,适用于 1kW 左右的大功率电源。

1.3 如何选择变压器和扼流线圈

1.3.1 通常是自行设计

在开关稳压器的设计中,变压器和扼流线圈的绕组设计与制作是一项重要的工作。

例如,不根据设计理论来确定变压器的匝数就往往无法满足电压要求,或者变压器出现磁饱和现象,开关晶体管被损坏等。

如果开关稳压器的电路形式或规格参数不同,绕组的匝数及电感也会不同。因此,每当制作变压器和扼流线圈的绕组时都必须计算变压器的有关参数值。

平滑和滤波的扼流线圈有现成的商品。不过,如果变压器或扼流线圈含有多个绕组那就很少有成品了。此时应逐一确定各个绕组的规格,制作专用的变压器或扼流线圈。

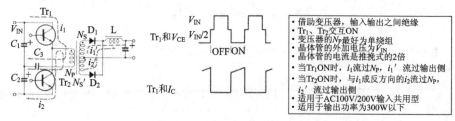

图 1.12 半桥变换器的特点

1.3.2　选定扼流线圈磁芯的方法

　　开关稳压器的工作频率一般为高频,超过数十千赫以上,所以作用工频电源变压器磁芯的硅钢片不合适做扼流线圈的磁芯。因为硅钢片铁心线圈的铁损和所谓的磁芯损耗都非常大,大的损耗将使线圈产生很高的温升。

　　如图 1.13 所示,流过扼流线圈的电流由直流和高频脉动电流叠加而成,所以应该确保直流电流绝对不会引起磁饱和。

　　为满足上述两个要求,可采用主要成分为钼的粉末压制磁芯。虽然粉末压制磁芯在高频时铁损很小,但磁导率低,因此要获得较大的电感应该增加线圈的匝数。

　　铁氧体磁芯在高频时铁损也很小,但是它的直流叠加特性不太好,使用时必须设计成带有气隙的 EI 型或 EE 型形状。气间隙会降低磁芯的磁导率,而且从气隙泄放出去的漏磁是引起噪声的主要原因。因此,目前来说非晶态材质的环型磁芯具有最好的性能。

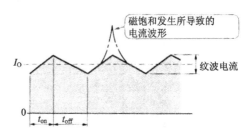

图 1.13　扼流线圈的电流

　　表 1.2～表 1.4 列出了开关稳压器扼流线圈的标准产品。

表 1.2　微型电感(太阳诱电(株))

型　号	感抗/μH	直流电流/mA	尺寸/mm				
			H(max)	E(max)	F	$D\phi$(max)	$d\phi$
FL3H	0.22～10	280～670	7.0	3.0	1.5±0.5	3.5	0.3
FL4H	0.47～12	300～680	7.5	3.0	2.5±0.5	5.5	0.5
FL5H	10～1(mH)	50～320	9.0	3.0	2.5±0.5	6.0	0.5
FL7H	680～8.2(mH)	50～170	11.0	3.0	4.0±1.0	8.5	0.6
FL9H	330～33(mH)	50～500	13.0	3.0	5.0±1.0	10.5	0.6
FL11H	10(mH)～150(mH)	35～110	15.0	4.0	7.0±1.5	13.0	0.6

表 1.3　HP 磁芯(东北金属工业(株))

型　号	额定电流 I_{DC}/A	感　抗		尺寸(max)	线径(mmϕ)
		$I_{DC}=0$	I_{DC}=定格		
HP011	1	200	160		0.5
HP021	2	65	55	$\phi20\times12$	0.7
HP031	3	30	23		0.8

续表 1.3

型 号	额定电流 I_{DC}/A	感 抗		尺寸(max)	线径(mmϕ)
		$I_{DC}=0$	$I_{DC}=$定格		
HP012	1	600	450		0.5
HP022	2	180	135	$\phi20\times13$	0.7
HP032	3	120	80		0.8
HP052	5	45	30		1.0
HP013	1	1000	800		0.5
HP023	2	500	330	$\phi26\times14$	0.7
HP033	3	130	100		0.8
HP055	5	90	55		1.0
HP034S	3	400	250		0.8
HP054S	5	350	160	$\phi36\times18$	1.0
HP104S	10	50	30		0.6
HP024	2	1500	950		0.7
HP034	3	300	230	$\phi36\times21$	0.8
HP054	5	210	140		1.0
HP104	10	45	30		1.6
HP035	3	700	500		0.8
HP055	5	600	330	$\phi43\times23$	1.0
HP105	10	180	95		1.6
HP205	20	20	14		1.8$\times$2P

表 1.4 CY 扼流线圈(东芝金属材料部(株))

型 号	额定参数		线径/mmϕ	最大尺寸	
	电流/A	感抗/μH		外径/mmϕ	高度/mm
CY13$\times$8$\times$4.5P	2	150	0.6	19	14
CY20$\times$14$\times$4.5P	2	400	0.6	27	14
CY13$\times$8$\times$4.5A	3	80	0.8	19	14

续表 1.4

型　号	额定参数		线径/mmφ	最大尺寸	
	电流/A	感抗/μH		外径/mmφ	高度/mm
CY20×14×4.5A	3	180	0.8	27	14
CY18×12×10A	3	400	0.8	26	20
CY26×16×10A	3	1000	0.8	35	20
CY18×12×10B	5	150	1.0	26	20
CY26×16×10B	5	300	1.0	35	20
CY37×23×10B	5	500	1.0	46	20
CY18×12×10C	8	60	0.9×2	26	20
CY26×16×10C	8	150	0.9×2	35	20
CY37×23×10C	8	250	0.9×2	46	20
CY18×12×10D	10	40	1.0×2	26	20
CY26×16×10D	10	100	1.0×2	35	20
CY37×23×10D	10	160	1.0×2	46	20
CY26×16×10E	15	40	1.0×3	37	22
CY37×23×10E	15	70	1.0×3	48	22
CY26×16×10F	20	25	1.0×4	37	22
CY37×23×10F	20	40	1.0×4	48	22

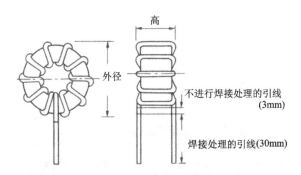

　　表 1.2 为 FL 系列(太阳诱电(株))线圈,它适用于小功率的斩波稳压器,线圈的磁芯是磁鼓型的铁氧体。FL 按照外形和型号大致分为 FL3～FL11 的 7 个系列。该线圈的特点是线圈直接绕制在磁鼓磁芯上,有两条输出引线,可以独立地安装在电路板上。

　　表 1.3 为 HP 线圈(东北金属工业(株))的实例。HP 系列的特点是线圈直接绕制在环型粉末压制磁芯上。HP 线圈标准产品的容许电流高达 20A,主要用于大电流场合。

与磁鼓型或 EI 型相比,环型磁芯的漏磁非常小,因而对周围元器件的噪声影响也很小。同时由于这种磁芯形状本身的散热条件非常好,所以有助于减小线圈的体积。

表 1.4 为 CY 扼流线圈(东芝金属材料部(株))的实例。线圈的磁芯是非晶态金属,市场上也有其他类型的 CY 磁芯出售。

非晶态磁芯比铁氧体磁芯的导磁率高,所以它可以得到非常大的电感。另外,由于非晶态磁芯在高频时磁芯损耗小,它非常适用于 100kHz 以上的高频稳压器。

1.3.3 自制扼流线圈

如前面所示,扼流线圈有许多标准产品,但是却没有真正适用于大电流的线圈。所以如果需要大电流的线圈,用户不得不自行设计和制作。自行设计时可以选择使用非晶态环型磁芯,也可以选择使用 EI 型铁氧体磁芯(带气隙)。

典型的非晶态磁芯为表 1.5 列出的 CY 环型磁芯,这种磁芯不是前面表 1.4 列出的 CY 扼流线圈。

图 1.14 给出铁氧体磁芯的 EI22 型。表 1.6 中给出的 *Al Value* 值表示磁芯绕制 1 匝线圈所对应的电感值,由此可计算线圈的感抗。另外,由于 EI 磁芯的 E 磁芯和 I 磁芯之间存在气隙,其 *Al Value* 值随间隙的变化是不同的,见表 1.6。

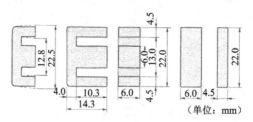

(单位: mm)

图 1.14 EI 磁芯的形状(EI22 型)

表 1.5[18] 无晶质金属的 CY 磁芯特性

型 号	外形尺寸			电气特性		封 装
	外径 /mmφ	内径 /mmφ	高度 /mm	A_l 值 (μH/N²)	直流叠加 特性(AT)	
CY13×8×4.5	13.8~15	6~7.2	6~8	0.058	>150	环氧粉末涂装
CY20×14×4.5	20.8~22	12~13.2	6~8	0.053	>220	环氧粉末涂装
CY18×12×10	20~21	9~10	12~12.5	0.110	>220	树脂外壳
CY26×16×10	28~29	13~14	12~12.5	0.131	>320	树脂外壳
CY37×23×10	39~40	20~21	12~12.5	0.129	>450	树脂外壳

表 1.6　*Al Value* 与 EI 磁芯气隙变化的关系（材质 H_AS、型号 EI22）

| 型　号 | 商品编号 | *Al-Value* | | 有效导磁率 /μe | 气隙 /mm |
		(nH/N²)	公差		
H₅ₐ EI 22Z	07090101	3000	±25%	2244	0
H₅ₐ EI 22R	07090133	120	±3%	90	0.38
H₅ₐ EI 22T	07090135	240	±5%	180	0.15
H₅ₐ EI 22V	07090137	350	±5%	262	0.09

将 EI 磁芯当作扼流线圈使用时，如图 1.15 所示，气隙较大，*Al Value* 值较小，但直流叠加特性好。图中的横轴 AT 表示未发生磁饱和时流过线圈的直流电流和线圈匝数的乘积，即安培匝数。

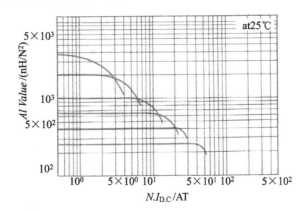

图 1.15　*Al Value* 越小，直流叠加特性越好（材质 H_SA、型号 EE22）

由图 1.15 可知，如果使用 *Al Value* $=10^3$ nH/N² 的磁芯制作直流电流为 1A 的线圈，从 5AT 起即开始出现磁饱和。因此，此时电感 L_1 为：

$$L_1 = Al\ Value \times N^2 = 10^3 \times 5^2 = 25(\mu H)$$

即制成磁芯的直流为 1A 时，其电感值只能达到 25μH。

同样由图 1.15 也可看出，*Al Value* $=4 \times 10^2$ nH/N² 时，直到 20AT 时磁芯才出现磁饱和。此时可以得到很大的电感 L_2：

$$L_2 = 4 \times 10^2 \times 20^2 = 160(\mu H)$$

也就是说，即使采用同一磁芯，也可以通过增加气隙的办法使 *Al Value* 值减小，来制作多匝数、大电感的扼流线圈。

不过图 1.16 说明，线圈的最大匝数实际上是由磁芯的绕线轴大小决定，所以当线圈匝数很多时，如果导线不够细，那么就无法将全部导线缠绕在磁芯上，这将大大增加损耗，进而使线圈温度上升。所以为安全起见，应根据表 1.7 列出的电流与绕线直径之间的关系大致估计绕线的直径。

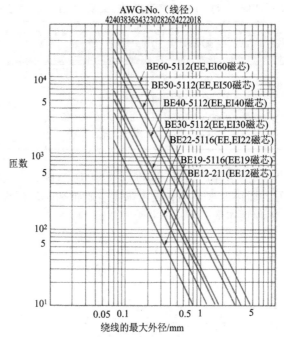

图 1.16　线圈的最大匝数受磁芯的
限制性越好（HAS 材 EE22）

表 1.7　电流与线径的关系

线径 ϕ/mm	0.2	0.26	0.3	0.32	0.4	0.45	0.5	0.6	0.7	0.8	1.0	1.2
截面积/mm²	0.03	0.05	0.07	0.08	0.13	0.16	0.2	0.28	0.38	0.5	0.78	1.13
容许电流/A	0.12	0.2	0.28	0.32	0.52	0.64	0.8	1.1	1.5	2.0	3.1	4.5

注：容许电流为 4A/mm²。

绕线的实际直径比标称值要大一些，如表 1.8，所以多少要留出一些余裕来。

表 1.8　线径与实际完工外径

导 体 线径	两 种 最大完 工外径	导体电阻 20℃ /(Ω/km)	导 体 线径	两 种 最大完 工外径	导体电阻 20℃ /(Ω/km)
		标准			标准
mm	mm		mm	mm	
0.03	0.044	24 055	0.08	0.103	3 359
0.04	0.056	13 531	0.09	0.113	2 654
0.05	0.069	8 660	0.10	0.125	2 150
0.06	0.081	6 014	0.11	0.135	1 777
0.07	0.091	4 418	0.12	0.147	1 483

续表 1.8

导体线径 mm	两种最大完工外径 mm	导体电阻 20℃ /(Ω/km) 标准	导体线径 mm	两种最大完工外径 mm	导体电阻 20℃ /(Ω/km) 标准
0.13	0.157	1 272	0.30	0.337	241.3
0.14	0.167	1 097	0.32	0.357	212.0
0.15	0.177	955.6	0.35	0.387	177.3
0.16	0.189	839.8	0.37	0.407	158.6
0.17	0.199	743.9	0.40	0.439	135.7
0.18	0.211	663.6	0.45	0.490	107.2
0.19	0.221	595.6	0.50	0.542	86.86
0.20	0.231	537.5	0.55	0.592	71.78
0.21	0.241	487.5	0.60	0.644	60.39
0.22	0.252	445.2	0.65	0.694	51.40
0.23	0.264	407.6	0.70	0.746	44.32
0.24	0.274	374.8	0.75	0.798	38.60
0.25	0.284	345.7	0.80	0.852	33.93
0.26	0.294	320.0	0.85	0.904	30.05
0.27	0.304	297.0	0.90	0.956	26.80
0.28	0.314	276.4	0.95	1.008	24.06
0.29	0.324	257.9	1.00	1.062	21.72

1.3.4　制作输出变压器的要点

开关稳压器的输出变压器通常采用铁氧体磁芯。这种磁芯是在高温下将氧化铁细小粉末模压成型,外部带有氧化钙绝缘层。

变压器的损耗包括铁损和铜损。铁损是指磁滞损耗和过电流损耗,就普通的铁氧体磁芯而言,如果频率低于 100kHz,那么以磁滞损耗为主。由于磁通密度的变化量 ΔB 与频率成正比,因此磁滞损耗随着频率增加而增大。

铜损 P_C 由线圈的纯电阻 R_C 和电流的有效值 i_C 确定。即

$$P_C = i_C^2 \times R_C$$

由此可见,采用大直径绕线可以减小铜损。表 1.8 也列出了导线直径与电阻值的关系。

然而,如果绕组内有高频电流流过(例如开关稳压器之类),那么在选定绕线时应该考虑到导线的集肤效应。所谓集肤效应,指交流电流仅集中于导线的表面流

动,结果引起导线有效电阻上升的现象。图 1.17(b)表示了频率与有效电阻之间的关系曲线,由该图可知,导线直径越细,集肤效应的影响越小。所以即使截面积相同,细导线的功率损耗比较小,这就是高频大电流电源往往采用绞合线的道理。

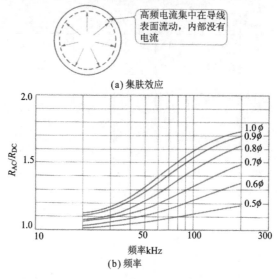

(a) 集肤效应

(b) 频率

图 1.17 高频电流的集肤效应

基于上述原因,采用的磁芯也要随工作频率以及电路形式的不同而改变。在后面的章节中将对各种电路形式做详细说明,其中 RCC 方式适宜采用最大磁通密度值 B_m 大、导磁率低的磁芯,这样的结果是变压器初级、次级电流的有效值比较大,因此绕组绕线的截面应该粗一些。

至于正向变换器方式,它经常用在高频变换中,因此应该选用损耗系数小、导磁率 μ 高的磁芯。

1.3.5 输出变压器的磁芯

各章中都有关于绕组实际匝数的计算方法说明,因而这里只介绍一些基本知识。

磁芯材料是铁氧体,但工作频率随材料不同而异,因为材料性质不同,磁滞损耗也不同。图 1.18 给出了三种典型磁芯的 B-H 曲线及其特性。

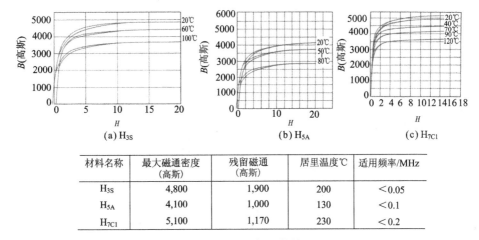

材料名称	最大磁通密度 (高斯)	残留磁通 (高斯)	居里温度℃	适用频率/MHz
H₃S	4,800	1,900	200	<0.05
H₅A	4,100	1,000	130	<0.1
H₇C₁	5,100	1,170	230	<0.2

图 1.18　各种磁芯材料的特性(TDK)

H_{7C1}是一种很好的材料,适用于超过 100kHz 以上的频率使用,损耗小。其他公司也有类似的产品,参考表 1.9。H_{7C1}磁芯的形状一般为 EI 型或 EE 型,购买也很方便。表 1.10 给出了各种形状的示例。

表 1.9　适用于正向变换器的磁芯

材料名称	符　号	H₇C₁	H₇C₄	2500B	2500B₂
初始导磁率	μ_{iac}	2500	2300	2500	2500
居里温度	T_C	230℃	215℃	230℃	205℃
磁芯损耗	P_L	155kW/m³	410kW/m³	130kW/m³	70kW/m³
(2000 高斯)100℃		(25kHz)	(100kHz)	(25kHz)	(25kHz)
最大磁通密度	B_m	5100	5100	4900	5000
残留磁通	B_r	1170	950	1000	1300
生产厂家		TDK	TDL	东北金属	东北金属

表 1.10　EI、EE 磁芯的形状

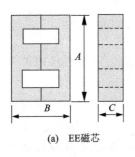

(a)　EE磁芯

型　号	A	B	C	D	绕线轴 有引脚	绕线轴 无引脚	有效截面 A_e/cm²
EE8	8.3	8	3.6	—	—	—	0.07
EE10/11	10.2	11	4.9	—	—	BE10/11-118CPS	0.121
EE12	12	14	4	—	BE12-211	—	0.14
SEE12/12	12	12	6	—	—	—	0.16
EE12.9/11	12.9	11.18	6.4	—	—	—	0.192
EE13	13	12	6.3	—	—	BE13-1110CPS	0.171

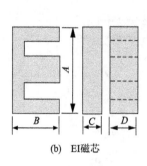

(b) EI磁芯

续表 1. 10

型 号	A	B	C	D	绕线轴		有效截面 A_e/cm^2
					有引脚	无引脚	
SEE13	13	16	6.3	—	—	—	0.171
EE16	16	14	5	—	—	BE16-116CP BE16-1110CPN	0.192
SEE16	16	14	7	—	—	BES16-1110CPS	0.22
EE19	19.1	15.6	52	—	BE19-5116	BE19-116CP BE19-118CPH	0.23
EE22	20	18.4	6	—	BE22-5116	BE22-118CP	0.41
EE30	30	26	11	—	BE30-5112	BE30-1110CP BE30-1112CP	1.09
EE40	40	33.4	11	—	BE40-5112	BE40-1112CP BE40-1110PP	1.27
EE50	50	42	15	—	BE50-5112	BE50-1112CP BE50-1112PP	2.26
EE60	60	44	16	—	BE60-5112	BE60-1112CP BE60-1110PP	2.47
EI12.5	12.9	7.3	5	1.5	—	BE12.5-1110CP	0.144
EI16	16	12	5	2	—	BE16-116CP BE16-1110CPN	0.198
EI19	19.7	13.3	5.2	2.3	BE19-5116	BE19-116CP BE19-118CPH	0.24
EI22	22	14.3	6	4.5	BE22-5116	BE22-118CP	0.42
EI122/19/6	22	14.5	6	4	—	BE22/19/6-118CP	0.37
EI25	25.3	15.3	7	2.9	BE25-5116	BE25-118CP	0.41
EI28	28	16.5	10.8	3.5	—	BE28-1110CPL	0.86
EI30	30	21	11	5.5	BE30-5112	BE30-1110CP BE30-1112CP	1.11
EI33/29/13	33	23.5	13	5	—	BE33/29/13-1112CPL	1.185
EI35	35	24	10	4.6	—	BE35-1112CPL	1.01
EI40	40	27	12	7.5	BE40-5112	BE40-1112CP BE40-1110PP	1.48
EI50	50	33	15	9	BE50-5112	BE50-1112CP BE50-1112PP	2.3
EI60	60	35.5	16	8.5	BE60-5112	BE60-1112CP BE60-1110PP	2.47

制作输出变压器时,必须考虑如何提高绕组之间的耦合度。否则有可能产生很大的漏电感,当晶体管 ON/OFF 时,引起很高的浪涌电压。

若绕组的匝数很少,磁芯在空间上有富裕,应如照片 1.1 所示那样,将绕线轴的长度平均划分,采用间隔缠绕的方式。

另外,初级绕组处有时会产生高压,达到数百伏,为安全起见,应该在绕组之间插入间层纸,在绕线轴的两端插入隔离带,以确保绕组间的距离。表 1.11 给出了隔离带、间层纸的相关示例。

照片 1.1　变压器的间隔绕制

表 1.11　隔离物

寺岗制作所	No. 630
	聚酯薄膜 t=100μm
3M　合成树指 10	P-245(T)

1.4　电子元器件

高速开关的半导体元器件如大功率开关晶体管、开关二极管的开发与普及是开关稳压器得以迅速普及的一个重要原因。为了更好的选择和使用元器件,下面介绍与开关稳压器相关的各种电子元器件的特性及要点。

1.4.1　晶体管开关特性的回顾

开关稳压器是借助晶体管的开关(ON/OFF)来实现能量交换的,因此,晶体管能在多大程度上达到理想的开关动作也就决定了功率转换效率的大小。下面来回顾一下晶体管的开关特性。

如图 1.19 所示,如果基极加上正向偏置电压(流过电流 I_B),则晶体管被导通,流过电流 I_C,如果基极无偏置电压($I_B=0$)则晶体管被截止。如果动作的切换不存在时间延迟,那么就可以近似看成理想的开关动作。

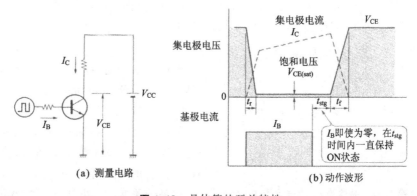

(a) 测量电路　　　　　　　(b) 动作波形

图 1.19　晶体管的开关特性

但是,从图1.19(b)可以看出,晶体管实际上的导通的时间为 t_r,基极电流为零之后返回到晶体管 OFF 状态的存储时间为 t_{stg},而晶体管关断所需的时间为 t_f。在存储时间 t_{stg} 内晶体管仍然处于 ON 状态,因而该时间越长,晶体管的开关动作越不理想。

换言之,即使开关稳压器的控制电路发给晶体管的 ON 信号很短,在时间 t_{stg} 内晶体管仍然导通。如果 t_{stg} 太长,即使按照晶体管 ON/OFF 比率控制输出电压,也不能正确地进行稳压控制。同时开关频率也无法进一步提高。

晶体管的储存时间 t_{stg} 与直流电流放大系数 h_{FE} 密切相关,h_{FE} 越大则 t_{stg} 越长,t_{stg} 还随温度的升高而延长。另外,对于相同的基极电流,t_{stg} 随集电极电流减小而延长,如图1.20所示。因此,重要的一点是除非必需,否则应保持基极电流为零。

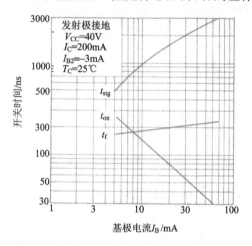

图1.20 I_B 与开关时间特性

1.4.2 减小存储时间 t_{stg} 的措施

解释晶体管产生存储时间 t_{stg} 的原因,可以借助图1.21,它等效于在基极和发射极间连接了一个电容器。在晶体管导通期间,通过基极电流给该电容器充电,此后,即使切断外部电流,晶体管中的基极电流(电容放电)仍然得以连续,该电容器 C_S 释放积蓄电荷的时间为 t_{stg}。

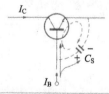

I_B 的余量对等效电容 C_S 充电,即使 I_B 降到零,基极电流仍然得以维持

图1.21 晶体管 t_{stg} 的产生原因

外部供给的电流越大,电容蓄积的电荷越多,t_{stg} 越长。因而即使基极电流相同,如果集电极电流减小,t_{stg} 也会变长。

如图1.22所示,通过在基极-发射极间连接电阻 R_{BE} 释放蓄积的电荷,将大大改善晶体管的开关特性。

提高开关速度的方法之一是当晶体管

从 ON 向 OFF 切换的瞬间,在发射极到基极方向给晶体管加上一个反向偏置电压。

　　非绝缘型斩波稳压器就是一个实例,它采用了图 1.23 所示的整流用扼流线圈的方法。在该电路中虽然未在晶体管 OFF 的瞬间施加反向偏压,但是如果没有该电路,晶体管的开关损耗和 t_{stg} 都会大大增加,可见该方法虽然简单但是十分有效。

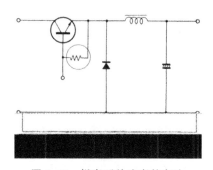

图 1.22　提高开关速度的方法

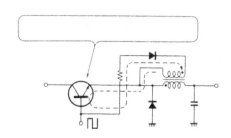

图 1.23　斩波式的反向偏置方法

1.4.3　选择晶体管的要点

　　开关稳压器多数用于低电压的斩波稳压器,在设计晶体管时应尤其注意 t_{stg},如果选择所谓的高速开关功率晶体管,那么一般就不至于产生什么问题。

　　但是在耐压设计上要注意,输入 AC100V,需要耐压 $V_{CEO}=400V$ 的晶体管,而输入 AC200V,则需耐压 $V_{CEO}=800V$ 的晶体管。

　　这是因为无论何种电路结构,晶体管的外加电压 V_{CE} 均大约是初级整流电压的 2 倍,而且当晶体管关断时,V_{CE} 还叠加有浪涌电压(图 1.24)。

　　另外,晶体管的集电极额定电流应按实际开关动作集电极电流的 2～3 倍来选择,原因是当开关速度上升时,耐压要求高的晶体管的增益 h_{FE} 将会变得非常小。

　　图 1.25 所示为典型的高压开关晶体管 2SC2555 的 I_C-h_{FE} 特性关系曲线,I_C 的最大额定值为 8A,h_{FE} 在 3A 以上的区域开始下降,这意味着,如果晶体管在这一区域工作,那么基极电流将非常大。

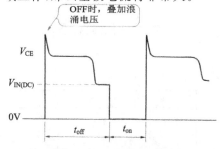

图 1.24　晶体管关断时的浪涌电压

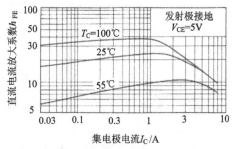

图 1.25　2SC2555 的 I_C-h_{FE} 特性

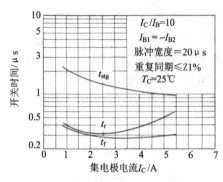

图 1.26 2SC2555 的开关时间特性

图 1.26 所示为晶体管的开关时间特性曲线。由图可知,在小集电极电流区域导通时间 t_r 短,在大集电极电流区域关断时间 t_f 短。基于上述原因,晶体管的集电极电流的合理取值应为最大额定值的 $1/2 \sim 1/3$。

1.4.4 安全工作区域 ASO

另外一个需要注意的问题是 ASO,有时也称为 SOA,即所谓安全工作区域。

图 1.27 给出了 2SC2555 的特性曲线。ASO 是时间参数,表示晶体管瞬时最大集电极电流损耗。

连续工作状态下集电极损耗为 $P_{C(\max)}$,它是由晶体管所允许达到的最高结温 T_j 来决定的。因此工作时间越短,ASO 许用的损耗越大。但是,它只是单个脉冲的保证值,而且封装温度定为 25℃,所以实际上必须留有足够大的余裕。

另外,在直接输入 AC100V 的线性可调开关稳压器中,当晶体管关断时,通常 ASO 曲线最宽,时间在 $1\mu s$ 以下。

ASO 的检试方法是将 V_{CE} 加在示波器的 X 轴上,I_C 加在 Y 轴上,以 X-Y 模式绘制 ASO 曲线。与静止工作状态相比,起动时以及输出短路时的 ASO 曲线更宽,因此,必须考虑到过渡状态。

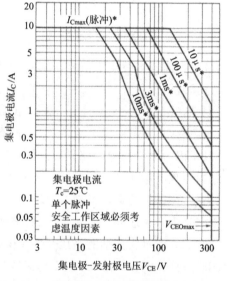

图 1.27 2SC2555 的 ASO

表 1.12 列出了常用的典型开关晶体管。

表 1.12 有代表性的开关晶体管

型　号	2SA1262	2SA1293	2SA1329	2SA1388	2SC2562	2SC2552	2SC2555	2SC2792
V_{CEO}(V)	−60	−80	−80	−80	50	400	400	800
I_C(A)	−4	−5	−12	−5	5	2	8	2
h_{FE}	>40	>70	>70	>70	>70	>20	>15	>10

续表 1.12

型　　号		2SA1262	2SA1293	2SA1329	2SA1388	2SC2562	2SC2552	2SC2555	2SC2792
开关时间 （μs）	t_r	0.25	0.2	0.3	0.2	0.1	1	1	1
	t_{stg}	0.75	1	1	1	1	2.5	2.5	4
	t_f	0.25	0.1	0.5	0.1	0.1	1	1	1
P_C(W)		30	30	40	25	25	20	80	80
结构形式		TO220	TO220	TO220	TO220	TO220	TO220	TO3P	TO3P
生产厂家		三星	东芝	东芝	东芝	东芝	东芝	东芝	东芝

1.4.5　二极管的开关特性

用于开关稳压器中的二极管,特别是整流部分的二极管与晶体管一样,工作的开关频率越高,其开关特性就越重要,照片 1.2 示出了各种开关晶体管。

无论什么样的二极管,表示开关特性好坏的指标都是它的反向恢复性能。

图 1.28 是升压型斩波变换器,在开关晶体管 OFF 期间,二极管外加正向电压,其上产生电压降 V_F,电流为 I_F。

照片 1.2　各种开关晶体管

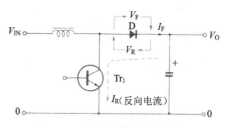

图 1.28　升压型斩波稳压器

晶体管 ON 以后,二极管的外加电压反过来,即如图 1.29 所示,外加了反向电压 V_O。实际上,由于反向恢复特性,二极管不能在瞬间 OFF,还要持续 ON 一段时间。因此,经过图 1.28 所示的 $+V_O \rightarrow D \rightarrow Tr_1$ 路径,二极管流过反向电流 I_B。

由于在该路径上没有电流限制,I_B 为很大的短路电流。这一时间称为二极管的反向恢复时间 t_{rr}。该短路电流不但引起功率损耗,还会产生很大的噪声,并且在每个开关周期中都会产生损耗和噪声,开关频率越高,对

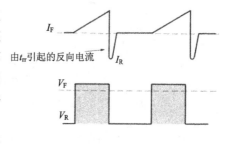

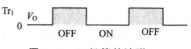

图 1.29　二极管的波形

电源特性的危害就越大。

1.4.6　改善反向恢复时间 t_{rr} 的二极管

普通整流二极管的反向恢复时间 t_{rr} 很长,所以短路状态的电流也很大。因此,需要采用一种高速二极管,通常称之为 FRD(快速恢复二极管),其反向恢复时间 $t_{rr}\leqslant400\mathrm{ns}$。

二极管产生反向恢复特性是因为当流过正向电流 I_F 时,二极管内部存储有载流子。因此,为了快速减少载流子,在制作高速二极管 FRD 时,内部扩散了杂质,起到缩短恢复时间的作用。

由于内部扩散杂质的影响,FRD 的正向电压降 V_F 超过 1V。因此,如果在输出为 5V 的低压电源稳压器中采用 FRD 会降低电路的效率。

如果二极管的反向外加电压在 40V 以上,最好使用 SBD 二极管(肖特基势垒二极管)。

SBD 也是高速二极管,$t_{rr}\leqslant200\mathrm{ns}$,正向电压 $V_F=0.55\mathrm{V}$,它的特性比 FRD 要好。但是它也有缺点,例如,耐压 V_{RM} 不太高,最大允许结温不高,仅仅 $T_{j(\max)}=125℃$ 等。

1.4.7　改善反向恢复时间 di/dt 的二极管

如图 1.30 所示,开关稳压器中用于整流的二极管,反向恢复时间 t_{rr} 越短越好,其间短路电流 I_R 在返回到零的过程中电流波形的 di/dt 也是一项相当重要的要素。

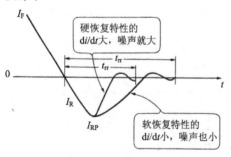

图 1.30　二极管的恢复特性

如果 di/dt 非常大,由于电流环中存在电感,会产生噪声电压 V_N:

$$V_N=L\frac{di}{dt}$$

二极管的 di/dt 是受元器件的固有特性所制约的。如果二极管的 di/dt 值很大,称为硬恢复特性;相反,di/dt 值很小,则称为软恢复特性。显然,软恢复的二极管的噪声很小,肖特基势垒二极管 SBD 就基本上呈现出软恢复特性。

最近,不少制造商开发了具有 HED(high efficiency diode)和 LLD(lowloss diode)的超高速二极管,它们不但反向恢复时间 $t_{rr}\leqslant100\mathrm{ns}$,而且具有软恢复特性,同时正向电压降仅为 0.95V,因此无论哪种产品的特性均相当不错。

目前,超高速二极管的反向耐压 V_{RM} 所能够达到的水平大约是 200V,随着开关频率的提升,t_{rr} 的负面影响将进一步增大,因此频率超过 50kHz 的开关稳压器最好采用超高速二极管。

　　表 1.13 列出了典型的软恢复高速二极管，表 1.14 列出了典型的肖特基势垒二极管。照片 1.3 为高速二极管的示例图 1.31 所示为各种二极管的恢复特性。

表 1.13　软恢复特性高速二极管产品举例

型　名	EU1	D1R60	SIK40	EG1	EU2	1DL41	S3K40	RG4
耐压 V_{RM}/V	400	600	400	400	400	200	400	400
电流 I_O/A	0.25	0.35	0.8	0.8	1	1	2.2	3
t_{rr}/μs	0.4	1.5	0.3	0.1	0.4	0.06	0.3	0.1
正向电压 V_F/V	2.5	1.65	1.2	1.7	1.4	0.98	1.2	1.8
结构形式	引线型	引线型	引线型	引线型	引线型	引线型	引线型	引线型
生产厂家	三星	新电元	新电元	三星	三星	东芝	新电元	三星

型　名	CTL12S	5DL2C41	D6K40	CTL22S	10DL2C41	S12KC40	CTL32S	20DL2C41
耐压 V_{RM}/V	200	200	400	200	200	400	200	200
电流 I_O/A	5	5	6	10	10	12	20	20
t_{rr}/μs	0.05	0.045	0.3	0.05	0.055	0.3	0.05	0.06
正向电压 V_F/V	0.98	0.98	1.2	0.98	0.98	1.2	0.98	0.98
结构形式	TO220	TO220	TO220	TO220	TO220	TO3P	TO3P	TO3P
生产厂家	三星	东芝	新电元	三星	东芝	新电元	三星	东芝

表 1.14　典型肖特基势垒二极管的代表例

型　号	S1S4M	RK34	S3S6M	S10SC4M	CTB34S	CTB34M	S30SC4M
耐压 V_{RM}/V	40	40	60	40	40	40	40
电流 I_O/A	1	2.5	3	10	12	30	30
t_{rr}/ns	35	100	—	—	100	100	150
正向电流 V_F/V	0.55	0.55	0.55	0.55	0.58	0.55	0.55
结构形式	引线型	引线型	引线型	TO220	TO3P	TO3P	TO3P
制造厂家	新电元	三星	新电元	新电元	三星	三星	新电元

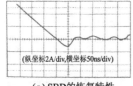

(a) SBD的恢复特性

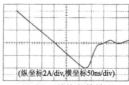

(b) FRD的恢复特性

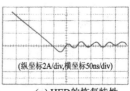

(c) HED的恢复特性

图 1.31　各种二极管的恢复特性

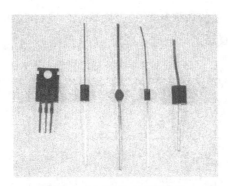

照片 **1.3** 高速二极管示例

1.4.8 电解电容器的选择

对于开关稳压器来说,电解电容器与晶体管、二极管具有同等重要的地位。如果稳压器的开关频率很高,选择电解电容器时需要注意以下几个要点。

在初级和次级电路中连接电解电容器的作用是平滑整流后的电流或电压。在线性可调稳压器中,初级整流平滑电解电容器应该采用中高压的电容器,而且必须注意其中存在很大的纹波电流。

从图 1.32 可以看出,在电解电容器中同时有工频和开关频率两种纹波电流流过。

这些纹波电流的大小随开关元器件的工作形态不同而异。大体上 RCC 方式为三角波电流,正向变换器为方波电流,见图 1.33。

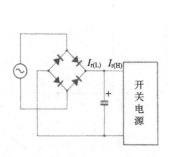

图 **1.32** 流过电解电容器的纹波电流

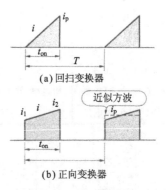

(a) 回扫变换器

(b) 正向变换器

图 **1.33** 开关稳压器中的纹波电流

在 RCC 方式中,纹波电流从 0 开始以 1 次函数的速度增加,故瞬时值 i 为:

$$i = \frac{i_P}{i_{on}} \cdot t$$

设周期为 T,则有效值 $I_{r(H)}$ 为:

$$I_{r(H)} = \sqrt{\frac{1}{T}\int_0^{t_{on}} i^2\, dt} = i_P\sqrt{\frac{t_{on}}{3T}}$$

在正向变换器中,若同样将电流波形近似看成方波,则 I 的瞬时值 $i = i_P$,有效值 $I_{r(H)}$ 为:

$$I_{r(H)} = \sqrt{\frac{1}{T}\int_0^{t_{on}} i_2\, dt} = i_P\sqrt{\frac{t_{on}}{T}}$$

将上式求得的高频纹波电流 $I_{r(H)}$ 与工频成分中的纹波电流 $I_{r(L)}$ 合成,即可求得实际的纹波电流 I_r 为:

$$I_r = \sqrt{I_{r(L)}^2 + I_{r(H)}^2}$$

表 1.15 中列出了实际中常用的电解电容器。生产电解电容器的厂家非常多,选择合适的产品并不难。

表 1.15　各厂家电解电容器的典型产品

用　途	系　列	容量/μF	电压/V	外形尺寸 φ×L(mm)	厂　家
通用型	SU	0.1～22,000	6.3～100	5×11～18×35.5	松下电子部品
	SSP	0.47～15,000	6.3～50	5×11～18×31.5	信英通信工业
	USM	0.1～10,000	6.3～250	5×11～18×40	MARCON
低阻抗型	HF	22～2,200	10～63	10×12.5～18×31.5	松下电子部品
	GXA	1.5～15,000	6.3～100	4×7～18×40.5	信英通信工业
	AFM	22～6,800	6.3～63	10×12.5～16×31.5	MARCON
中高压用大型	TS-U	33～33,000	16～450	22.5×25～35.5×40	松下电子部品
	SXP	150～33,000	10～250	22×25～35×45	信英通信工业
	TSW	82～47,000	10～450	22.4×30～30×50	MARCON

如前所述,由于电解电容器中有很大的纹波电流流过,所以通常从容许脉动电流值,而不从电容器的容量着眼选择电容器。

总之,电容器的容量越大,容许脉动电流值越大,另外与封装形式也有很大关系。表 1.16 中列出了常用电解电容器的容许脉动电流值。

表 1.16 中列出了一种高频低阻抗型电容器,这一款产品在低开关频率段的效等阻抗 ESR 很小,它对于减小开关稳压器的输出纹波起到非常重要的作用。

表 1.17 列出了典型的 HF 系列低阻抗型电解电容器的阻抗特性与容许电流之间的关系。

表 1.16 电解电容器的脉动电流

系　列	规　格	外形尺寸	容许脉冲电流
通用、小型 PSS 系列 (信英通信工业)	10V 1000μF	10×16	0.33
	10V 2200μF	12.5×20	0.525
	10V 6800μF	16×31.5	0.95
	25V 470μF	10×16	0.265
	25V 1000μF	12.5×20	0.45
	25V 3300μF	16×31.5	0.80
高频低阻抗型 HF 系列 (松下电子元件)	10V 220μF	10×16	0.68
	10V 470μF	12.5×20	1.25
	10V 2200μF	16×31.5	3.3
	25V 100μF	10×16	0.68
	25V 330μF	12.5×20	1.75
	25V 1000μF	16×31.5	3.3

注:PSS 系列的参数为 105℃、120Hz。

　　HF 系列的参数为 85℃、10kHz。

表 1.17[14]　HF 系列 A 型电容器的阻抗特性(松下电子元件)

额定电压 (V.DC) 浪涌电压	静电电容量 /μF	有效容许纹波电流 /A¹⁾	阻抗/Ω²⁾	额定电压 (V.DC) 浪涌电压	静电电容量 /μF	有效容许纹波电流 /A¹⁾	阻抗/Ω²⁾
10 (13)	220	0.68	0.22	35 (44)	33	0.50	0.30
	330	0.90	0.18		47	0.68	0.22
	470	1.25	0.14		100	0.90	0.18
	1000	1.75	0.10		220	1.75	0.10
	2200	3.30	0.05		330	2.44	0.07
16 (20)	100	0.50	0.30		470	3.30	0.05
	220	0.68	0.22	50 (63)	22	0.50	0.30
	330	0.90	0.18			0.68	0.22
	470	1.25	0.14		47	0.90	0.18
	1000	2.44	0.07		100	1.75	0.10
	2200	4.00	0.045		220	2.44	0.07
25 (32)	47	0.50	0.30		330	3.30	0.05
	100	0.68	0.22	63 (79)	22	0.68	0.22
	220	1.25	0.14		33	0.68	0.22
	330	1.75	0.10		47	0.90	0.18
	470	2.44	0.07		100	1.75	0.10
	1000	3.30	0.05		220	3.30	0.05

注:1)额定电压栏(　)内为浪涌电压

　　2)20℃、100kHz 或 ESR(Ω)、20℃ 10kHz~100kHz

篇外话 开关晶体管的功率损耗

1. 理想的零损耗

在开关稳压器中,用于控制的开关晶体管工作在反复交替的 ON/OFF 状态下,如图 A 所示。因此,晶体管不产生 DC 集电极损耗,与串联稳压器相比损耗得以降低。

晶体管处于 ON 状态时,由于集电极-发射极电压几乎等于饱和电压,即 $V_{CE(sat)} \approx 1V$,所以即使集电极电流很大也不会产生多少损耗。

如图 B 所示,在晶体管 OFF→ON,ON→OFF 转换的短暂的过渡状态下,电流 I_C 流过集电极,集电极-发射极外加电压 V_{CE}。在此期间将产生集电极损耗 P_C,称之为开关损耗,它在每周期内都会产生,所以单位时间内的功率损耗应该是开关频率的整数倍。

照片 A(a)所示为晶体管由 OFF 到 ON 时的波形,(b)所示为晶体管由 ON 到 OFF 时的波形。

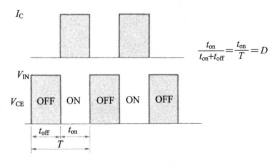

ON期间, 有电流I_C, 未施加V_{CE}
OFF期间, 施加V_{CE}, 但无电流I_C

$$\frac{t_{on}}{t_{on}+t_{off}} = \frac{t_{on}}{T} = D$$

图 A 开关稳压器的动作波形　　　　**图 B** 过渡状态的 $I_C \cdot V_{CE}$

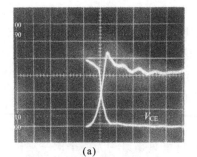
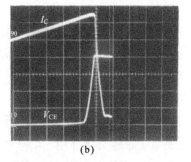

(a)　　　　　　　　　(b)

照片 A 开关晶体管的波形

2. 划分三个区域计算晶体管的损耗

下面根据开关动作来计算晶体管的损耗。确切地说，即使晶体管在 OFF 状态期间，集射极还是有一些漏电流存在的，仍然会产生损耗。由于该值很小，所以可以如图 C 所示那样划分成三个时段来加以考虑。

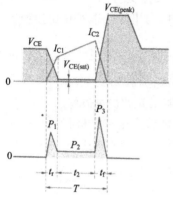

图 C 开关晶体管的损耗

三个时段分别是从 OFF 状态向 ON 状态转移时的 t_r（上升时间）、导通时间 t_{on} 以及从 ON 状态向 OFF 状态转移时的 t_f（下降时间）。任何场合下，功率都是电流与电压的乘积，因此由频率 f 可求出各时段的损耗。首先，上升时间 t_r 期间内损耗 P_1 可表示为：

$$P_1 = \int_0^{t_r} I_C \cdot V_{CE} \cdot \mathrm{d}t \cdot f$$
$$= \frac{1}{6} I_{C1} \cdot V_{CE1} \cdot t_r \cdot f$$

其次，t_{on} 期间内的损耗 P_2 可表示为：

$$P_2 = \int_0^{t_{on}} I_C \cdot V_{CE} \cdot \mathrm{d}t \cdot f$$
$$= \frac{I_{C1} + I_{C2}}{2} \cdot V_{CE(sat)} \cdot t_{on} \cdot f$$
$$= \frac{I_{C1} + I_{C2}}{2} \cdot V_{CE(sat)} \cdot D$$

下降时间 t_f 期间内的损耗 P_3 可表示为：

$$P_3 = \int_0^{t_f} I_C \cdot V_{CE} \cdot \mathrm{d}t \cdot f = \frac{1}{6} I_{C2} \cdot V_{CE2} \cdot t_f \cdot f \rightarrow 0.4 I_{C2} \cdot V_{CE2} \cdot t_f \cdot f$$

上面计算 P_2 的公式中 D 称为占空比，如图 A 所示，它是指 ON 时间 t_{on} 和 OFF 时间 t_f 之比。设周期为 T，则有

$$D = \frac{t_{on}}{t_{on} + t_{off}} = \frac{t_{on}}{T}$$

另外，计算 P_3 的公式中系数的取值在 $1/6 \sim 0.4$ 之间。由于电压、电流都是非线性变化，且各自的 1/2 点没有交叉，所以这些值是由经验给出的数值。

由上述算式可知，晶体管的开关损耗与关闭时间成正比，也就是由 OFF 的 t_f 来控制损耗大小，可见缩短 t_f 成为减小损耗的有效方法。

3. 100W 正向变换器损耗的计算

第2篇第4章将具体介绍正向变换器，这里只是以它为一个例子来计算 100W 输出的正向变换晶体管的损耗。设 $V_{CE1} = 130V$、$V_{CE2} = 280V$、$I_{C1} = 2.6A$、$I_{C2} = 3.2A$，频率 $f = 50kHz$，晶体管的 $t_r = 0.1\mu s$，$t_{on} = 7\mu s$，$t_f = 0.25\mu s$。那么

$$P_1 = \frac{1}{6} I_{C1} \cdot V_{CE1} \cdot t_r \cdot f$$

$$= \frac{1}{6} \times 2.6 \times 130 \times 0.1 \times 10^{-6} \times 50 \times 10^3 = 0.28(\text{W})$$

$$P_2 = \frac{I_{C2} + I_{C1}}{2} \cdot V_{CE(sat)} \cdot D$$

$$= \frac{3.2 + 2.6}{2} \times 1 \times \frac{6 \times 10^{-6}}{20 \times 10^{-6}} = 0.87(\text{W})$$

$$P_3 = 0.4 I_{C2} \cdot V_{CE} \cdot t_f \cdot f$$

$$= 0.4 \times 3.2 \times 280 \times 0.25 \times 10^{-6} \times 50 \times 10^3 = 4.48(\text{W})$$

因而,总功率损耗 P_C 为:

$$P_C = P_1 + P_2 + P_3 = 5.63(\text{W})$$

4. 由波形推测电力损耗

功率损耗也可以借助开关晶体管的实测波形来推算。例如,设晶体管的实测波形如图 D 所示,把时间等分为 $10 \sim 15$ 个区间,首先分别计算每个区间的电压和电流的乘积,然后求和,其结果值就相当于晶体管的损耗。

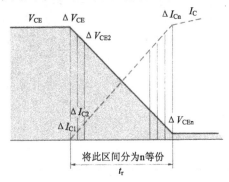

图 D　由实测波形计算损耗

具体地说,设上升时间 t_r 等分为 n 等份,细分后的电压、电流分别为 ΔV_{CE}、ΔI_C,那么单个区间的损耗为:

$$\Delta p_r = \frac{t_r}{n} \cdot \Delta V_{CE} \cdot \Delta I_C$$

由此可见整个区间 t_r 的损耗为:

$$p_r = \frac{t_r}{n} (\Delta V_{CE1} \cdot \Delta I_{C1} + \Delta V_{CE2} \cdot I_{C2} \cdots + \cdots + \Delta V_{CEn} \cdot \Delta I_{Cn})$$

设频率为 f,于是单位时间的损耗为:

$$P_r = p_r \cdot f$$

第**2**章 斩波稳压器的设计方法
——适用非绝缘、小型单板的电路

※ 自激振荡斩波
※ MC34063/MAX630/7L151C的利用
※ A78S40/混合IC的利用

2.1 斩波稳压器

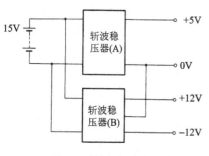

图 2.1 基于斩波稳压器
的 DC-DC 变换器

第 2 篇第 1 章说过,斩波稳压器主要用于将一种直流电压转换为另一种直流电压,是 DC-DC 变换的一种类型。

输入电源可以是电池或者商用电源,经变压器降压后得到所需的整流电源。图 2.1 给出一个从 15V 整流电源可以得到所需的各种电压的直流电源。

所谓单板稳压器就是在同一块印刷电路板上产生另外的直流供电电源,它的用途十分广泛。

2.1.1 巧用扼流线圈

图 2.2 给出了由晶体管直接对输入电源进行开关控制的电路所构成的斩波稳压器。直流输入电压 V_{IN} 首先经过晶体管转换成为高频的电源,然后经扼流线圈 L 和电容器 C 后重新变成直流。

在图 2.2 中,晶体管 Tr 以固定的占空比反复进行 ON/OFF。该电路的电压变换过程如下:

如果晶体管 ON,输入电压 V_{IN} 就会给扼流线圈 L、电容器 C 以及负载提供能量。当电流流过 L 时,扼流线圈存储能量。由于此时二极管 D 处于 OFF 状态,所以就如同它不存在一样。

接下去如果晶体管 OFF,情况将如何呢?我们不要以为此时由于切断了电源给负载提供能量的途径,输出电压就为零。相反,此时扼流线圈 L 通过二极管 D 释放存储的能量,并将之提供给负载,二极管构成了扼流线圈能量释放的通路。因此,该二极管特别地被称为续流二极管。

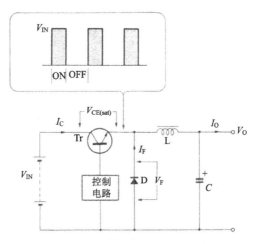

图 2.2 斩波稳压器(降压型斩波)

如果可以控制该晶体管的 ON/OFF 转换间隔,即占空比 D,那么就可以改变输出电压 V_O 的值。

设晶体管 Tr ON 时间为 t_{on},OFF 时间为 t_{off},二者之比即占空比 D。即

$$D = \frac{t_{on}}{t_{on} + t_{off}}$$

则输出电压 V_O 为:

$$V_O = V_{IN} \cdot D = V_{IN} \cdot \frac{t_{on}}{t_{on} + t_{off}}$$

由此可见,改变 D 就可以改变输出电压。即使输入电压 V_{IN} 由于某种原因缓慢低落,但只要接入一个电路来控制 t_{on} 的宽度,就能保证输出电压稳定不变。

上述通过控制晶体管 ON/OFF 动作(斩波)得到不同输出电压的装置就是斩波稳压器。斩波稳压器中,由于输入和输出之间的变压器等没有绝缘,所以使用中应特别注意。

2.1.2 开关振荡电路

斩波稳压器必须含有控制开关晶体管 ON/OFF 的振荡电路和输出电压的控制电路。有两种基本的方式。

一种方式是在斩波控制电路中内置振荡器,该方式以固定开关频率工作,称之为他激型斩波。专用 IC 通常大都采用这种方式,通过外接电阻或电容器可以任意设定振荡频率。

另一种方式在控制电路中没有振荡器,通过把开关晶体管的输出波形正反馈给控制电路实现振荡,称之为自激型斩波。特别地,把输出电压中叠加的纹波电压

反馈给误差放大器实现晶体管 ON/OFF 转换的方式称为纹波检测型斩波。

随着输入电压 V_{IN} 和输出电流 I_O 的变化,自激型斩波的振荡频率也会产生很大的变化。根据输入输出的条件,通常将振荡频率选择在 $10\sim100$ kHz 之间。

根据输入电压和输出电压之间的关系不同,他励型斩波稳压器中共分成以下三种方式。详细的原理将在后面的设计实例中叙述,这里只进行简单的分类。

1. 输出电压比输入电压低的电路

如果输入输出电压之间有关系 $V_{IN}>V_O$,通常采用这种电路,图 2.2 给出其电路的基本结构,称之为降压型斩波或者降压变换器。

2. 输出电压比输入电压高的电路

如果输入输出电压之间有关系 $V_{IN}<V_O$,即希望输出电压比输入电压高,那么通常使用这种电路,称之为升压型斩波或升压变换器,图 2.3 给出其电路的基本结构。

该电路以干电池等作为电源,最适合用作打印机或电机的驱动电源。

它的工作过程如下:晶体管 ON 期间,线圈 L 存储能量,晶体管 OFF 的瞬间,L 上产生反向电动势,向输出侧传递功率。

由于晶体管的外加电压 V_{CE} 有 $V_{CE}=V_O+V_F$,因此,一定要注意不要使其超过晶体管的耐压限度。

3. 输入输出极性相反的电路

如果想用(＋)12V 的输入电源得到(－)12V 的输出电压,那么就需要变换输入和输出之间的极性,称为反极性斩波或反极性变换器。

该方式不仅用于由(＋)电源得到(－)电源,而且也可用作 OP 放大器的偏压(－)电源,因而应用非常广泛。

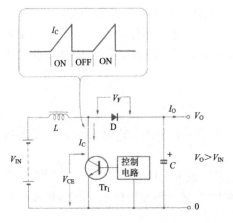

图 2.3　升压型斩波的基本电路

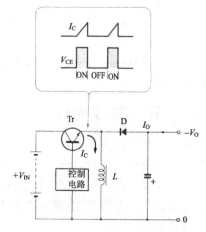

图 2.4　反极性斩波的原理图

图 2.4 给出其电路的基本结构,电路的特点是在(＋)和(－)导线间连接了扼流线圈,工作过程与升压型变换器非常相似,晶体管的电流波形近似为三角波,但集电极电流的峰值非常大。

2.2 自激振荡斩波稳压器

2.2.1 利用输出纹波产生振荡的斩波电路

初次接触这个问题读者们也许感到有一定难度,为了更快地理解电路工作原理,先来说明一下采用分立元器件构成的斩波稳压器的情况。

其实,如果用 IC 搭建电路的话,事情要简单得多,但我们将在稍后才介绍。

图 2.5 给出纹波检测型斩波稳压器的基本电路结构,该稳压器既可做稳压误差放大器,同时也可用于基于输出纹波的振荡器。由晶体管 Tr_2 和 Tr_3 构成的差动放大器同时具有恒电压误差放大器功能和开关振荡器功能。

设外加输入电压为 V_{IN},于是稳压二极管 D_2 产生基准电压 V_{REF},经电阻 R_3 和 R_2 分压,晶体管 Tr_2 的基极电压 V_{B2} 为:

$$V_{B2} = \frac{R_4}{R_3 + R_4} \cdot V_{REF}$$

此时由于 Tr_2 和 Tr_3 的发射极电压 V_E 为:

$$V_E = V_{B2} - V_{BE2}$$

因此,Tr_2 导通,电流 I_{B1} 流过晶体管 Tr_1。

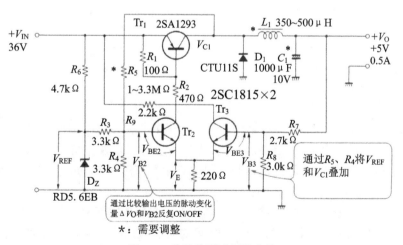

图 2.5 纹波检测型斩波电路

于是 Tr_1 导通,其集电极电压 V_{C1} 为:

$$V_{C1} = V_{IN} - V_{CE1(sat)}$$

通过电阻 R_5，Tr_2 的基极电压升高量为：

$$\Delta V_{B2} = \frac{R_4}{R_4 + R_5} \cdot V_{C1}$$

如图 2.6 所示，电压 ΔV_{B2} 叠加到基准电压 V_{B2} 上面。

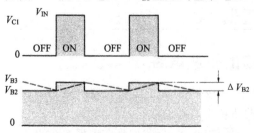

图 2.6 纹波检测型斩波的各部分波形

另外，Tr_2 的集电极电流使输出端子产生输出电压 V_O，经电阻 R_7、R_8 分压后，成为晶体管 Tr_3 的基极电压 V_{B3}：

$$V_{B3} = \frac{R_8}{R_7 + R_8} \cdot V_O$$

如果输出电压 V_O 的增加量满足以下条件：

$$V_{B3} \geqslant V_{B2} + \Delta V_{B2}$$

那么，晶体管 Tr_3 将 ON，Tr_2 将 OFF，同时 Tr_1 也将 OFF，于是经电阻 R_5 施加于 Tr_2 基极的电压 ΔV_{B2} 消失，恢复为 V_{B2}。结果导致输出电压 V_O 下降，当 $V_{B3} \leqslant V_{B2}$ 后又返回初始状态。

这样图 2.5 所示的电路反复进行开关转换过程，而输出电压 V_O 为：

$$V_O = \frac{R_7 + R_8}{R_8} \cdot \left(V_{B2} + \frac{\Delta V_{B2}}{2} \right)$$

通常有 $V_{B2} \gg \Delta V_{B2}$，因此有

$$V_O = \frac{R_7 + R_8}{R_8} \cdot V_{B2}$$

$$= \frac{R_7 + R_8}{R_8} \cdot \frac{R_4}{R_3 + R_4} \cdot V_{REF}$$

可见，这个电路虽然很简单，但所完成的功能却非常有趣。

2.2.2 维持稳定振荡的难度

该方式中差动放大电路的晶体管 ON/OFF 转换是通过输出纹波电压实现的，如果输出一侧的平滑电路扼流线圈或者电容器的容量值发生变化，那么转换频率也将发生变化。实际上必须通过调整图 2.5 中所有带 * 标的元器件来确定转换频率。

如果需得到较大的输出电流，开关晶体管可用达林顿管取而代之，如图 2.7 所示。但此时电路开关特性中的总开关时间变成了两只晶体管开关时间之和，因此关断时间 t_f 延长了。

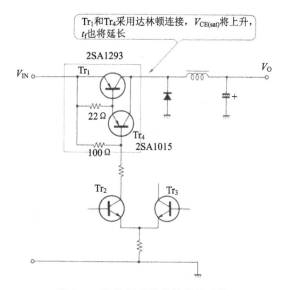

图 2.7　达林顿开关晶体管的连接

即使我们增大主开关晶体管的饱和电压,转换效率也不会明显得到提高,因此,纹波检测型斩波主要用于小功率,或者实验室比较合适。

2.2.3　采用 TL431 使电路工作稳定可靠

在图 2.8 的电路中采用 TL431 构成纹波检测型斩波电源,这是一个很有趣味性的实验电路。在第 1 篇中介绍过,TL431 是可调型并联稳压器(参照第 1 篇图 2.15)。

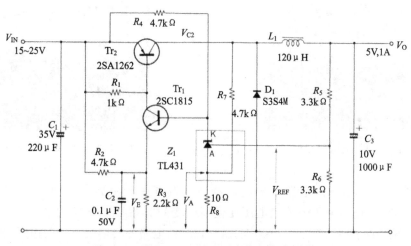

图 2.8　采用 TL431 的纹波检测型斩波电源

在输入电压接通的瞬间,由于输出电压降低,TL431 的阴极 K 处于高电平,因此 Tr_1、Tr_2 同时 ON,电流经线圈 L_1 流向输出端。同时输入电压 V_{IN} 经过 R_7 和 R_8 分压后,叠加在 TL431 的阳极 A 上,其电压 V_A 为:

$$V_A = \frac{R_7}{R_7 + R_8} \cdot V_{IN}$$

即将 V_A 叠加到 TL431 的内部基准电压 V_Z 上。

若输出电压 V_O 满足以下关系:

$$V_{REF} = V_Z + V_A \leqslant \frac{R_6}{R_5 + R_6} \cdot V_O$$

那么 TL431 的阴极 K 将转变为低电平,而 Tr_1、Tr_2 将同时 OFF,线圈 L_1 产生反向电动势,并经电路 $L_1 \rightarrow C_3 \rightarrow D_1$ 释放存储能量。如图 2.9 所示,此时由于输出纹波电压呈下降趋势,此后便有:

$$V_{REF} = V_Z \geqslant \frac{R_6}{R_5 + R_6} \cdot V_O$$

进而反向工作。

该电路中,TL431 的阴极电压即 Tr_1 的基极电压波形本身并不能造成开关的高速转换,但是由于 Tr_1 开关动作并未完全饱和,若 Tr_1 发射极加上偏压 V_E,便可提高开关的速度,从而可以改善 V_{C1} 的波形,如照片 2.1 所示。另外,照片 2.2 为轻负载条件下 V_{C2} 的波形。

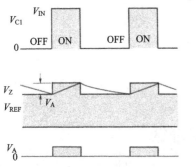

图 2.9 采用 TL431 的斩波电源动作波形

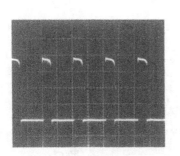

照片 2.1 电压 V_{C1} 的波形

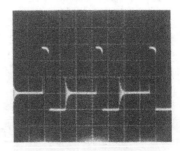

照片 2.2 TL431 轻负载下的电压波形(V_{C2})

图 2.10 给出了该电路输出电压特性以及开关频率特性。图 2.11 为 $I_O = 0.5A$ 条件下,输出电压随输入电压变化而改变的关系特性曲线,由此可以引出一个非常重要的特性,即当 $V_{IN} = 15V$、$I_O = 1A$ 时,电路的转换效率可以达到 88%。

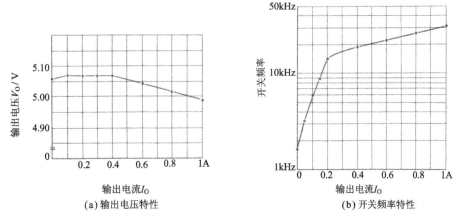

（a）输出电压特性　　　　　　　　（b）开关频率特性

图 2.10　采用 TL431 的纹波检测型斩波电源的负载电流特性

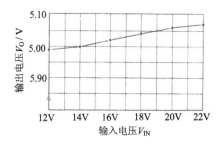

图 2.11　采用 TL431 的纹波检测型斩波的输入电压特性

2.2.4　开关晶体管和二极管是决定转换效率的关键

　　斩波稳压器功率损失的主要原因在于开关晶体管的饱和电压 $V_{CE(sat)}$ 及开关（同步）二极管的正向电压降 V_F。

　　当晶体管 ON 时,其集电极电流 I_C 几乎与输出电流 I_O 相等,此时晶体管的损失 P_C 为:

$$P_C = V_{CE(sat)} \cdot I_O \cdot \frac{t_{on}}{t_{on} + t_{off}}$$

因此,要减少损失 P_C,应选用 $V_{CE(sat)}$ 值较小的晶体管,并提供足够的基极电流。

　　另外,流过二极管的电流 I_F 也几乎与 I_O 相等,但由于只有处于晶体管 OFF 时,才存在 I_F,因此二极管的功率损失 P_D 为:

$$P_D = V_F \cdot I_O \cdot \frac{t_{off}}{t_{on} + t_{off}}$$

因此,通常以正向电压降 V_F 较小的肖特基势垒二极管为宜。

2.3 利用 IC 设计斩波稳压器

随着时代的发展,已经有不少面向开关稳压器控制的 IC 问世,其中有好几款是专用于斩波稳压器的 IC。下面来简要地介绍如何利用各种市售 IC 进行斩波稳压器设计。

基于 MC34063 的降压型斩波稳压器的设计

输入电压	8V~16V
输出电压	5V,0.6A

1. 斩波专用 IC MC34063 的特点

目前市场上有各种集成在 1 片 IC 芯片上的简单斩波稳压器出售,摩托罗拉的 MC34063 就是其中的一种,在它的外部连接一些附属元器件即可制成降压/升压/反极性斩波稳压器。

流过该 IC 芯片内部功率晶体管的最大开关电流为 1.5A,图 2.12 给出 MC34063 的模块结构图,表 2.1 为它的电气特性,照片 2.3 为其外观,它属于迷你型双列 DIP 封装。

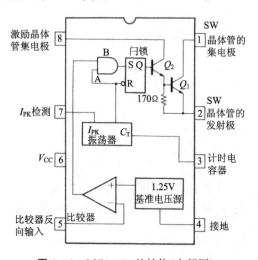

图 2.12 MC34063 的结构(内部图)

照片 2.3 MC34063 的外观

表 2.1[13]   MC34063 的主要特性

项目	符号	单价	单位
电源电压	V_{CC}	40	V
开关电流	I_{SW}	1.5	A
最大损失	P_D	1	W
工作温度范围	T_{ope}	0～70	℃
过电流保护工作电压	V_{IPK}	300	mV
输出晶体管饱和电压 $I_{SW}=1A$	$V_{CE(sat)}$	1	V

开关稳压器与串联稳压器不同,由于充当控制元件的晶体管的损耗很小,因此,即使是 8 引脚 DIP 的 IC,也能够提供 1A 以上的电流。

下面介绍输出电压 V_O 比输入电压 V_{IN} 低的降压型斩波稳压器。

2. MC34063 的功能和基本动作

如图 2.12 所示,MC34063 由开关晶体管、振荡器、误差放大器、基准电压等构成。它在一块芯片上集成了全部必要的功能,结构十分简单。

通过在引脚 3 外接电容器,它的振荡频率最高可达到 200kHz。图 2.13 给出外接电容与振荡频率的关系曲线。

用恒电流对影响振荡频率的电容器 C_T 充电($35\mu A$)和放电($200\mu A$),电容器上就产生图 2.14 所示的三角电压波形,充电时间为 $6t$,放电时间为 $1t$。

电容器充电期间,如果比较器的输出为高电平,输出级的晶体管 Q_1、Q_2 导通。该 IC 的误差放大器就相当于比较器,若引脚 5 的输出电压检测信号比芯片内部基准电压 1.25V 高,那么比较器的输出为低电平,反之为高电平。

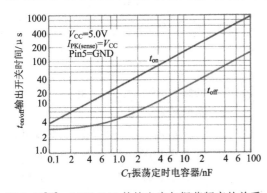

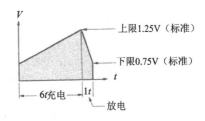

图 2.13[13]   MC34063 外接电容与振荡频率的关系 　　**图 2.14**　定时电容器 C_T 的电压波形

普通 OP 放大器中误差放大器的输出为线性信号,但在该 IC 中,误差放大器却输出"H"、"L"电平中的一个,开关波形并不固定,因此,通过改变输入电压或输出电流,可以得到任意周期的波形。照片 2.4 给出了其中的一种波形。

图 2.15 给出工作时序图。起动时输出电压很低,ON/OFF 的比例是 6∶1,

MC34063 按照设定的频率反复进行开关动作。当输出电流减小或者输入电压增加时,输出端的开关频率将降低。

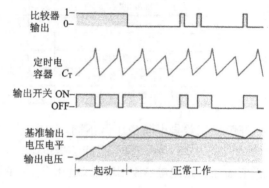

照片 2.4 MC34063 引脚 2 的开关电压波形

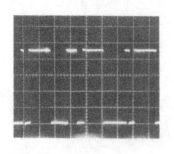

图 2.15 MC34063 的时序图

3. 通过占空比确定电感

下面设计输入电压 $V_{IN} = 8 \sim 16V$,输出电压 $V_O = 5V$、0.6A 的电源。图 2.16 给出该电源的电路构成。

首先,振荡频率越高,外接扼流线圈的电感就可以越小。但在高频时,开关晶体管和同步二极管的损失将增加,因此本例设定频率约为 40kHz。查图 2.13 的曲线,得到外接电容器 C_T 应该为大约 470pF,此时最大占空比 $D = t_{on}/T \approx 0.8$。

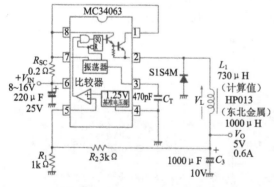

图 2.16 5V、0.6A 降压型斩波

下面计算输入电源 V_{IN} 在 8~16V 间变化时,线圈的电感。

线圈的作用是在开关晶体管 ON 的期间存储能量,以及抑制输出脉动。因此,通常都希望线圈的电感大一些,但增大电感意味着线圈的外形也增大。

实际上,应根据流过线圈电流的大小和时间,再预留一定的饱和裕量来设计电感。因此,先求出流过线圈的脉动电流 ΔI_O 的平均值,一般来说 ΔI_O 约为输出电流 I_O 的 15%,对于本例,$\Delta I_{O(P-P)}$ 为 0.6A 的 30%,即 0.18A。

设电感上的电压降为 V_L,那么线圈 L 的电感值最好取作

$$L = \frac{V_L}{\Delta I_{O(P-P)}} \cdot t_{on} = \frac{8-1.45}{0.18} \cdot 20 \times 10^{-6} = 730(\mu H)$$

本例选用的线圈为第 2 篇第 1 章表 1.3 列出的环型 HP 线圈系列(东北金属

工业（株））中的 HP013。

由于电容器的等价串联电阻 ESR 的影响，平滑电容器 C_3 上将出现纹波电压，因此最好选用阻抗值较低的高频整流电容器。如第 2 篇第 1 章表 1.16HF 系列中的 10V、1000pF 的电容器即可满足要求。

由于 MC34063 的内部基准电压 $V_{REF}=1.25V$，因此，设定输出电压 V_O 为：

$$V_O=\left(1+\frac{R_2}{R_1}\right)\cdot V_{REF}$$

在本例中 $V_O=5V$、且 $R_2/R_1=3$，故取 $R_1=1k\Omega$、$R_2=3k\Omega$。

4. 过电流保护动作

MC34063 的内部还有过电流保护电路，当引脚 5 与引脚 7 之间的电压差达到 330mV 时，振荡电路中电容器 C_T 的充电电流将增加，由于充电过程在短时间内结束，致使晶体管的 ON 时间变短，输出电压急剧下降。由此可见采用某种过流保护措施是必需的。

在本例的电路中有一个 0.2Ω 限流电阻 R_{SC}，它可把输出电流 I_O 限制在 0.6A 以内。照片 2.5 给出有过流保护的振荡波形。

注意，输入一侧的电容器应连接在邻近 R_{SC} 的位置上，否则输入导线的线性阻抗将产生噪声，晶体管的开关速度被减慢，结果都会增加损耗。

与 IC 芯片内部开关晶体管发射极端连接的开关二极管，不宜选用特性普通级别的整流二极管，因为它的性能不够好，而必须采用反向恢复时间 t_{rr} 很短的 FRD（快速恢复二极管）。

本例中，二极管的反向外加电压不高于 30V，所以采用 SBD（肖特基势垒二极管）比较合适。该二极管的特点是正向电压低（$V_F=0.55V$）、损耗小。该电路中采用新电元公司生产的 S1S4M 引导型二极管，$V_{RM}=40V$、$I_O=1A$。

图 2.17 给出输入电压为 10V 的条件下，输出电流与输出电压的特性曲线。此时的转换效率为 83%。

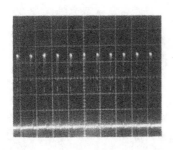

照片 2.5　MC34063 降压型斩波器的过电流保护开关波形

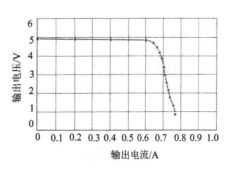

图 2.17　5V、0.6A 电源的输出特性

5.提高输出电流

采用 MC34063 制作大输出电流的降压型斩波稳压器时,需外接 PNP 型晶体管,如图 2.18 所示。

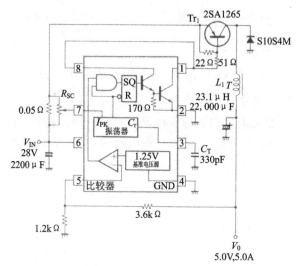

图 2.18　MC34063 降压型斩波的电流增大措施[1]

然而,大电流高速 PNP 型开关晶体管不易购买,因此也可改成图 2.19 所示的 NPN 型晶体管组成的电路。如此一来,加上 IC 内部的晶体管,以及达林顿晶体管,一共有三级放大电路。当电路 ON 时,集电极-发射极间的电压升高,电路损耗也增加。

此时的过电流保护电路由 0.05Ω 的电流检测电阻和 100Ω 的可变电阻并联而成,调节可变电阻可以任意设定保护电流的大小。

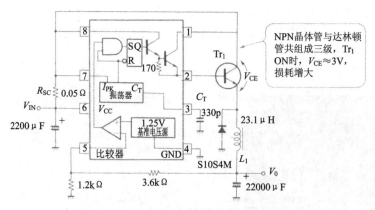

图 2.19　NPN 型晶体管增大电流的措施[2]

6. 减小输出纹波

串联稳压器的输出纹波只包含输入的整流纹波,然而开关稳压器的输出纹波除输入纹波之外,还包含开关频率的基波成分,以及晶体管在 ON/OFF 过渡状态时产生的尖峰噪声。

如图 2.20 所示,由于工频成分主要为 50～120Hz 的低频,可将该部分看成输入电压的变化量,增大误差放大器的增益就能降低该部分纹波。但是,由于反馈系统的响应频率几乎都小于数 kHz,因此这个措施无法减少 20kHz 以上的纹波。

因此,可以用图 2.21 所示的 π 型二级滤波器来滤除纹波的基波成分,至于开关噪声,可以在输出导线和接地之间连接一个电容器加以去除。

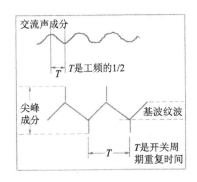

图 2.20　开关稳压器的纹波电压

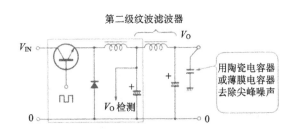

图 2.21　π 型二级滤波器

在二级滤波器中,线圈电感如果有数十 μH 享即可得到足够好的衰减特性。本例采用第 2 篇第 1 章表 1.2 中的 FL9H331K 线圈。

电路中附加了抑制基波成分的二级滤波器后,如果输出电压的检测点不在线圈的前段,有时会引起控制电路异常振荡,这一点需要特别注意。

所谓异常振荡是指附加线圈使反馈环产生相位延迟而引起的振荡现象。

基于 MC34063 的升降压型斩波器的设计

输入电压　　　7.5V～14.5V

输出电压　　　10V,220mA

---

1. 何谓升降压型斩波器

有些应用场合,当输入电压 V_{IN} 维持在某一范围内变化时,输出电压 V_O 也要求处于该范围内,为此就需要一个能兼有升压、降压两种功能的电路,这就是所谓的升降型斩波器。

降压型斩波器要求 $V_O \leqslant V_{IN}$,而在升压型斩波中,若 $V_{IN} > V_O$,输出电压无法得到稳定的电压,结果有 $V_O = V_{IN}$。

如图 2.22 所示,此时利用 MC34063 以及 2 只开关晶体管控制输入电源 V_{IN} 的 ON/OFF 即可构成升降型斩波器。

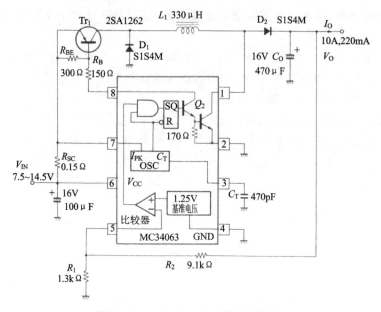

图 2.22 10V、220mA 升降型斩波器

图中 Tr_1、D_1 及扼流线圈部分实现降压型斩波功能,IC 内部的晶体管 Q_2、D_2 及扼流线圈实现升压型斩波功能。

由于外接的 Tr_1 和 IC 内部的 Q_2 同时开关,因此在电路 ON 期间,电流 i_1 的流经路径如图 2.23 所示,线圈存储能量。此时由于 Q_2 也 ON,所以 D_2 导通,没有输出电流。

若 Tr_1 和 Q_2 同时 OFF,线圈产生反向电动势,此时电流沿 i_2 路径流动,为负载提供功率。i_2 的平均值就是输出电流 I_O,此值为

$$I_O = \int_0^{t_{off}} i_2 \cdot dt$$

如果电感 L_1 非常大,则 i_1 和 i_2 的电流波形连续(图 2.24),此时有 $i_{1(min)} = i_{2(min)}$,$i_{1(max)} = i_{2(max)}$。i_2 的下降斜率由 L_1 的电感决定,即

$$\frac{di_2}{dt} = -\frac{V_O + V_{F1} + V_{F2}}{L_1}$$

式中:V_{F1}、V_{F2} 分别是二极管 D_1、D_2 的正向电压降。

另外,由于 i_1 的路径中包含 2 只晶体管,因此有:

$$\frac{di_1}{dt} = \frac{V_{IN} - (V_{CE1} + V_{CE2})}{L_1}$$

式中:V_{CE1}、V_{CE2} 分别为 Tr_1 和 Q_2 ON 时的饱和电压。

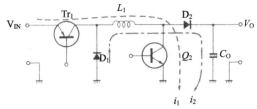

图 2.23　升降型斩波的电流路径

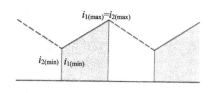

图 2.24　初级、次级电流波形

所以,一次电流的最大值 $i_{1(\max)}$ 为:

$$i_{1(\max)} = i_{1(\min)} + \frac{V_{IN} - (V_{CE1} + V_{CE2})}{L_1} \cdot t_{on}$$

由于在该斩波中输入侧和输出侧的功率相等,即

$$\frac{1}{2} L_1 \cdot i_{1(\max)}{}^2 \cdot f = V_O \cdot I_O$$

若 t_{on} 随输入电压或输出电流的变化而改变,便可得到稳定的输出电压 V_O。

2. 计算电路常数

流过扼流线圈的电流能起到直流偏压的作用。下面以输入电压 $V_{IN} = 14.5V$ 的降压型斩波工作条件计算扼流线圈电感。

设开关频率为 $30kHz$,则振荡周期 T 为:

$$T = \frac{1}{f} = \frac{1}{30 \times 10^3} = 33(\mu s)$$

设晶体管 ON 时的饱和电压 $V_{CE(sat)}$ 为 $0.5V$,二极管 D_2 的电压降 V_F 为 $0.5V$, 则晶体管 ON 时间 t_{on} 为:

$$t_{on} = \frac{V_O}{V_{IN} - (V_{CE(sat)} + V_F)} \times T$$

$$= \frac{10}{14.5 - (0.5 + 0.5)} \times 33 = 17(\mu s)$$

设流过扼流线圈的脉动电流 ΔI_O 为 $0.8A$,电感 L_1 为:

$$L_1 = \frac{V_{IN} - (V_O + V_{CE(sat)} + V_F)}{\Delta I_O} \times t_{on}$$

$$= \frac{14.5 - (10 + 0.5 + 0.5)}{0.18} \times 17 \approx 330(\mu H)$$

可见第 2 篇第 1 章表 1.2 中的线圈 FL9H331K 能够满足要求。

开关晶体管 Tr_1 使用 $V_{CE} = 60V$、$I_C = 4A$ 的 2SA1262,D_1 和 D_2 使用肖特基势垒二极管 S1S4M。

当输入电压 $V_{IN} = 7.5V$ 时,Tr_1 的集电极电压及流过扼流线圈的电流如照片 2.6 所示。MC34063 用 PWM(脉冲调幅)控制,可在任意脉冲序列下工作。照片 2.7 为 Tr_1 的 V_{CE} 和 D_2 的电流波形。

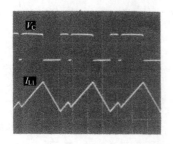
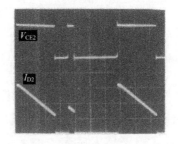

照片 **2.6** Tr_1 集电极电压和线圈的电流   照片 **2.7** Tr_2 的 V_{CE} 和 I_{D2}

图 2.25 给出了输入电压、输出电压的关系特性曲线。图 2.26 给出了功率转换效率随输入电压变化的特性。

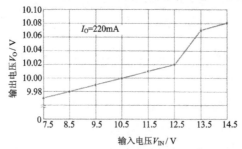

图 2.25   10V、220mA 升降压型斩波的输出电压特性

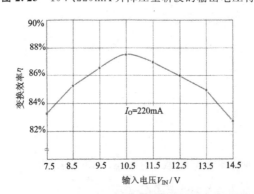

图 2.26   10V、220mA 升降压型斩波的功率变换效率特性

基于 MAX630 的升压型斩波器的设计

输入电压   +5V

输出电压   +15V,20mA

1. MAX630 的特征

利用升压型斩波方法可得到比输入电压高的输出电压。例如,该方法用在由

3V 左右的电池得到 5V 或 12V 的电源,或由 5V 电源得到 12V 的电源。

　　下面介绍如何利用专用 IC MAX630(MAXM 公司)芯片组成升压型斩波器。

　　该 IC 最大输出电流约为 300mA,它集成了多种功能,其输出端使用 MOS FET。

　　如果输出电压固定,那么可以采用 MAX631/MAX632/MAX633 等 IC 芯片,MAX630 的特点是利用外接两个电阻便能实现输出电压可调节。图 2.27 所示为 MAX630 的基本组成。

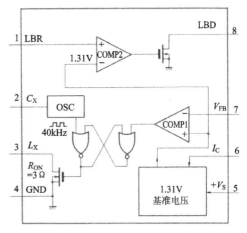

图 2.27　MAX630 的组成

　　表 2.2 列出了 MAX630 的电气特性。照片 2.8 为它的外观。

表 2.2[12]　　**MAX630 系列的额定特性**

项　目	符　号	规　格				单　位
		MAX630	MAX631	MAX632	MAX633	
电源电压	V_{IN}	2.2～16.5	～18	～18	～18	V
最大损耗	P_D	468	625	625	625	mW
最大输出电流	I_O	375	325	325	325	mA
开关电流	I_{SW}	150	325	325	325	mA
效率	η	85	80	80	80	%
基准电压	V_{REF}	1.25～1.37	—	—	—	V
输入稳定度	δ_{IN}	0.5	0.08	0.08	0.08	%
负载稳定度	δ_{OUT}	0.5	0.2	0.2	0.2	%
工作温度	T_{op}	0～70	0～70	0～70	0～70	℃
输出电压	V_O	可变型	5	12	15	V

照片 2.8　MAX630 的外观

2.升压型斩波器工作的原理

如图 2.28 所示,在升压型斩波中,开关元件连接于线圈和接地之间。

如果 Tr_1 ON,则电流 i_1 由输入电源 V_{IN} 流向线圈 L_1(图 2.29),且流过线圈 L_1 的电流 i_1 与时间成正比且单调增加,即

$$i_1 = \frac{V_{IN}}{L_1} \cdot t$$

这里忽略了晶体管的电压降。

此时,由于晶体管 Tr_1 的集电极-发射极间的电压为饱和电压 $V_{CE(sat)}$,它与输出电压的关系为 $V_O > V_{CE(sat)}$,于是二极管 D_1 导通,输出侧无电流。

此后,在晶体管导通 $t = t_{on}$ 期间,i_1 将达到最大值 i_{1P},同时线圈 L_1 存储能量。设重复的频率为 f,那么单位时间内线圈存储的能量 P_L 为:

$$P_L = \frac{L_1}{2} \cdot i_{1p}^2 \cdot f = \frac{V_{IN}^2 \cdot t_{on}^2}{2L_1} \cdot f$$

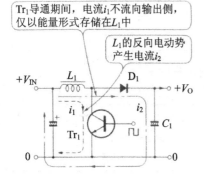

图 2.28 升压型斩波器的基本电路

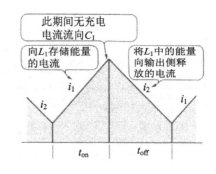

图 2.29 升压型斩波器的电流波形

若晶体管 OFF,L_1 产生的反向电动势使二极管 D_1 导通,并输出电流 i_2 对整流电容器充电。此时晶体管的外加电压为 $V_{CE} = V_O$,如果忽略二极管 D_1 的正向电压降,则线圈 L_1 两端的电压 V_L' 为:

$$V_L' = V_O - V_{IN}$$

在这种斩波器中,i_1 和 i_2 的最大值相等,因此 i_2 从 i_{1P} 开始,呈现出一次函数的减小趋势,即

$$i_2 = i_{1P} - \frac{V_L'}{L_1} \cdot t$$

$$= \frac{V_{IN}}{L_1} \cdot t_{on} - \frac{V_O - V_{IN}}{L_1} \cdot t$$

另外,由于 C_1 两端的电压即输出电压 V_O,设输出电流为 I_O,负载阻抗为 R_L,输出功率 P_O 与 L_1 的存储能量必然相等,故有:

$$P_O = I_O \cdot V_O = \frac{V_O^2}{R_L} = \frac{V_{IN}^2 \cdot t_{on}^2}{2L_1} \cdot f$$

于是,输出电压 V_O 可表示为:

$$V_O = \frac{V_{IN}^2 \cdot t_{on}^2}{2 \cdot L_1 \cdot I_O} \cdot f$$

由上式可知,当输入电压或输出电流改变时,如果让晶体管的 ON 时间 t_{on} 按与之相反的方向变化,就能保证输出电压的稳定性。

也就是说,如果输入电压 V_{IN} 降低,输出电流 I_O 增加,就将 t_{on} 延长,反之 V_{IN} 上升,I_O 降低时,就将 t_{on} 减短。

升压型斩波与降压型斩波的不同之处在于输出平滑电容器的充电电流仅在晶体管 OFF 期间发生。

换句话说,在晶体管 ON 期间,仅由平滑电容器提供给负载电流,而电容器两端的电压下降。

由于 OFF 期间向电容器充电的电流的平均值必定与输出电流 I_O 相等,所以其值是有限的,结果纹波电压的变化与输出电流成正比。

在晶体管 ON 期间,二极管 D_1 上施加有反向电压,其值 $V_R = V_O$。

3. 计算电感

下面我们利用 MAX630 来设计 $V_{IN} = 5V$、$V_O = +15V$、20mA 的升压型斩波器。图 2.30 为电路设计实例。

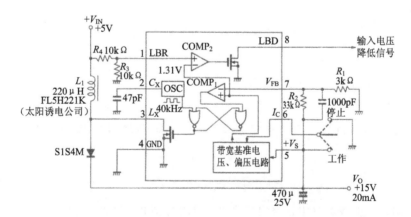

图 2.30 利用 MAX630 的 +15V、20mA 升压型斩波器

该电路的振荡频率由连接于引脚 2 的电容器决定。本例中电容器的容量为 47pF。其频率约为 40kHz,此时占空比为 $t_{on}/T = 0.5$,首先求线圈 L_1 应该具有的电感。

开关 MOS FET 的电压降 $V_{DS(ON)}$ 在 IC 的数据表中未明确给出。本例取经验

值0.5V来计算,于是有:

$$L_1 = \frac{(V_{IN}-0.5)^2 \cdot t_{on}}{2 \cdot V_O \cdot I_O} \cdot f$$

$$= \frac{(5-0.5)^2 \cdot (12.5\times10^{-6})^2}{2\times15\times0.02}\times40\times10^3 = 210(\mu H)$$

此时,线圈电流i_1的最大值i_{1P}为:

$$i_{1P} = \frac{V_{IN}}{L_1} \cdot t_{on}$$

$$= \frac{4.5}{210\times10^{-6}}\times12.5\times10^{-6} = 270(mA)$$

此IC的最大开关电流为375mA,在实际使用中必须限制在该范围内。

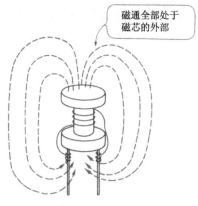

磁通全部处于磁芯的外部

图2.31　鼓形磁芯(微电感)的缺点

本例中,L_1采用第2篇表1.2中太阳诱电(株)的电感线圈FL5H221K。该线圈被称为微电感线圈,它被缠绕在一个小型的鼓形磁芯上制成(图2.31)。该形状的磁芯为开磁路,产生的磁通全部输出到外部。由电磁感应作用原理可知,这会引起附近电路的噪声故障。

因此如果是那些对噪声要求很严格的电路,就必须考虑线圈与周围元器件保持适当的距离,连印刷电路板上那些正好位于线圈下面的导线都可能受到电磁感应的影响。

如果L_1的电感比较大,可以考虑采用环型HP线圈中的HP011,它的漏电感较小。

4. 计算其他电路常数的要点

该电路平滑电容器的作用是抑制输出纹波电压,因此应采用内部阻抗较小的电容器。本例为使纹波电压$\Delta v_r \leqslant 50mV$,电容器的阻抗$Z_C$必须满足以下关系:

$$Z_C \leqslant \frac{\Delta v_r}{i_{1P}} = \frac{0.05}{0.27} = 0.18(\Omega)$$

这里采用第2篇表1.6中松下电子元器件HF系列的25V、470pF电容器。

至于整流二极管,也必须采用高速二极管。本例中选了耐高压肖特基势垒二极管S1S4M。

IC内部基准电压$V_{REF}=1.3V$,因而输出电压V_O的设定可由下式求得:

$$V_O = V_{REF} \cdot \left(1+\frac{R_2}{R_1}\right)$$

假设$V_O=15V$,求得$R_2/R_1=10.5$,取$R_1=3k\Omega$、$R_2=33k\Omega$。

照片 2.9 给出电路的实际工作波形。照片 2.9(a) 为开关晶体管的电压-电流波形,照片 2.9(b) 为平滑电容器的充电电流波形。

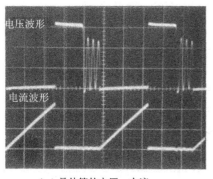
（a）晶体管的电压、电流

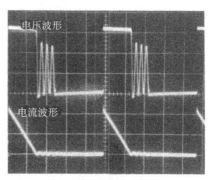
（b）二极管的电流（下段）

照片 2.9　升压型斩波的动作波形

在输出检测点 V_{FB} 的引脚 7 处连接电容器的目的是防止产生异常振荡。

此外,MAX630 还具有由外部信号停止电源电路工作的功能,即如果引脚 6 与输出电压侧连接,则电路正常工作,如果引脚 6 与接地相连,则电路停止工作。

当检测到输入电压较低时,引脚 8 即 LBD 输出信号,由于与内部比较器相连的基准电压 V_{REF} 仍为 1.3V,因此输入电压 V_{IN} 为:

$$V_{IN} \leqslant \left(1 + \frac{R_4}{R_3}\right) \cdot V_{REF}$$

且 LBD 输出低电平。

LBD 输入端子的最大流入电流为 50mA,若连接一个 LED,则可指示电池的电压消耗的情况。

> **基于 MAX634 的反极性斩波的设计**
> 输入电压　　＋15V
> 输出电压　　－15V,500mA

1. MAX634 的特点

当由（＋）电源转换（－）电源,或相反地由（－）电源转换（＋）电源时,需要使用反极性型斩波器。MAX634 就是为实现此功能而设计的专用 IC 芯片。

图 2.32 给出 MAX634 的组成结构,表 2.3 给出了它的电气特性,照片 2.10 为其外观。

表 2.3[12]　　MAX634 系列的额定值

项　目	符　号	规　格				单　位
		MAX634	MAX635	MAX636	MAX637	
电源电压	V_{IN}	2.2~16.5	2~16	2~16	2~16	V
最大损耗	P_D	625	625	625	625	mW
输出电流	I_O	375	375	375	375	mA
开关电流	I_{SW}	150	—	—	—	mA
功率	η	80	85	85	85	%
基准电压	V_{REF}	1.18~1.32	—	—	—	V
输入温度	δ_{IN}	2	0.5	0.5	0.5	%
负载稳定度	δ_{OUT}	0.4	0.2	0.2	0.2	%
工作温度	T_{op}	0~70	0~70	0~70	0~70	℃
输出电压	V_O	可变型	−5	−12	−15	V

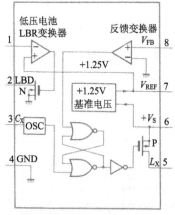
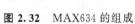

图 2.32　MAX634 的组成

照片 2.10　MAX634 的外观

2. 反极性斩波器的工作原理

反极性斩波器的动作与升压型斩波器非常相似,图 2.33 给出了它的工作原理图。

合上开关 S,由输入电源 V_{IN} 产生电流 i_1,该电流流过线圈 L,并存储能量。设开关 S 的 ON 时间为 t_{on},则 i_1 的最大值 i_{1P} 为:

$$i_{1P} = \frac{V_{IN}}{L} \cdot t_{on}$$

设开关频率为 f,则线圈的存储能量 P_L 为:

$$P_{\mathrm{L}}=\frac{1}{2}L \cdot i_{1\mathrm{P}}{}^2 \cdot f=\frac{V_{\mathrm{IN}}{}^2 \cdot t_{\mathrm{on}}{}^2}{2L} \cdot f$$

当 t_{on} 之后,开关 S 被 OFF,线圈 L 上将产生反向电动势,在它的作用下,电流 i_2 流过电容器 C、二极管 D,同时电流 i_2 使电容器两端产生直流电压,极性如图 2.33 所示。该电压就是反极性的输出电压 V_{O}。

设直流输出电流为 I_{O},线圈存储的能量 P_{L} 与直流输出的功率相等,有:

$$V_{\mathrm{O}} \cdot I_{\mathrm{O}}=\frac{V_{\mathrm{IN}}{}^2 \cdot t_{\mathrm{on}}{}^2}{2L} \cdot f$$

由上式可知,即使输出电流 I_{O} 或输入电压 V_{IN} 发生变化,只要开关 ON 的时间按反方向变化,就可保证输出的电压稳定性。

图 2.34 中,电容器 C 的充电电流 i_2 由线圈的反向电动势引起,但线圈电流具有非连续性,因此 i_2 的波形表现为由开关 ON 时的最大值 $i_{1\mathrm{P}}$ 逐渐减小,i_2 可由下式求得:

$$i_2=i_{1\mathrm{P}}-\frac{V_{\mathrm{O}}}{L} \cdot t$$

上式中,i_2 在 $t=t_{\mathrm{off}}$ 时刻达到最小值。由于电流 i_2 的变化幅度很大,所以输出的纹波电压 ΔV_{O} 也很大。因此,在选择电容器的时候,无论容量还是内部线性阻抗都应该考虑一定的余裕量。

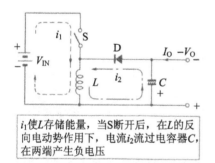

i_1 使 L 存储能量,当 S 断开后,在 L 的反向电动势作用下,电流 i_2 流过电容器 C,在两端产生负电压

图 2.33　反极性斩波器的工作原理

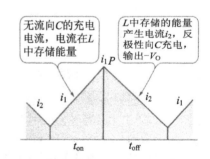

无流向 C 的充电电流,电流在 L 中存储能量

L 中存储的能量产生电流 i_2,反极性向 C 充电,输出 $-V_{\mathrm{O}}$

图 2.34　反极性斩波器的电流波形

3. 电感的计算

下面利用 MAX634 设计 $V_{\mathrm{IN}}=+15\mathrm{V}$、$V_{\mathrm{O}}=-5\mathrm{V}$、$-500\mathrm{mA}$ 的反极性斩波器。

以图 2.35 所示的电路实例来进行数值计算。MAX634 的最大输入电压为 18V,因此即使 V_{IN} 发生变化,也不能超过该值,本例取 $V_{\mathrm{IN}}=15\mathrm{V}$ 计算。

振荡频率由连接在 MAX634 的引脚 3 的电容器决定。在本例中 $C_{\mathrm{X}}=47\mathrm{pF}$,振荡频率 40kHz、周期 $T=25\mu s$、占空比 $D=0.5$、晶体管的 ON 时间为 $t_{\mathrm{on}}=12.5\mu s$。

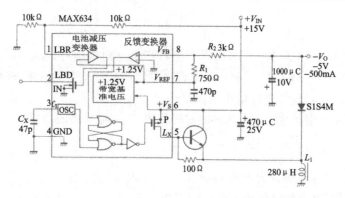

图2.35　基于 MAX634 的＋15V→－15V 的反极性斩波器

于是线圈所必要的电感 L_1 为：

$$L_1 = \frac{V_{IN}^2 \cdot t_{on}^2}{2 \cdot V_O \cdot I_O} \cdot f$$

$$= \frac{15^2 \cdot (12.5 \times 10^{-6})^2}{2 \times 5 \times 0.5} \cdot 40 \times 10^3 = 281(\mu H)$$

本例选用第2篇表1.2中的 FL9H331K 线圈。

4. 外接晶体管增大电流

其次我们来计算开关电流的最大值 i_{1P}：

$$i_{1P} = \frac{V_{IN}}{L_1} \cdot t_{on} = \frac{15}{281 \times 10^{-6}} \times 12.5 \times 10^{-6} = 0.667(A)$$

我们知道，MAX634 的最大开关电流仅为 375mA，因此上式的结果 i_{1P} 超过了芯片的最大额定值。为了增加电流，需要在外部添加一个晶体管。

本例的附加晶体管采用普通的大电流开关晶体管 2SC2562，该晶体管的 $V_{CE} = 50V$、$I_C = 5A$。耐压值不高的晶体管，有许多产品具有良好的开关特性，因此选择起来毫不费劲。

如果在晶体管的基射极间连接一个电阻，可以减小其间的线性阻抗，提高开关速度，而且电阻值越小，开关速度越快。但由于该电阻会分流基极驱动电流，因此其值不能取得太小。

5. 其他电路常数的计算要点

MAX634 内部电容器的（－）端子与地连接，负的输出电压以及内部 1.25V 基准电压分别通过电阻与比较器的（＋）端相连。也就是说，系统是通过电阻值比例乘以 $-V_O$ 后加上 V_{REF} 的电压值等于 0V 来进行稳压控制的。因此，输出电压和 R_1、R_2 的关系为：

$$V_O \cdot R_1 - V_{REF} \cdot R_2 = 0$$

要使输出达到－15V，应满足 $R_2/R_1 = 4$，本例中取 $R_1 = 750\Omega$，$R_2 = 3k\Omega$。

在引脚 7 与地之间连接电容器的目的是避免开关动作产生噪声的影响。

最后,确定输出整流用的平滑电容器,欲让输出脉动电压 $\Delta V_O \leqslant 20\text{mV}$,那么电容器内部的线性阻抗 Z_C 应满足:

$$Z_C \leqslant \frac{\Delta V_O}{i_{2P}} = \frac{0.02}{0.667} = 30(\text{m}\Omega)$$

与升压型斩波器相同,同样可选松下电子元件 HF 系列中 10V、1000μF 的电容器。

其他如 LBD 输出等与 MAX630 的使用方法完全相同。

基于 TL1451C 的正负输出斩波器的设计	
输入电压	+12V
输出电压(1)	+5V,1A
输出电压(2)	−5V,0.5A

1. TL1451C 的特点

前面所介绍的开关稳压器都属于单极性电源,下面介绍正负输出电源。

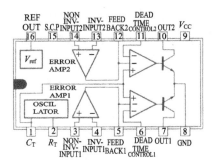

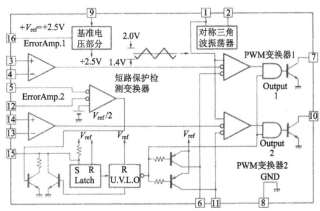

图 2.36　TL1451C 的组成

本节采用德州仪器生产的 TL1451C 芯片,它是一款通用型的开关稳压器控制 IC 芯片。图 2.36 为 TL1451C 的组成,照片 2.11 给出其外观,表 2.4 给出其电气特性。

图片 2.11 TL1451C 的外观

该 IC 采用 16 引脚 DIP 封装,内部有两个独立功能的控制电路,基准电压及振荡电路为两个控制电路共用。

由此可见,利用一块 IC 芯片即可实现两路稳压输出功能,对于需要多个输出的电源来说,这是一款很好的 IC。TL1451C 工作电源的电压范围非常大,通常为 3.6 ～ 40V,与之对应的开关频率可以达到 500kHz。

由上述特点可知,该款 IC 芯片非常适合于电池供电的小型便携设备的电源。

表 2.4[8] TL1451C 的特性

项 目		符 号	min	max	单 位
电源电压		V_{CC}	3.6	40	V
差动放大器输入电压		V_I	1.05	1.45	V
集电极输出电压	TL1451	V_O		40	V
集电极输出电流	TL1451	I_O		20	mA
反馈端子电流		I_{FT}		45	μA
反馈电阻		R_{NF}	100		kΩ
定时容量		C_T	150	15000	pF
定时电阻		R_T	5.1	100	kΩ
振荡器频率		$fosc$	1	500	kHz
工作温度范围		T_{ope}	-20	85	℃
基准电压		V_{REF}	2.40	2.60	V

2. 电压控制的原理——PWM

TL1451C 对电压实施控制的方法是基于固定振荡频率的 PWM 控制方式。

PWM 控制可由一个比较器构成,如图 2.37 所示。比较器正向输入端的输入来自本身自激多谐振荡器的三角波,反向输入端的输入来自误差放大器的输出信号。

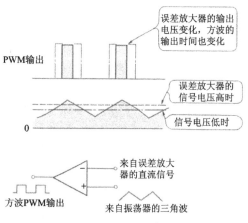

图 2.37 PWM 控制电路的组成

当来自误差放大器的直流电压处于图 2.37 中三角波电压的中间位置时,比较器输出方波脉冲。也就是说,若三角波电压为高电压则输出高电平,反之则输出低电平。

设开关晶体管 ON 为高电平,晶体管 OFF 为低电平,那么晶体管就能以振荡频率反复 ON/OFF。因此,当某种原因引起电源的直流输出电压上升时,若来自误差放大器的电压输出信号也成正比上升,则可缩短 ON 脉冲的时间。

由于具有上述工作特点,该比较器被称为 PWM 比较器。

PWM 比较器可以把输入的三角波信号转换成方波信号,因此它同时也具有波形转换功能。如果在选用时能够注意元器件的响应速度,它就能满足开关动作的要求,这也意味着该芯片还具有外接 NAND 门等功能。

3. 防止变压器磁饱和的死区时间控制

在基于 PWM 控制的稳压器中,如果输入电压过低,将导致输出电压不稳定,而误差放大器的控制信号完全处于低电平。结果 PWM 比较器无法输出脉冲波形,输出维持直流高电平不变,因此开关晶体管也无法实现 ON/OFF 转换,始终处于 ON 状态。

上述 IC 芯片 TL1451C 也可用于含输出变压器的绝缘型开关稳压器。不过这时如果开关晶体管 ON 时间过长,输出变压器容易发生磁饱和,为此开关晶体管的控制电路必须具有限制最大 ON 时间的功能。

如图 2.38 所示,可通过控制死区时间使脉冲宽度的最大值不超过某一时间值。

TL1451C 的引脚 11 为死区时间控制端子。如果该端子的电压超过 2V,则晶体管在整个周期内 ON;如果该端子的电压低于 1.4V,那么晶体管在整个周期内

OFF。为了使最大 ON 时间只占整个周期的 60%，死区时间控制电压 V_{DEAD} 应取为：

$$V_{DEAD}=1.2+(2-1.4)\times0.6=1.56(V)$$

为了设定死区时间控制电压，需要微调功能，这里借助电位器。

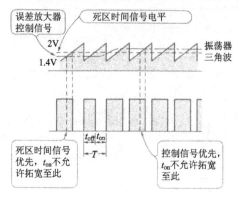

图 2.38 死区时间控制

4. 软起动和电路保护功能

在后述的图 2.39 中可以看出，连接在 TL1451C 引脚 16 与引脚 11 之间的电容器 C_5 的作用是在输入电源接通时刻按 C_5 的定时常数（由基准电压 V_{REF} 设定）使引脚 11（比较器输入）的电压降低。从图 2.40 可以看出 ON 的宽度逐渐由窄变宽，这就是软起动。

可见，一旦具有上述软起动功能，输出电压 V_O 的上升将被闩锁，从而防止过调。

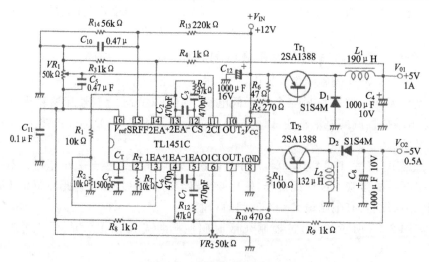

图 2.39 正负输出的稳压电源

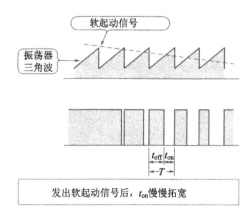

图 2.40　软起动电路

如图 2.41 所示，TL1451C 的过电流保护称为时间闩锁式短路保护，具有以下工作特点。

若直流输出短路，则输出电压 V_O 立即变为 0V，于是内部误差放大器的输出转为低电平。由此保护电路的比较器输出也转为低电平，于是在 TL1451C 内部与引脚 15 相连的晶体管被截止。

然后，V_{IN} 经 R_{13} 对外部连接在引脚 15 的电容器 C_{10} 充电。当该端子电压，即引脚 15 的电压超过 0.6V 后，闩锁电路动作，开关动作停止。

事实上，如果直流输出的负载一发生变化（即使瞬间变化），比较器就跟着动作，电源不时地停止，就无法维持正常工作状态，因此电容器的充电时间常数，即 $C_{10} \times R_{13}$ 必须在数十毫秒以上。

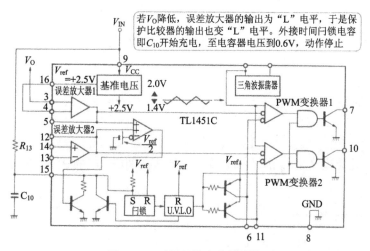

图 2.41　时间闩锁电路的动作

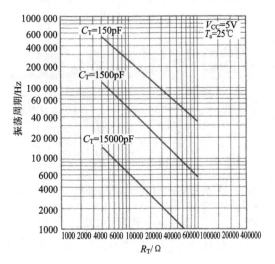

图 2.42[8] 定时电阻与振荡频率的关系

5. 电路常数的计算

下面计算利用 TL1451C 制作的正负输出型斩波稳压器的电路常数。设输入电压为 +12V、输出电压为 +5V、1A 和 -5V、0.5A,图 2.39 给出设计的电路图。

在电路的组成中,+5V 为降压型变换器,-5V 为反极性变换器,输出电流分别为 1A 和 0.5A。由于该 IC 芯片的输出电流仅为 20mA,故输出端需连接电流放大晶体管。

本例中两个输出共用一只 PNP 型晶体管 2SA1388。该晶体管的主要参数为 $V_{CEO}=80V$、$I_C=5A$。其开关速度非常快,外形为全树脂封装,安装散热器也很方便。

电路的振荡频率由连接在 TL1451C 引脚 1 的电容器 C_T 以及连接在引脚 2 的电阻 R_T 决定。本例设振荡频率为 50kHz,由图 2.42 的曲线可查出 $C_T=1500pF$、$R_T=10k\Omega$。

首先,求出 +5V 电路的占空比 D:

$$D=\frac{V_O}{V_{IN}-V_{CE(sat)1}}=\frac{5}{12-0.5}$$

由 P-P 值,设扼流线圈 L_1 的脉动电流 $\triangle I_{O1}$ 为输出电流 I_O 的 30%,即 0.3A,则 L_1 的值为:

$$L_1=\frac{V_{L1}}{\Delta I_{O1}} \cdot t_{on}$$

$$=\frac{V_{IN}-(V_{O1}+V_{CE(sat)1})}{\Delta I_{O1}} \cdot T \cdot D$$

$$=\frac{12-(5+0.5)}{0.3}\times20\times10^{-6}\times0.44=190(\mu H)$$

因此，L_1 可选用第 2 章表 1.3 中的环型 HP 线圈中的 HP011。

接着求－5V 电路的扼流线圈 L_2。若占空比 D 为 0.5，则晶体管 ON 时间 t_{on}＝10μs，于是 L_2 的电感为：

$$L_2 = \frac{(V_{IN} - V_{CE(sat)2})^2 \cdot t_{on}^2}{2 \cdot V_O \cdot I_O} \cdot f$$

$$= \frac{(12 - 0.5)^2 \times (10 \times 10^{-6})^2}{2 \times 5 \times 0.5} \times 50 \times 10^3 = 132(\mu H)$$

因此，扼流线圈 L_2 也可选用 HP 线圈中的 HP011。

＋5V 电路一侧流过开关二极管 D_1 的平均电流 I_{F1} 为：

$$I_{F1} = (1 - D) \cdot I_O = (1 - 0.44) \times 1 = 0.56(A)$$

如果采用 SBD，其正向电压降 $V_F = 0.5V$，则功率损耗 P_{D1} 为：

$$P_{D1} = I_F \times V_F = 0.56 \times 0.5 = 0.28(W)$$

这就是说，本例采用 1A 的 SBD 可以满足要求，当然选用 S1S4M 也可。

D_2 的损耗比 D_1 要小，同样可采用 S1S4M。

输出电压由＋5V 的输出电压检测电阻 R_3 和 R_4 决定。因为基准电压 V_{REF} 为 1.25V，所以简单地取为 $V_{O1}/2$，因此有 $R_3 = R_4 = 1k\Omega$。

设差动输入端子的 $V_{IN(-)}$ 为 1.25V，为了让 $V_{IN(+)}$ 与它的电压相同，－5V 侧的输出电压 V_{O2}、电阻 R_8、R_9 应满足以下关系：

$$R_9 \times (|V_{O2}| - 1.25) = R_8 \times (V_{REF} + 1.25)$$

取 $R_8 = R_9 = 1k\Omega$。

基于 μA78S40 的 3 路输出斩波器的设计	
输入电压	＋24V
输出电压(1)	＋5V,3A
输出电压(2)	＋12V,0.2A
输出电压(3)	－12V,0.1A

随着技术的进步，多路输出型斩波稳压器的需求逐渐增多，下面首先介绍一种应用非常广泛的通用型开关稳压器控制 IC 芯片——μA78S40，并以此进行三路输出稳压器的设计。

1. A78S40 的特点

A78S40 为 16 引脚的 IC 芯片，其主开关晶体管为双极型晶体管，最大允许电流 1.5A。它的内部配置 1.5A 高速整流二极管，最高允许外加电压为 40V。图 2.43 给出 μA78S40 的结构图，照片 2.12 给出其外观，表 2.5 给出了它的电气特性。

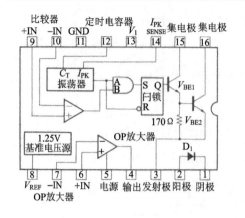

图 2.43　μA78S40 结构（内部）　　　　照片 2.12　μA78S40 的外观

表 2.5[10]　μA78S40 的额定电气特性

项　目	符　号	额定值	单　位
电源电压	V_{CC}	40	V
开关电压	V_{SW}	40	V
二极管耐压	V_D	40	V
开关电流	I_{SW}	1.5	A
二极管电流	I_D	1.5	A
最大损耗	P_D	1.5	W
工作温度	T_{OP}	0～70	℃
基准电压	V_{REF}	1.245	V
过电流保护动作电压	V_{OSC}	350	mV
开关饱和电压	$V_{CE(sat)}$	1.3	V
二极管电压降	V_F	1.5	V

　　该 IC 的开关稳压的控制电路结构与前面介绍的 MC34063 几乎相同,而且还内置了一个独立的 OP 放大器,也可输出基准电压,因此用途十分广泛。

　　下面我们利用该 IC 来设计输入电压 V_{IN} 在 20～28V 之间的非绝缘型三路输出电源。

2.主开关电路的设计

　　图 2.44 给出设计的电路。主电路的动作为降压型斩波——+5V、3A,显然,IC 内部的晶体管电流容量不能满足要求。本例在 IC 外部连接 PNP 型晶体管。

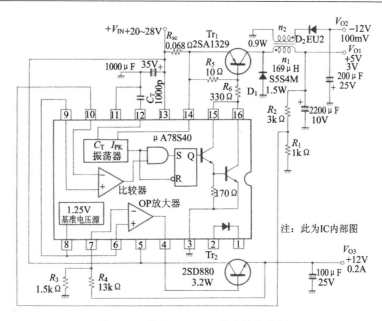

图 2.44　基于 μA78S40 的多输出电源

作为外接晶体管,采用图 2.45 所示的 NPN 型也能正常工作,但从 IC 内部输出级等效电路可以看出,整体上需要二级达林顿连接。这样最后一级的外接晶体管 ON 时,其集电极-发射极间的电压 V_{CE} 很高:

$$V_{CE} = V_{CE(sat)} + V_{BE1} + V_{BE2}$$

其结果会导致功率损失大大增加,因此本例使用图 2.44 所示 PNP 型晶体管,这属于基极电流引入型结构。

采用这种结构,开关速度比达林顿连接快,而且损耗小。

3.扼流线圈的设计

本例中输出扼流线圈有两个绕组,目的是由 +5V 产生 −12V 电源,其功能可以兼顾线圈和变压器。

图 2.46 给出实现上述要求的复式绕组结构。若只看绕组 n_1,它仅为一个普通的单绕组线圈。但由于同一铁芯上还绕着绕组 n_2,两个绕组间存在着变压器的关系:

$$\frac{n_2}{n_1} = \frac{V_2}{V_1}$$

这里通过 V_{IN} 将电能提供给绕组 n_1,所以 n_1 为初级绕组,n_2 为次级绕组。

若开关晶体管 ON,它的饱和电压为 $V_{CE(sat)}$,输出电源为 V_{O1},因为 n_1 绕组的外加电压 V_1 为:

$$V_1 = V_{IN} - (V_{O1} + V_{CE(sat)})$$

所以若 V_{IN} 发生变化，n_2 绕组的电压 V_2 也随之变化。

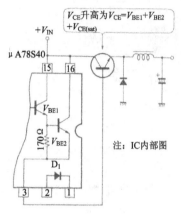

图 2.45 基于 NPN 晶体管
的电流放大

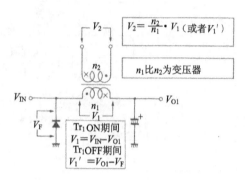

图 2.46 复式绕组线圈

再看晶体管处于 OFF 期间，n_1 的外加电压 V_1' 为：

$$V'_1 = V_{O1} + V_F$$

由于对 V_{O1} 采取了稳压控制，所以 V_1' 也是稳定的。V_1'、V_2' 表示 Tr_1 在 OFF 期间 n_1、n_2 的电压，图中印有 × 的一侧表示＋极，将此极性产生的电压输出到 n_2 绕组一侧即可，有

$$V'_2 = \frac{n_2}{n_1} \cdot V'_1$$

可见能够得到一个稳定的输出电压。

本例中输出为＋5V 和－12V，若线圈的极性和二极管的极性按图 2.44 所标志的那样，那么绕组的匝数比为：

$$\frac{n_2}{n_1} = \frac{(V_{O2} + V_{F2})}{(V_{O1} + V_{F1})}$$

式中：V_{O1}、V_{O2} 分别为初级、次级的输出电压；V_{F1}、V_{F2} 分别为二极管 D_1、D_2 的正向电压降。

但是，若初级输出电压 V_{O1}（＋5V）的输出电流 I_{O1} 发生改变，那么二极管的 V_{F1} 也会随之变化，且二极管的 V_{F2} 也会随流过次级绕组的电流 I_{O2} 的变化而改变，因此 V_{O2} 并非维持稳定的输出（－12V）。

复式绕组的两个绕组并不是 100％ 耦合的，在图 2.47 中看得出有漏电感，会产生电压降。因而，－12V 输出的 V_{O2} 会随输出电流 I_{O2} 的变化而改变。换句话说，V_{O2} 没有稳定功能，因此输出电流 I_{O2} 不能太大。

特别地，若复式线圈采用 EI 型或 EE 型铁氧体磁芯（图 2.48），为了确保直流叠加特性，必须在磁芯的对顶部分留出气隙，但这样的结果又会增大漏电感，使

V_{O2} 的变化增大。

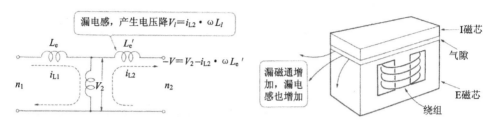

$\text{漏电感,产生电压降} V_l = i_{L2} \cdot \omega L_l$

$-V = V_2 - i_{L2} \cdot \omega L_e'$

L_e　　L_e'

n_1　　i_{L1}　　V_2　　i_{L2}　　n_2

图 2.47　漏电感引起的电压降

I 磁芯

气隙

漏磁通增加,漏电感也增加

E 磁芯

绕组

图 2.48　EI 磁芯的漏电感

实际上,复式线圈通常采用耦合度好、漏电感小的环型磁芯。

＋12V 输出来自 μA78S40 内部独立 OP 放大器所构成的串联稳压器,因而它非常稳定。

4. 电路常数的确定

下面计算实际电路常数。开关频率由连接在 μA78S40 引脚 12 上的电容器决定,可将它设定为任意值。图 2.49 给出其曲线。在本例中取工作频率 $f = 25\text{kHz}$、周期 $T = 40\mu s$、电容器的容量 $C_T = 1000\text{pF}$。

下面求主晶体管 Tr_1 的开关电流 I_{C1}。把前面 V_{O2} 的 -12V 电路部分按照功率比换算到 V_{O1} 的 $+5\text{V}$ 部分,则有

$$I_{C1} = I_{O1} + \frac{V_{O2}}{V_{O1}} \cdot I_{O2} = 3 + \frac{12}{5} \times 0.1 = 3.24(\text{A})$$

设流过线圈 L_1 的脉动电流为 I_{C1} 的 15%,则其 P-P 值 $\Delta I_{C(P\text{-}P)}$ 为:

$$\Delta I_{C(P\text{-}P)} = 2 \times 0.15 \times I_{C1} \approx 0.97(\text{A})$$

当输入电压 $V_{IN} = 28\text{V}$ 时,纹波电流达到最大值,下面首先计算此时开关晶体管所对应的占空比 D。

设晶体管 Tr_1 的饱和电压 $V_{CE(sat)} = 0.5\text{V}$,由

$$V_{O1} = (V_{IN} - V_{CE(sat)1}) \cdot D \text{ 得}$$

$$D = \frac{t_{on}}{t_{on} + t_{off}} = \frac{V_{O1}}{V_{IN} - V_{CE(sat)1}}$$

$$= \frac{5}{28 - 0.5} = 0.18$$

由于 $f = 1/(t_{on} + t_{off}) = 25\text{kHz}$,由占空比求得 $t_{on} = 7.3\mu s$,接着求线圈 L_1 必要的电感为:

$$L_1 = \frac{V_{L1}}{\Delta I_{C(P-P)}} \cdot t_{on}$$

$$= \frac{28 - (0.5 + 5)}{0.97} \cdot 7.3 \times 10^{-6} = 169(\mu\text{H})$$

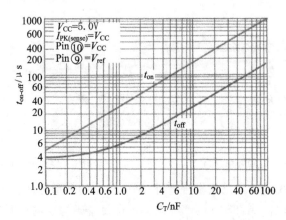

图 2.49　C_T 与振荡频率的关系曲线

由于没有符合要求的标准制品,因此多匝数线圈要靠单独设计。磁芯可以选第 2 篇表 1.5 中东芝(株)的非晶体金属磁芯 CY26×16×10。该磁芯为环型,无论损耗还是磁饱和特性都很优异。

与 CY26×16×10 匝数相对应的表示电感的 $Al\ Value$ 为 $0.131\mu H/N^2$,因此所需的 n_1 的匝数为:

$$n_1 = \sqrt{\frac{L_1}{Al\ Value}} = \sqrt{\frac{169 \times 10^{-6}}{0.131 \times 10^{-6}}} = 36(\text{T})$$

按比例计算 n_2 的匝数为:

$$n_2 = \frac{V_{O2} + V_{F2}}{V_{O1} + V_{F1}} \cdot n_1 = \frac{12+1}{5+0.5} \times 36 = 80(\text{T})$$

环型线圈具有良好的散热条件。但是由于输出电流在整个周期内都流过导线,因此导线电阻部分引起的损耗(铜损)相当大,这一点要特别注意。

本例中,n_1 采用线径为 φ1mm 的铜线,n_2 采用线径为 φ0.26mm 的铜线。线径应该根据外形和匝数有所不同。把流过线圈的电流换算成直流,求得导线的容许值大致为 $4A/mm^2$。

表 2.6 为导线截面积与容许电流的对应表,表中 mm^2 是指导线的截面积。

表 2.6　导线截面积与容许电流

线径 ϕ/mm	0.2	0.26	0.3	0.32	0.4	0.45	0.5	0.6	0.7	0.8	1.0	1.2
截面积/mm^2	0.03	0.05	0.07	0.08	0.13	0.16	0.2	0.28	0.38	0.5	0.78	1.13
容许电流/A	0.12	0.2	0.28	0.32	0.52	0.64	0.8	1.1	1.5	2.0	3.1	4.5

注:容许电流按 $4A/mm^2$ 计算。

μA78S40 的内部基准电压 V_{REF} 为 1.25V,其输出电压 V_{O1}、V_{O2} 表示为:

$$V_{O1} = V_{REF} \cdot \left(1 + \frac{R_2}{R_1} \right)$$

$$V_{O3} = V_{REF} \cdot \left(1 + \frac{R_4}{R_3} \right)$$

那么设定输出电压的电阻有 $R_2/R_1 = 3$、$R_4/R_3 = 8.6$，本例中取 $R_1 = 1\text{k}\Omega$、$R_2 = 3\text{k}\Omega$、$R_3 = 1.5\text{k}\Omega$、$R_4 = 13\text{k}\Omega$。

μA78S40 的引脚 14 是过电流保护检测端子，当它与 V_{IN} 的电压差达到 0.3V 时，过电流保护工作。也就是说，输出电流超过额定输出电流的 20% 时，保护电路开始动作。本例输出电流为 3.24A，将其峰值 I_{OP} 视为纹波电流，则有：

$$I_{OP} = I_O \cdot \left(1 + \frac{\Delta I_C}{2} \right) = 3.24 \times \left(1 + \frac{0.3}{2} \right) = 3.7 (\text{A})$$

从而，求得电流检测电阻 R_{SC} 的值为：

$$R_{SC} = \frac{0.3}{1.2 \times I_{OP}} = \frac{0.3}{1.2 \times 3.7} = 0.068 (\Omega)$$

在 Tr_1 基极连接电阻 R_5 的目的是提高 Tr_1 的开关速度，而 R_6 则可限制基极电流。

5. 整流电路的设计

下面我们来设计整流电路。-12V 的整流二极管可采用 IC 内部空闲的二极管，但要注意它是否能满足耐压要求。在 Tr_1 ON 期间，D_2 的阳极-阴极间加有反向电压 V_{AK}，该反向电压 V_{AK} 由线圈的匝数比和输入电压决定，即

$$V_{AK} = \frac{n_2}{n_1} \cdot \left[V_{IN} - (V_{CE(sat)} + V_{O1}) + V_{O2} \right]$$

$$= \frac{13}{5.5} \cdot \left[28 - (0.5 + 5) \right] + 12 = 65 (\text{V})$$

流过 -12V 整流二极管 D_2 的电流很小，可采用三垦电气公司的产品——引线型 EU2。它是一只高速二极管，$V_{RM} = 400\text{V}$、$I_F = 1\text{A}$。

然后，必须计算二极管的功率损耗。

流过二极管 D_1 的最大电流值与前面计算的输出电流 I_{O1} 的峰值 $I_{OP} = 3.7\text{A}$ 相等。

如图 2.50 所示，由于电流流过二极管 D_1 期间也就是晶体管处于 OFF 的期间，因此，由占空比 D 求得 D_1 的损耗为：

$$P_{D1} = I_{OP} \times V_{F1} \times (1 - D) = 3.7 \times 0.55 \times (1 - 0.18) = 1.67 (\text{W})$$

对于引线型二极管来说，稍有温度升高都会引起严重的问题。因而，如图 2.51 所示，在 TO220 型的 S5S4M 上需要安装散热器。

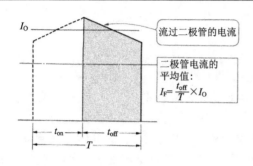

图 2.50 二极管的平均电流

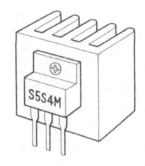

图 2.51 TO220型二极管及散热器

6. 开关晶体管的损失

下面计算主开关晶体管的损失 P_{C1}。

首先,计算输入电压 $V_{IN} = 24V$ 时的损失。导通时的开关损失 P_1 为:

$$P_1 = \frac{1}{6} \times 24 \times \left(3.24 - \frac{0.97}{2}\right) \times 0.2 \times 10^{-6} \times 25 \times 10^3 = 0.055(W)$$

其次,t_{on} 期间的损失 P_2 为:

$$P_2 = 0.5 \times 3.24 \times 0.18 = 0.29(W)$$

接下来,关断时的开关损失 P_3 为:

$$P_3 = \frac{1}{2.5} \times 24 \times \left(3.24 + \frac{0.97}{2}\right) \times 0.5 \times 10^{-6} \times 25 \times 10^3 = 0.55(W)$$

那么总损失为:

$$P_{C1} = P_1 + P_2 + P_3 \approx 0.9(W)$$

本例中采用大电流开关晶体管 2SA1329($V_{CEO} = -80V$、$I_C = -12A$、$P_C = 40W$、$t_{stg} = 1\mu s$、TO220AB 封装)。另外,为了安全,最好准备约为 30℃/W 的散热板。

由于 +12V 电路是串联稳压器,其控制晶体管的损失 P_{C2} 很大,即

$$P_{C2} = (V_{IN(max)} - V_{O3}) \times I_{O3} = (28 - 12) \times 0.2 = 3.2(W)$$

本例中采用普通功率放大晶体管 2SD880($V_{CEO} = 60V$、$I_C = 3A$、$P_C = 30W$、TO220AB 封装),并安装了 15℃/W(OSH3030SP)的散热板。

基于复合IC的降压型斩波器的设计			
(1) 输入电压	15V	(2) 输入电压	36V
输出电压	+5V,2A	输出电压	+24V,6A

1. 什么是复合IC

在处理相当程度的大功率电源时,即使是高效开关稳压器,光凭一片整体

IC 往往不能胜任。困难主要在于 IC 内部的功率损耗所引起的元器件的温升问题。

　　在这点上,复合 IC 结构具有任意选择搭配晶体管等分立元器件的优点,而且外围器件散热效果的设计也可以相当灵活。

2. STR2000 系列的特点

　　三垦电气公司的 STR2000 系列就是一款复合 IC 构造的斩波型开关稳压器。

　　表 2.7 给出了该 IC 的参数指标,图 2.52 为其内部结构。STR2000 系列只需两只电容器和 1 个线圈就可构成斩波型开关稳压器,因此它常用于 3 端稳压器之类的简单高效电源。

表 2.7[17]　　斩波型功率复合 IC[三垦电气(株)]

型　　号	最大额定值(T_a=25℃)				电气特性(T_a=25℃)					
	输入电压 V_{IN} (V)	输出电流 I_{OUT} (A)	容许损耗 P_D (W)	工作温度 T_{op} (℃)	输出电压 V_{OUT} (V)	输入电压 V_{IN} (V)	温度系数 (mV /℃)	输入电压变化 (mV)	输出电流变化 (mV)	纹波衰减率 (dB)
STR2005					5.1±0.1	11～40		50		
STR2012	45	20	75	−20～+100	12±0.2	18～45	—	60	100	45
STR2013					13±0.2	19～45				
STR2015					15±0.2	21～45				
STR2024	50				24±0.3	30～50		80		

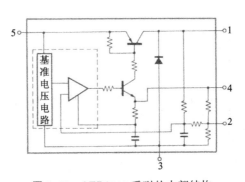

图 2.52　STR2000 系列的内部结构

　　如图 2.53 所示,其外形为 5 端子结构,封装背面的金属部分与引脚 1 的开关输出相连,安装散热器时必须明白这一点,照片 2.13 给出其外观。

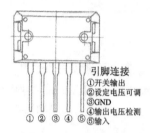

引脚连接
① 开关输出
② 设定电压可调
③ GND
④ 输出电压检测
⑤ 输入
① ② ③ ④ ⑤

图 2.53[17]　STR2000 系列的外形
　　　　　　及引脚配置

照片 2.13　STR2005 的外观

3.5V、2A 电源 STR2005

　　STR2000 系列具有多种输出电压值,主要有 5/12/13/15/24V 等。下面设计一个 5V、2A 的电源,其电路结构如图 2.54 所示。

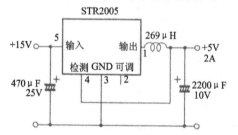

图 2.54　基于 STR2000 的 5V、2A 开关稳压器

　　由图 2.54 可知,外部连接的元器件共有 3 个,设计工作非常简单。虽然在元器件数据表中已经给出了线圈的电感值,但其值随输入电压和输出电流条件而变化,因此应根据实际情况来计算。

　　该 IC 靠自激振荡工作,频率随输出大小的变化而改变。由数据表中查得,当 $V_{IN}=20V$、$I_O=1A$、$V_O=5V$ 时,$f=25kHz$。下面推算 $V_{IN}=15V$、$I_O=2A$、$f=20kHz$ 时线圈的电感值。

　　设内部晶体管的电压降 $V_{CE(sat)}=0.5V$,则占空比 D 为:

$$D=\frac{V_O}{V_{IN}-V_{CE(sat)}}=\frac{5}{15-0.5}=0.345$$

ON 时间 t_{on} 为:

$$t_{on}=\frac{1}{f} \cdot D=\frac{1}{20\times10^3}\times0.345=17(\mu s)$$

　　设线圈的脉动电流 ΔI_O 的 P-P 值为输出电流 I_O 的 30%,即

$$\Delta I_{O(P-P)}=0.3\times I_O=0.6(A)$$

求得所必须的电感值 L 为:

$$L=\frac{V_{IN}-(V_O+V_{CE(sat)})}{\Delta I_O} \cdot t_{on}$$

$$= \frac{15-(0.5+5)}{0.6} \times 17 \times 10^{-6} = 269(\mu H)$$

该值比数据表中查得的值稍大了一些,这也意味着输出的纹波电压将得到相应的抑制,输出特性得到进一步的改善。

因此,我们实际上选择了第 2 篇表 1.3 中 HP 系列中的 HP034 线圈。

纹波电流与线圈 L 的电感成反比,因此欲减小纹波电压,必须加大线圈的电感值。但随着电感值增大,线圈外形也增大。通常 P-P 值约取输出电流 I_O 的 30% 即可得到非常合适的电感值。

在连接输入输出端电容器时,应尽量将它们靠近输入端子或线圈,这样即可以避免出现异常振荡现象,又可以抑制由开关电流和导线电感产生的噪声。

4. STR2005 的损耗计算

该电路为 5V、2A,即电流和功率均较大,因此必须计算它的内部功率损耗。

由表 2.8 可知,STR2000 的损失 P_D 计算如下:

$$P_D = \left(\frac{100}{\eta'} - 1\right) P_O$$

其中

$$\eta' = \eta + \alpha(V_{IN} - V_{IN}')$$

表 2.8　STR2000 系列的损耗计算公式

型　号	V_{IN}/V	α
STR2005	20	0.7
STR2012	24	0.7
STR2013	24	0.7
STR2015	27	0.7
STR2024	35	0.7

$P_D = \left(\frac{100}{\eta'} - 1\right) P_O$

式中,

$\eta' = \eta + \alpha(V_{IN} - V_{IN'})$

η':效率$\left(100 \times \frac{P_O}{P_{IN}}\right)$

P_O:输出$(V_O \times I_O)$

η:在电气特性中表示效率

V_{IN}':实际使用时的最大直流输入电压

V_{IN}, α:参照左表

P_O 为输出功率 $V_O \cdot I_O$。η 为表 2.8 中的功率转换效率,V_{IN}' 为实际的电压,由此计算其值得:

$$\eta' = 72 + 0.7(20 - 15) = 75.5\%$$

由上式可知,若输入电压升高,则转换效率下降,也就意味着元器件损耗增加。有

$$P_D = \left(\frac{100}{75.5} - 1\right) \times 5 \times 2 = 3.2(W)$$

当功率损耗为 $P_D = 3.2W$ 时,由图 2.55 所示的 $P_D\text{-}T_a$ 特性曲线可查出环境温度 T_a 在 25℃ 以下可以不用散热器。但这显然不太现实,实际上散热器仍是必要

的,我们选用图 2.56 所示的长 $l=38\text{mm}$ 的 14CU04 散热器。

STR2000 系列内部没有过流保护电路,也无法在外部添加,因此千万注意不要使输出端短路。

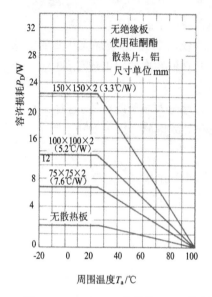

图 **2.55** STR2000 系列的 $P_D\text{-}T_a$ 特性

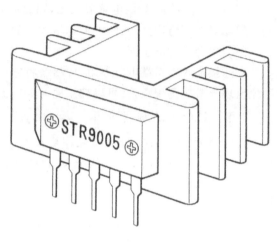

图 **2.56** STR2000 系列的散热方法

5. 24V、6A 电源 SI82406Z

SI82406Z 系列也是三垦电气的复合 IC。该系列的 IC 输出电流有 6A 和 12A 两种,都可输出大功率。表 2.9 给出了其电气特性。图 2.57 给出 IC 的内部结构。

表 **2.9**[17] 斩波型功率复合 IC[三垦电气(株)]

品　名	最大额定值(T_a=25℃)				电气特性(T_a=25℃)					
	输入电压 V_{IN} /V	输出电流 I_{OUT} /A	容许损耗 P_D /W	工作温度 T_{op} /℃	输出电压 V_{OUT} /V	输入电压 V_{IN} /V	温度系数 /℃	输入电压变化 /mV	输出电流变化 /mV	纹波衰减率 /dB
SI8053B					5.05±0.1	15～55	±1.0	30		43
ST8093B					9.05±0.2	18～55		80		
SI8123B	55	3.0	28	−20～+80	12.05±0.2	20～55	±2.0	90	15	35
SI8153B					15.05±0.2	22～55		100		
SI8243B					24.05±0.2	30～55	±3.0	100		

续表 2.9

品　名	最大额定值($T_a=25℃$)				电气特性($T_a=25℃$)					
	输入电压 V_{IN} /V	输出电流 I_{OUT} /A	容许损耗 P_D /W	工作温度 T_{op} /℃	输出电压 V_{OUT} /V	输入电压 V_{IN} /V	温度系数 /mV/℃	输入电压变化 /mV	输出电流变化 /mV	纹波衰减率 /dB
SI80506Z	33				5.05±0.1	12～33	±0.5	60	10	50
SI81206Z	45	6.0	40	−20～+90	12±0.2	19～45	±1	150	15	
SI81506Z	45				15±0.2	22～45	±1	150	15	45
SI82406Z	60				24±0.2	32～60	±2.5	200	25	
ST80512Z	33				5.05±0.1	12～33	±0.5	60	20	50
ST81212Z	45	12.0	90	−20～+90	12±0.2	19～45	±1	150	30	
ST81512Z	45				15±0.2	22～45	±1	150	30	45
ST82412Z	60				24±0.2	32～60	±2.5	200	50	
SI8011	35	0.3	—	−10～+65	5.0±0.1	10～25	±1.5	60	60	—

该 IC 为金属封装,与内部电路完全绝缘,因此安装散热器不需绝缘。图 2.58 给出其外形图,图片 2.14 给出其外观。

下面采用 SI82406Z 设计输出为 24V、6A 的斩波型电源。

电路构成如图 2.59 所示。振荡频率固定,它的标准值约为 22kHz。该 IC 在开关晶体管 ON 期间,占空比 D 可拓展到 1/2 以上,输入电压从 32V 起即可实现稳压工作。

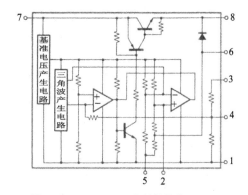

图 2.57 SI80000Z 系列的结构

在本例中,输入电压 $V_{IN}=32～40V$,设 36V 为额定值,据此条件计算外接线圈的电感 L。

$V_{IN}=36V$ 时,晶体管 ON 时间 t_{on} 与占空比 D 满足以下关系:

$$t_{on}=\frac{1}{f}\cdot D=\frac{1}{f}\cdot\frac{V_O}{V_{IN}-V_{CE(sat)}}$$

$$=\frac{1}{22\times10^3}\cdot\frac{24}{36-1}=31(\mu s)$$

由此求得线圈电感 L。设流过线圈的脉动电流 ΔI_O 为输出电流 I_O 的 40%,则有:

$$L = \frac{V_{\text{IN}} - (V_{\text{CE(sat)}} + V_{\text{O}})}{\Delta I_{\text{O}}} \cdot t_{\text{on}}$$

$$= \frac{36 - (1 + 24)}{0.4 \times 6} \times 31 \times 10^{-6} = 142(\mu\text{H})$$

因此 L 可采用第 2 篇表 1.4 中的线圈 CY26×16×10C。

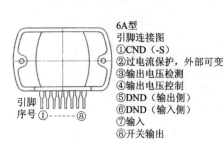

6A型
引脚连接图
①CND（-S）
②过电流保护，外部可变
③输出电压检测
④输出电压控制
⑤DND（输出侧）
⑥DND（输入侧）
⑦输入
⑧开关输出

引脚
序号①------⑧

图 2.58[17] 6A 型引脚排列

照片 2.14 SI82406Z 的外观

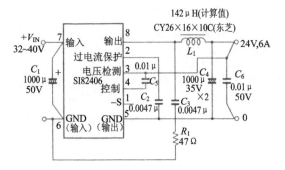

图 2.59 基于 SI82406Z 的 24V、6A 开关稳压器

6. 散热设计

下面讨论电路元器件的散热问题。由于该电路的最大开关电流为 6A，那么晶体管的饱和电压 $V_{\text{CE(sat)}} = 1\text{V}$。

SI82406Z 的内部损耗 P_{D} 与 STR2000 系列的求法相同，即

$$\eta' = \eta + \alpha(V_{\text{IN}} - V_{\text{IN}'})$$

$$= 90 + 0.25(45 - 40) = 91.25\%$$

$$P_{\text{D}} = \left(\frac{100}{\eta'} - 1\right)P_{\text{O}}$$

$$= \left(\frac{100}{91.25} - 1\right) \times 24 \times 6 = 13.8(\text{W})$$

输出电压 V_{O} 越高，转换效率越高。

该 IC 的安全工作温度最大可达到 $T_a = 50℃$，由图 2.60 可知，需安装热电阻为 $2.8℃/W$ 的散热器。若采用铝板，则需 $100mm × 1100mm × 2mm$，显然这很不现实，在市售热电阻为 $2.8℃/W$ 的散热器中，菱产公司生产的长 $l = 140mm$ 的 25BS051 散热器能满足本例的要求。

7. 保护电路及应用要点

SI80000 系列内部也配置了过流保护电路，但由于过电流的检测点为负线，因此不适用于共用同一输入电源的多路输出电源。

由于 IC 的引脚 5 和引脚 6 之间的电压降为检测电压，如果按图 2.61 所示将这两个引脚与电源相连，那么负线电流从哪个引脚流入 IC 内部就无从知晓了。

在这种情况下，往往不是发生电流值尚未到达额定值，过流保护就生效的情况，就是发生电流超出额定值，过流保护也不生效的情况。

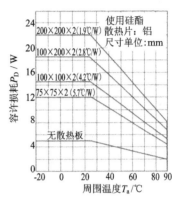

图 2.60[17]　SI80000Z 的容许损失

因此，如果输出接地端共地连接，输入电源必须单独设置。

以图 2.62 所示的电路为例，电源变压器的次级绕组设计成两个独立的电路，并分别与各自的整流电路相连。

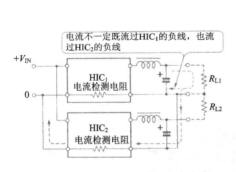

图 2.61　同一输入电源、复数连接的问题

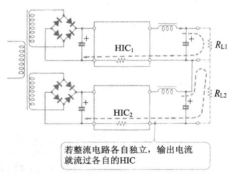

图 2.62　多路输出的方法

图 2.59 中，在 IC 引脚 2 与引脚 5 之间连接电容器 C_2 的目的是防止噪声引起过流保护误动作，通常采用容量为 $1000pF \sim 0.047\mu F$ 的薄膜电容器。

R_1、C_3 的作用是抑制来自内部开关晶体管的噪声，$R_1 = 47 \sim 220\Omega$、$C_3 = 1000 \sim 4700pF$。

C_5、C_6 的作用是防止异常振荡，为 $0.01\mu F$ 的薄膜电容器。

由该 IC 构成的电源可处理大电流、大功率，因此应尽量缩短输入输出导线的长度。

第3章 RCC方式稳压器的设计方法
——小型、经济、高效的稳压方式

※ 回扫变换器基础
※ 简易RCC稳压器
※ 常用RCC稳压器

以 AC100V 为输入的电源实现开关稳压的方式有很多种,其中,如果是输出功率在 50W 以下的小型稳压器,那么应用最多的是 RCC 稳压方式。

RCC 是 Ringing Choke Convertor 的缩写,是从它的基本动作原理而取名的,取其意义,也叫做自激回扫变换器。

基于 RCC 方式的开关稳压器不需外部时钟,通过变压器和开关晶体管就可实现振荡功能,因此制作的电源结构简单、价格便宜。目前市售的小型开关稳压器模块,大部分采用 RCC 方式。照片 3.1 举出一个实例,它的构成十分简单,特点如下:

(1)电路构成简单,造价低廉;

(2)自激振荡动作,控制电路无需辅助电源;

(3)外部条件(输入电压或输出电流)的改变会引起工作频率较大的变化;

(4)功率转换效率较低,不适合大功率;

(5)噪声集中在低频带。

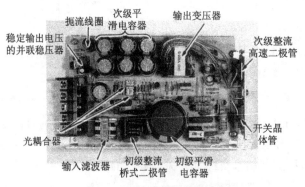

照片 3.1 RCC方式的特点是电路构成简单

3.1　回扫变换器的基础知识

RCC 方式的本质即为回扫变换器,下面说明它的工作原理。

3.1.1　变压器先存储能量

图 3.1 所示为回扫变换器的基本构成。只要有正向偏压加在开关晶体管 Tr_1 的基极上,Tr_1 就 ON,于是集电极-发射极间的电压达到饱和电压 $V_{CE(sat)}$,输入电压加在变压器的初级绕组上。与此同时,在变压器的次级绕组中感应出反极性的电压,次级的二极管 D_1 中没有电流流过,次级绕组处于开路状态。

在上述状态下,变压器内部并没有能量传递,电源提供给初级绕组的能量全部存储在变压器中。

设变压器初级绕组的电感为 L_P、晶体管 ON 时间为 t_{on},初级电流为单调递增的一次函数,在 $t=t_{on}$ 时刻达到最大值。因此,初级电流的最大值 i_{1P} 为:

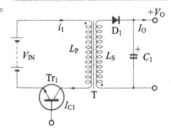

变压器反极性连接, 若 Tr_1 导通,D_1 关断, 变压器存储能量。若 Tr_1 关断, 反向电动势使 D_1 导通, 变压器的能量释放到输出端

$$i_{1P} = \frac{V_{IN}}{L_P} \cdot t_{on}$$

变压器中存储的能量为:

$$p = \frac{1}{2} L_P \cdot i_{1P}^2 = \frac{V_{IN}^2 \cdot t_{on}^2}{2L_P} (J)$$

这相当于一个脉冲中所存储的能量,设频率为 f, 那么在单位时间内存储的能量为:

图 3.1　回扫变换器的基本构成

$$P = \frac{1}{2} \cdot L_P \cdot i_{1P}^2 \cdot f = \frac{V_{IN}^2 \cdot t_{on}^2}{2L_P} \cdot f (W)$$

3.1.2　回扫存储能量

从 Tr_1 OFF 的瞬间开始,电源便停止向初级绕组提供电能,同时变压器绕组产生反向电动势。因此,次级电路的二极管 D_1 导通,变压器内存储的能量向输出一侧释放出来。

此时流过线圈的电流是连续的。若将变压器看成一个理想的变压器,那么此时次级电流与初级绕组和次级绕组的匝数比成反比,其波形如图 3.2 所示,随着变压器能量的释放,其值不断减小。

设变压器的初级绕组匝数为 N_P、次级绕组匝数为 N_S,则次级电流的最大值为:

$$i_{2P} = \frac{N_P}{N_S} \cdot i_{1P}$$

设变压器次级端子的电压为 V_2、次级绕组的电感为 L_S,次级电流 i_2 从 i_{2P} 开

始,按 V_2/L_S 的比例减小,那么其值可表示为

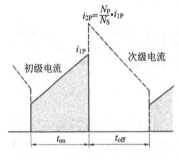

图 3.2 初级、次级的电流波形

$$i_2 = i_{2P} - \frac{V_2}{L_S} \cdot t$$

$$= \frac{N_P}{N_S} \cdot i_{1P} - \frac{V_2}{L_S} \cdot t$$

由此可知,初级电路、次级电路的电流值与匝数的乘积是相等的,即

$$i_{1P} \cdot N_P = i_{2P} \cdot N_S$$

这叫做安培法则。

3.1.3 决定输出的大小

设直流输出电流为 I_O,它是次级绕组电流 i_2 的平均值,有

$$I_O = \frac{1}{t_{on} + t_{off}} \int_0^{t_{off}} i_2 \cdot dt$$

$$= \frac{1}{T} \int_0^{t_{off}} \left(i_{2P} - \frac{V_2}{L_S} \cdot t \right) dt$$

$$= \frac{1}{T} \left(i_{2P} \cdot t_{off} - \frac{V_2 \cdot t_{off}^2}{2L_S} \right)$$

$$= \frac{i_{2P} \cdot t_{off}}{2T}$$

式中:t_{off} 为晶体管的 OFF 时间。

这里次级为电容输入型整流,因此变压器的次级端子电压(图 3.3)可表示为

$$V_2 = V_O + V_F$$

式中:V_F 为二极管 D_1 的正向电压降。

显然,在 Tr_1 处于 ON 的期间,变压器存储的能量与次级消耗的能量相等。于是有以下关系成立:

$$\frac{1}{2}L_P \cdot i_{1P}^2 \cdot f = \frac{V_{IN}^2 \cdot t_{on}^2}{2L_P} \cdot f$$

$$= I_O \cdot (V_O + V_F)$$

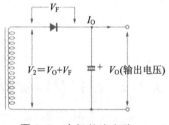

图 3.3 次级整流电路

由上式可知,如果输入电压或输出电流发生变化,改变 ON 时间 t_{on} 或频率 f 的时间参数,即可使输出电压 V_O 保持稳定。

$I_O \times V_F$ 不能转换成输出功率,它相当于二极管内部的功率损耗。

3.1.4 存储能量的释放模式

下面讨论晶体管 ON 的时间长短,或者频率等时间参数发生变化,动作模式应如何变化,也就是讨论变压器存储的能量在次级释放应该取多大的时间参数。

由于讨论的是直流稳压电源,在输出电压 V_O 一定的条件下,把次级电流 i_2 分

为 3 种模式来讨论,如图 3.4 所示。设电流流过次级的时间即开关晶体管 OFF 时间为 t_{off},则有:

(1) 在 t_{off} 期间内,变压器的存储能量全部释放,并有一段时间 i_2 为零;

(2) 在 $t=t_{off}$ 时 i_2 恰好为零;

(3) 在 t_{off} 期间,变压器的存储能量未释放完毕,$i_2=0$ 不存在。

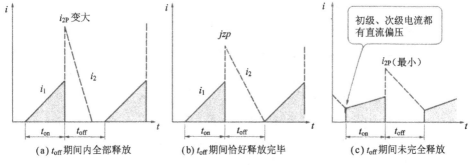

(a) t_{off} 期间内全部释放   (b) t_{off} 期间恰好释放完毕   (c) t_{off} 期间未完全释放

图 3.4 回扫方式的各种动作模式

3.1.5 t_{off} 期间内能量全部释放

在图 3.4(a) 动作状态下,由于流过次级电流的时间很短,次级电流最大值必须足够大才能产生相应的输出电流 I_O。由图可知,i_2 减小的斜率必须非常大,这表明变压器次级绕组的电感 L_S 应该很小。

i_2 全部流过整流电容器。电容器的纹波电流为 i_2 的有效值,因此在三个动作模式中,图 3.4(a) 的纹波电流最大。换言之,若平均电流相同,那么流通时间越短,电流峰值越大,因此有效值也很大。

纹波电流会引起电解电容器发热,缩短元器件的使用寿命,因此该模式的工作状态不太好。何况直流稳压电源的纹波电流大,对应输出纹波也大,这对直流稳压电源来说不是一个好的特性。

3.1.6 t_{off} 期间能量恰好释放完毕

下面讨论图 3.4(b) 所示的工作模式。图 3.4(b) 的动作恰好为图 3.4(a)、图 3.4(c) 的临界点。实际上,RCC 方式通常在这种模式状态下工作。

该种模式下,当次级电流为零的瞬间,晶体管 Tr_1 恰好导通。为使动作由此向下一周期转移,变压器的初级或次级绕组中必须有电流流过。

3.1.7 t_{off} 期间能量未完全释放

最后看一看图 3.4(c) 模式。其工作过程为晶体管导通期间变压器存储能量,晶体管 OFF 期间能量未完全释放给次级,有部分能量仍然残存下来,它对应的电流波形如图所示,波形是重叠在一起的。

在该状态下,初级、次级电流波形的峰值是所有模式中最小的,电路元器件的损耗及输出电压脉动都很小,是一种很好的工作状态。但实际上,自激型 RCC 方式无法工作在这种工作状态,这是振荡频率固定、PWM 控制的他励型所适合的工作模式。

3.1.8 变压器(磁芯)的 $B\text{-}H$ 曲线

对于利用变压器实现能量转换的开关稳压器来说,必须考虑输出变压器磁芯的 $B\text{-}H$ 曲线,这是因为磁芯的磁饱和现象是绝对不允许发生的。

在回扫变换器的输出变压器中连接了一个开关晶体管,因此图 3.5 的 $B\text{-}H$ 曲线的上下方只有一侧磁通变化。磁芯中偏至最大磁通密度 B_m 处的 $B\text{-}H$ 曲线称为主磁滞曲线,而中间的实际动作状态曲线称为小磁滞曲线。

图 3.6 中,给变压器绕组上加电压,励磁电流就流过绕组。此时磁通密度上升了 ΔB,达到 B_2。在回扫变换器中,设开关晶体管的 ON 时间为 t_{on}、外加电压为 V_{IN}、初级绕组的匝数为 N_P,则磁通密度的变化量 ΔB 为:

$$\Delta B = \frac{V_{IN} \cdot t_{on}}{N_P \cdot A_e} \times 10^8$$

式中:A_e 为磁芯的有效截面积,如图 3.7 所示。

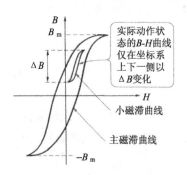

图 3.5 磁芯的 $B\text{-}H$ 曲线

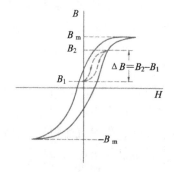

图 3.6 磁通的变换形式

然后,若晶体管 OFF,变压器释放出存储的能量,同时磁通密度返回到 B_1 点。小磁滞曲线的变化量即磁通密度的变化量为:

$$\Delta B = B_2 - B_1$$

若 $B_2 > B_m$ 则发生磁滞饱和。这时磁芯处于导磁率为零的状态,这种状态相当于空心的线圈,绕组的电感非常小,如图 3.8 所示。此时晶体管中将有过大的电流流过。

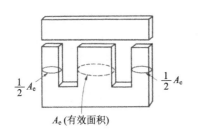

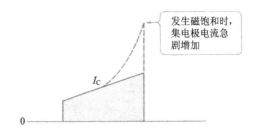

图 3.7 磁芯的有效截面积   图 3.8 磁饱和时的集电极电流

3.1.9 磁芯的磁滞特性及损耗

图 3.9 表明,变压器磁芯具有磁滞特性,即使磁场强度 H 为 0,磁通也不为零,且只返回到 B_r。B_r 称为残留磁通,实际上 ΔB 的最大容许值必须考虑满足以下关系:

$$\Delta B \leqslant B_m - B_r$$

变压器的磁芯同时还产生磁滞损耗。它与小磁滞曲线围成的面积 S(图 3.10),以及开关的频率成正比,因此减小变压器损失的最好方法是减小 ΔB,这就要求相应于 ΔB 增加绕组的匝数,对于 RCC 方式来说,最好达到以下目标:

$$\Delta B = 0.65 \cdot B_m$$

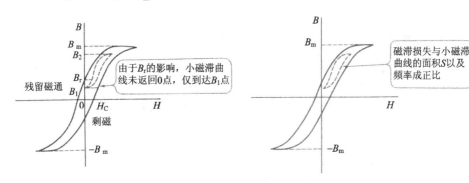

图 3.9 残留磁通   图 3.10 变压器的磁滞损失

3.1.10 输出中的纹波电压

在回扫变压器中,输出一侧的平滑电容器是决定输出纹波电压大小的重要元件。选择电容器时要从内部阻抗和静电容量两方面加以考虑。

如图 3.11 所示,可以认为次级电流 i_2 全部流过平滑电容器。那么电容器的内部阻抗 Z_C 将会引起 Δv_Z 大小的电压变化量。设次级电流的最大值为 i_{2P},则有

$$\Delta v_Z = i_{2P} \times Z_C$$

可见纹波电压随时间上升,如图 3.12 所示。

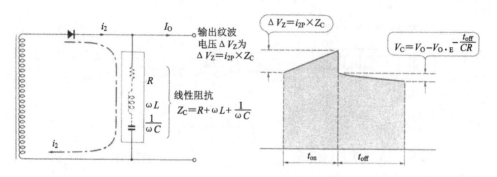

图 3.11 产生纹波电压的原因　　　　**图 3.12** 纹波电压的波形

其次如果 i_2 为 0，电容器将向负载释放能量，电压下降。设从电源输出一侧看负载电阻为 R_L，即 $R_L = (V_O/I_O)$，那么 OFF 期间 t_{off} 的电压变动 Δv_C 为：

$$\Delta v_C = V_O - V_O \cdot \varepsilon^{-\frac{t_{off}}{CR_L}}$$

于是，一个周期内的输出脉动电压 ΔV_O 为：

$$\Delta V_O = \Delta v_Z + \Delta v_C$$

$$= Z_C \cdot i_{2P} + V_O(1 - \varepsilon^{-\frac{t_{off}}{CR_L}})$$

无论 Δv_Z 还是 Δv_C 都随输出电流 I_O 的增加而增大，这表明输出电流最大时，纹波电压也相应最大。

3.1.11 开关晶体管和二极管的耐压

最后来看一看回扫变换器中晶体管和二极管所加的电压。无论什么场合，OFF 状态下的外加电压都是一个问题。

在晶体管 OFF 期间，次级整流二极管上加有反向电压 V_{AK}，如图 3.13 所示。V_{AK} 为：

$$V_{AK} = V_2 + V_O = \frac{N_S}{N_P} \cdot V_{IN} + V_O$$

输入电压或输出电压越高，或者变压器次级绕组的匝数越多，二极管的外加电压就越高，因此也必须采用耐压性能更高的二极管。

开关晶体管 OFF 期间，晶体管集电极-发射极间存在外加电压 V_{CE}，那么变压器次级端电压 V_2 为：

$$V_2 = V_O + V_F$$

因此，晶体管的外加电压 V_{CE} 为：

$$V_{CE} = V_{IN} + \frac{N_P}{N_S} \cdot V_2$$

$$= V_{IN} + \frac{N_P}{N_S} \cdot (V_O + V_F)$$

也就是说,变压器次级绕组匝数越少,晶体管的外加电压越高。

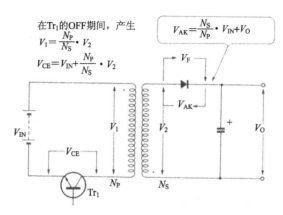

图 3.13　二极管及晶体管的电压

实际上,如图 3.14 所示,当晶体管 OFF 时,V_{CE} 上叠加有尖峰状的浪涌电压,因此,通常情况下,当输入电压为 AC100V 时,应该采用 $V_{CEO} \geqslant 400\text{V}$ 的晶体管。

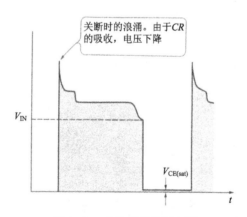

图 3.14　晶体管的浪涌电压

3.2　RCC 方式的基础

3.2.1　电路的起动

下面说明实际应用中 RCC 电路的工作过程。图 3.15 给出实际应用最多的 RCC 方式的基本电路图,本例中,功率只有 10W,输出电压的稳定精度不是很高,元器件的数量也很少,因此电路结构比较简单。下面首先说明电路的工作原理。

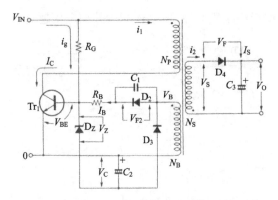

图 3.15　RCC 电路的基本构成

接通输入电源 V_{IN} 后,电流 i_g 通过电阻 R_G 流向开关晶体管 Tr_1 的基极,Tr_1 导通,i_g 称为起动电流。在 RCC 方式中,晶体管 Tr_1 的集电极电流 I_C 必然由零开始逐渐增加,如图 3.16 所示。因此 i_g 尽量小一点。

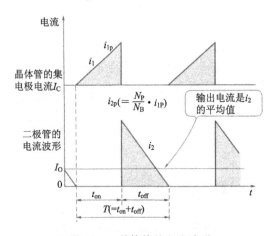

图 3.16　晶体管的电流波形

此时变压器的次级绕组 N_S 处于断路状态,从输入一侧看来,电流全部流进 N_P 线圈,电阻 R_G 称为起动电阻。

3.2.2　开关晶体管处于 ON 状态时

一旦 Tr_1 进入 ON 状态,输入电压 V_{IN} 将加在变压器的初级绕组 N_P 上。由匝数比可知,基极线圈 N_B 上产生的电压 V_B 为:

$$V_B = (N_B/N_P)V_{IN}$$

该电压与 Tr_1 导通极性相同,因此 V_B 将维持 Tr_1 的导通状态,此时基极电流 I_B 是连续的稳定电流。设晶体管 Tr_1 的基极-发射极间的电压为 V_{BE1},二极管 D_2 的正向电

压为 V_{F2}，则 I_B 可表示为：

$$I_B = \frac{(N_B/N_P)V_{IN} - (V_{F2} + V_{BE1})}{R_B}$$

但是，从图 3.17 可知，Tr_1 的集电极电流 I_C 为一次单增函数，经过某一时间 t_{on} 后达到 I_C，集电极电流与直流电流放大倍数 h_{FE} 之间将呈现如下关系：

$$h_{FE} \leqslant (I_C/I_B)$$

即在上述公式成立的条件下 Tr_1 才能维持 ON 状态。在基极电流不足的区域，集电极电压由饱和区域向不饱和区域的转移。于是，N_P 线圈的电压下降，导致 N_B 线圈的感应电压也随之降低，基极电流 I_B 进一步减小。

因此，Tr_1 的基极电流不足状态不断加深，Tr_1 迅速转移至 OFF 状态。

如果晶体管处于 OFF 状态，变压器各个绕组将产生反向电动势，次级 N_S 绕组使 D_4 导通，电流 i_2 流过负载，经过某一时间 t_{off} 后，变压器能量释放完毕，电流 i_2 变为 0。但是，此时在 N_S 绕组中还有极少量的残留能量，这部分能量再一次返回，使基极绕组 N_B 产生电压，Tr_1 再次 ON，晶体管继续重复前面的开关动作。

图 3.18 给出各个部分的动作波形。

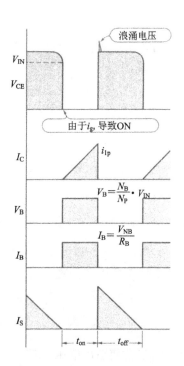

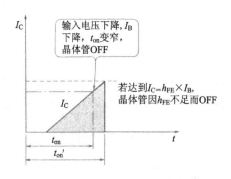

图 3.17　RCC 电路的开关动作　　　图 3.18　RCC 方式的动作波形

3.2.3　晶体管基极电阻 R_B 的选择方法

上面介绍的动作过程是输出电压进入稳定动作之前的初始状态。需要注意的是,在该电路中开关晶体管基极的驱动条件极为重要。

例如,输入电压 V_{IN} 上升,I_B 也增加,在集电极电流 I_C 达到一定程度后 Tr_1 才能导通,因此应该延长晶体管的 ON 时间 t_{on},否则的话,输入电压下降,无法产生集电极电流 I_C。

此外,在确定基极电阻时还要考虑晶体管的电流放大系数 h_{FE} 的离散性,应按照最低输入电压下仍能保证足够基极电流的条件来确定基极电阻 R_B。

此时,如何确定基极线圈 N_B 的匝数是一个问题。

若晶体管 Tr_1 OFF,如图 3.19 所示,在发射极→基极之间加有反向电压,但它不能超过晶体管的额定值 V_{EB},设次级输出电压为 V_O,则有

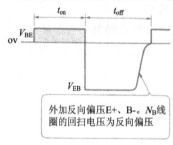

$$\frac{N_B}{N_S} < \frac{V_{EB(max)}}{V_O + V_F}$$

相对于由该条件求出的电阻 R_B,若考虑输入电压处于工作范围上限的情况,那么前面式子中的 I_B 与 V_{IN} 将不再成正比关系。即由于电路包含二极管的正向电压降 V_F 及晶体管的 V_{BE},基极电流的最大值 $I_{B(max)}$ 远大于 V_{IN} 的变化率,此时 R_B 的功率损耗不可小视。

图 3.19 开关晶体管的基射极间的电压波形

R_B 为电阻负载,流过它的电流呈现图 3.18 所示的方波,因此,R_B 损耗的有效值 P_{RB} 为:

$$P_{RB} = \frac{I_{B^2(max)} \cdot t_{on}}{T} \cdot R_B$$

式中:T 为开关周期;t_{on} 为晶体管的 ON 时间。

实际的设计中,损耗 P_{RB} 相当大,是不能忽略的,它也是整个转换效率低下的主要原因。

3.2.4 输出电压 V_O 的稳定问题

RCC 方式的稳压器是通过反向电动势使次级的二极管导通向负载提供功率的。因此,单位时间内变压器存储的能量与输出功率相等,设变压器初级电感为 L_P,有

$$\frac{1}{2} \cdot L_P \cdot \left(\frac{V_{IN}}{L_1} \cdot t_{on}\right)^2 \cdot f = V_O \cdot I_O$$

因此,欲使输出电压 V_O 稳定,频率 f 最好随晶体管的 ON 时间的变化而改变。

如图 3.20 所示,要使晶体管 OFF,对于集电极电流而言,只要基极电流不足即可,既然如此,那么只要阻止来自变压器 V_B 的驱动电流流过 Tr_1 的基极,让它从旁路流过即可。这就是连接稳压二极管 D_Z 的目的。

D_Z 的阳极与电容器 C_2 的(一)极相连。在 Tr_1 OFF 期间,N_B 线圈通过导通的

D_3 为 C_2 充电，C_2 的电压变为负电压，C_2 的电压 V_C 为：

$$V_C = V_Z + V_{BE}$$

于是齐纳二极管 D_Z 导通，驱动电流从它所形成的旁路流过，进而使 Tr_1 OFF。

经过一段时间后，由于输出电压上升，那么图 3.15 中 C_2 的端电压 V_C 也随输出电压 V_O 成正比上升。即在 Tr_1 的 OFF 期间内，变压器存储的能量向负载释放，即使存在负电源，$D_3 \rightarrow C_2$ 的充电电流和次级电流 I_S 也会同时流动。此间 N_B 线圈和 N_S 线圈的电压值分别与匝数比成正比，即

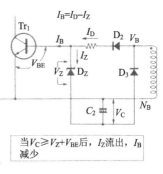

当 $V_C \geqslant V_Z + V_{BE}$ 后，I_Z 流出，I_B 减少

图 3.20　稳压动作

$$V_C = \frac{N_B}{N_S}(V_O + V_{F4}) - V_{F3}$$

式中：V_{F3}、V_{F4} 分别为 D_3、D_4 的正向电压降。反之也可改变 V_C 使 V_O 随之变化。

假设 V_C 的端电压上升，那么与（−）极相连的齐纳二极管 D_Z 导通，于是 Tr_1 的 I_B 流过旁路 D_Z，基极中没有电流。因而，此时 Tr_1 OFF。从电压之间的关系来分析，D_Z 的齐纳电压 V_Z 为：

$$V_C = V_Z + V_{BE}$$

因此由 V_Z 与 N_S/N_B 即可确定输出电压 V_O。

即输出电压为

$$V_O = \frac{N_S}{N_B} \cdot (V_Z + V_B) - V_{F4}$$

若忽略 V_{BE} 和 V_{F4}，则 V_O 与 V_Z 成正比，且输出电压的精度由电压 V_Z 的精度确定。

3.2.5　输出电压稳定性的影响因素

实际上，在 RCC 方式中，为了调整初级绕组的电感值，绕组必须有间隙。然而，间隙会产生漏磁通，从而降低绕组之间的耦合程度。这意味着绕组的漏电感也将增加，如图 3.21 所示，输出电流的变化将影响输出电压的稳定性。

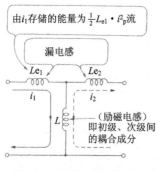

由 i_1 存储的能量为 $\frac{1}{2}L_{e1} \cdot i_p^2$ 流

漏电感

Le_1　　Le_2

i_1　　i_2

L　（励磁电感）即初级、次级间的耦合成分

图 3.21　变压器的漏电感

另外，齐纳二极管 D_Z 的电压精度也直接影响输出电压的精度。因此在本例中应该采用具有良好温度系数的 5～6V 的二极管。总之，如果不予以充分重视的话，变压器各个绕组电阻引起的电压降、齐纳二极管的动态电阻、D_3 的正向电压降 V_{F3} 的变化等这些因素都将导致输出电压的稳定性。

前面我们谈到过 Tr_1 的反向偏压 V_{EB}，实际上，它也是由 D_Z 的齐纳电压决定的，对输出电压的稳定性也有影响。

3.2.6 防止起动时集电极电流过大的措施

在正常工作状态下,由于稳压的效果,通常能够把晶体管的基极电流控制在某一固定值范围内。但是,在将输入一侧接入电源 V_{1N} 的瞬间,电路不能立即达到稳压工作状态,此时驱动电流将全部流入 Tr_1 的基极。

然后输入电压上升,基极绕组的电压 V_B 也随之上升,驱动电流增加。也就是说,开始电路起动时,在开关晶体管中将有很大的集电极电流流过,如果该电流超过额定值,则有可能损坏晶体管。

因此,必须采取适当的保护措施,防止在起动时晶体管内发生过大的集电极电流的现象。图3.22表示,最简单的方法是在 Tr_1 的发射极串联一个电阻 R_{SC}。

晶体管的集电极电流在电阻 R_{SC} 上产生电压降 V_S,于是,Tr_1 的基极电压也将有一定程度的上升,结果驱动电流 I_B 变为:

$$I_B = \frac{V_B - (V_F + V_{BE} + V_S)}{R_B}$$

驱动电流减少限制了基极电流,使集电极电流到达某一值后即进入平衡状态。

实际上晶体管的 h_{FE} 的离散性也会产生一定的影响,因此在选择集电极电流最大额定值的时候必须留有足够的余裕。另外,在大功率输出场合,该电阻的损耗也不能忽视。因此该方法只适用于数瓦输出功率的变换器。

实际应用时电路中还需要连接 NPN 型晶体管 Tr_2,如图3.23所示。若开关晶体管 Tr_1 的集电极电流使 R_{SC} 上的电压降 V_S 超过 Tr_2 的 V_{BE},则 Tr_2 ON,从而构成 Tr_1 的基极电流分支,并起到限制 Tr_1 的集电极电流过高的稳流作用。

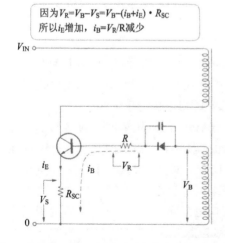

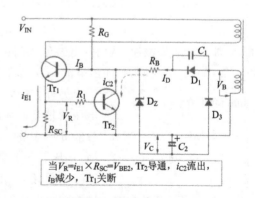

图3.22 防止起动时过大集电极电流的措施　　图3.23 起动时的保护措施

3.2.7　振荡占空比的计算

理解占空比的概念虽然有点难度,但是为了更好地掌握 RCC 方式的工作原理,下面来推导推振荡占空比 D 的计算公式。

在图 3.24(a)中,设流过初级绕组 N_P 的电流为 i_1,变压器的电感为 L_P,则有

$$i_1 = \frac{V_1}{L_P} \cdot t$$

当 $t = t_{on}$ 时,电流取得最大值 i_{1P}:

$$i_{1P} = \frac{V_1}{L_P} \cdot t_{on}$$

再由变压器的基本原理,求得次级电路的最大电流值 i_{2P} 为:

$$i_{2P} = \frac{N_P}{N_S} \cdot i_{1P} = \frac{N_P}{N_S} \cdot \frac{V_1}{L_P} \cdot t_{on}$$

次级电流从 i_{2P} 开始以 V_2/L_S 的比率减小,因而,求得其瞬时值为:

$$i_2 = i_{2P} - \frac{V_2}{L_S} \cdot t$$

$$= \frac{N_P}{N_S} \cdot \frac{V_1}{L_P} \cdot t_{on} - \frac{V_2}{L_S} \cdot t$$

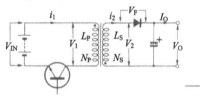

(a) 等价电路　　　　　　　　　　**(b) 自流波形**

V_{IN}:输入电压　　　　　　　　　　I_O:直流输出电流　　　　　i_1:初次开关电流
V_1:N_P绕组的端子电压　　　　　　L_P:初次绕组电感　　　　　i_{1P}:i_1的最大值
V_2:次级绕组N_S的端子电压　　　　L_S:次级绕组电感　　　　　i_2:次级电流
V_F:次级整流二极管的正向电压降　　N_P:初次绕组的匝数　　　　i_{2P}:i_2的最大值
V_O:直流输出电压　　　　　　　　　N_S:次级绕组的匝数

图 3.24　RCC 电路的电流波形

这里 RCC 方式的初始条件为 : $t = t_{off}$、$i_2 = 0$,则有

$$\frac{N_P}{N_S} \cdot \frac{V_1}{L_P} \cdot t_{on} - \frac{V_2}{L_S} \cdot t_{off} = 0$$

将 i_{1P} 式中的 t_{on} 代入上式,求得 t_{off} 为:

$$t_{off} = \frac{N_P}{N_S} \cdot \frac{V_1}{L_P} \cdot \frac{L_S}{V_2} \cdot \frac{L_P}{V_1} \cdot i_{1P}$$

$$= \frac{N_P}{N_S} \cdot \frac{L_S}{V_2} \cdot i_{1P}$$

于是,求得占空比 D 为:

$$
\begin{aligned}
D &= \frac{t_{on}}{t_{on}+t_{off}} \\
&= \frac{(L_P/V_1) \cdot i_{1P}}{(L_P/V_1) \cdot i_{1P}+(N_P/N_S) \cdot (L_S/V_2) \cdot i_{1P}} \\
&= \frac{V_2 \cdot \sqrt{L_P}}{(V_2 \cdot \sqrt{L_P}+V_1\sqrt{L_S}}
\end{aligned}
$$

将

$$
V_1 = V_{IN}-V_{CE(sat)}
$$
$$
V_2 = V_O+V_F
$$

代入下式,得到更为实用的公式,即

$$
D = \frac{(V_O+V_F) \cdot \sqrt{L_P}}{(V_O+V_F)\sqrt{L_P}+(V_{IN}-V_{CE(sat)})\sqrt{L_S}}
$$

3.2.8   振荡频率计算

下面求振荡频率。由变压器初级、次级功率相等的条件得到

$$
(1/2)L_P \cdot i_{1P^2} \cdot f = I_O \cdot V_2
$$

由上式,求得 i_{1P} 为:

$$
i_{1P} = \sqrt{\frac{2I_O \cdot V_2}{L_P \cdot f}}
$$

将上式变形,求得振荡频率 f 为:

$$
\begin{aligned}
f &= \frac{1}{t_{on}+t_{off}} \\
&= \frac{1}{(L_P/V_1) \cdot i_{1P}+(L_S/V_2) \cdot i_{2P}} \\
&= \frac{1}{(L_P/V_1)i_{1P}+(L_S/V_2)(N_P/N_S)i_{1P}}
\end{aligned}
$$

将 i_{1P} 代入上式整理,得

$$
\begin{aligned}
f &= \frac{V_1^2 \cdot V_2^2}{2I_O(L_PV_2^2+2V_2V_1\sqrt{L_P \cdot L_S}+L_SV_1^2)} \\
&= \frac{1}{2I_O}\left(\frac{V_1 \cdot V_2}{V_2 \cdot \sqrt{L_P}+V_1\sqrt{L_S}}\right)^2
\end{aligned}
$$

3.2.9   振荡工作状态小结

从上述占空比及振荡频率的公式,可以进一步了解 RCC 方式的基本工作原理:

(1) 占空比 D 与输入电压成反比,即随输入电压的增加,t_{on} 缩短,而 t_{off} 不变;

（2）负载电流对占空比无影响；

（3）占空比 D 随变压器初级线圈电感 L_P 的增大而增加，而随次级电感 L_S 的增加而减小；

（4）振荡频率 f 随输入电压的升高而上升，与负载电流 I_O 成反比；

（5）振荡频率 f 随 L_P、L_S 的增加而降低。

上面的计算结果与实际电路的测试结果几乎一致，大家不妨也试一试。

3.3　变压器的设计方法

开关稳压器中，变压器的设计是要点之一，它的所有动作和特性几乎都取决于变压器的设计。特别是对于 RCC 方式，甚至连振荡频率都是由变压器决定的。

3.3.1　初级绕组 N_P 的求法

首先，求初级绕组的匝数。在 RCC 方式中，因为磁通在磁芯 B-H 曲线的上下半区都有变化（图 3.5），因此匝数的计算公式如下：

$$N_P = \frac{V_{IN} \times 10^8}{2\Delta B \cdot A_e \cdot f}$$

$$= \frac{V_{IN} \cdot t_{on}}{\Delta B \cdot A_e} \times 10^8$$

式中：V_{IN} 为 N_P 线圈的外加电压；ΔB 为磁芯的磁通密度；A_e 为磁芯的有效截面积。

上式为著名的匝数计算公式，为许多人所熟知。如果将 t_{on} 的最大值取 $T/2$，即可得到前面的式子。

磁芯通常采用铁氧体材料，但是其最大磁通密度 B_m 受温度影响而发生变化（图 3.25）。因此，必须根据实际工作条件，从特性表求得 B_m。

一般，在 $100℃$ 时 B_m 的值约为 $3500\sim4000G$，使用时通常要留出 $20\%\sim30\%$ 的裕量。因为过负载状态下，t_{on} 加宽，磁芯也发生变化，同时还要防止过渡状态引起的磁饱和。

下面计算电感值，并按最低输入电压的占空比 D 为 $1/2$ 来设计。如图 3.26 所示，i_1 为三角波，设功率转换效率为 η、输出功率为 P_O、输入电压的最小值为 $V_{IN(min)}$、初级电流的平均值为 $i_{1(ave)}$，则初级电流的最大值为：

$$i_{1P} = 4 \times i_{1(ave)} = 4 \times \frac{P_O}{\eta \cdot V_{IN(min)}}$$

求得初级绕组所必需的电感 L_P 为：

$$L_P = \frac{V_{IN(min)}}{i_{1P}} \cdot t_{on}$$

$$= \frac{\eta \cdot V_{IN^2(min)}}{4P_O} \cdot t_{on}$$

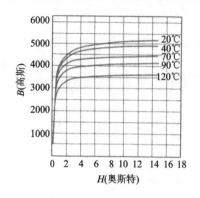

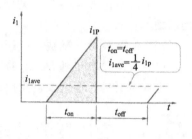

图 3.25　*B-H* 曲线的温度特性（H$_{7C1}$）　　图 3.26　变压器中 N_P 线圈的电流 i_1 波形

3.3.2　其他线圈的求法

下面介绍次级绕组电感的求法。

次级电流的峰值 i_{2P} 与输出电流 I_O 的关系为：

$$i_{2P} = 4 \times I_O$$

那么次级绕组的电感为 L_S 为：

$$L_S = \frac{V_S}{i_{2P}} \cdot t_{off} = \frac{V_S}{4 \times I_O} \cdot t_{off}$$

这里，取 $t_{on} = t_{off} = T/2$，求得次级绕组的匝数 N_S 为：

$$N_S = \sqrt{\frac{L_S}{L_P}} \cdot N_P$$

$$= \sqrt{\frac{P_O(V_O + V_F)}{\eta \cdot V_{IN^2(min)} \cdot I_O}} \cdot N_P$$

式中：V_F 为次级整流二极管的正向电压降。

然后来求基极绕组的匝数 N_B。由 Tr$_1$ 的 V_{EB} 条件有：

$$N_B \leqslant \frac{V_{EB(max)}}{V_O + V_F} \cdot N_S$$

由上述各式确定绕组的匝数，但是由于输出侧存在导线电压降，因此，实际上各绕组的匝数应该比计算结果稍多一<u>些</u>。

3.3.3　间隙的计算

对 RCC 方式的变压器来说，磁通密度是决定初级绕组匝数的必要条件。根据前述公式求得的电感值往往过大，因此，为了得到规定的输出电压，就需要降低振荡频率，结果导致磁饱和。

所以，必须采取降低磁芯的实际有效磁导率，从而减小电感的大小。实际上，大多采用 EE 型或 EI 型磁芯，留出适当的间隙，如图 3.27 所示。

以下为间隙 l_g 的计算式：

$$l_g = 4\pi \cdot \frac{A_e \cdot N_{P^2}}{L_P} \times 10^{-8} (\text{mm})$$

我们在讨论变压器的参数时已经涉及上述式子，因此在这里不再讲解它的推导过程。

这里求得的 l_g 是磁路内总的间隙厚度，实际上，是在中心圆柱及外部 2 个部位同时插入垫板得到的，因此，纸垫的厚度实际为 $l_g/2$，这一点应特别注意。

纸垫必须是绝缘体。硼酸纸的厚度会随湿度的变化而改变，因此通常采用聚酯树脂板或酚醛树脂板。

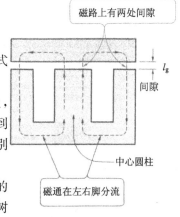

图 3.27　磁芯的间隙

3.3.4　提高绕组耦合度的措施

不同绕组构造的变压器在特性存在很大差异，其中初级绕组 N_P 和次级绕组 N_S 间的耦合度具有重要影响。耦合度是指次级绕组受到初级绕组磁通感应的比例大小，未被感应的那部分磁通被称为漏磁通（漏电感）。

要提高耦合度，绕组的构造必须注意以下两点。

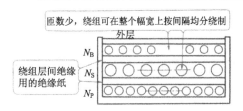

图 3.28　变压器的绕组构造

首先是"各个绕组应该整幅绕制"。如果绕组匝数很少，占用卷幅的一半即可绕制完毕，那么可以采取图 3.28 所示的间隔绕制方法，或者采用线径比较小的导线，以及 2～3 根导线并列绕制都很有效。

其次是图 3.29 所示的蜂窝夹层构造，即多层分割方法。通常线圈绕制顺序为最先绕制初级绕组 N_P，然后是次级绕组 N_S，最后是基极线圈 N_B。多层分割法则把初级绕组分为 $N_{P'}$ 和 N_P 绕制，$N_{P'}$ 与下面的 N_P 并联连接。

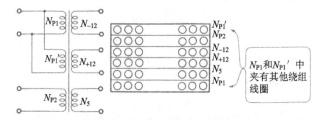

图 3.29　变压器的蜂窝夹层构造

其他绕组则绕制在 N_P 和 $N_P{}'$ 中间,所以叫做多层分割方法。按照这个方法,初级绕组和其他绕组之间的耦合度能够得到提高。

如此反复绕制的方法称为多层分割绕制法。分层数越多,初级和次级绕组间的耦合度越好,不过同时也增加了线圈间的寄生电容,如图 3.30 所示。

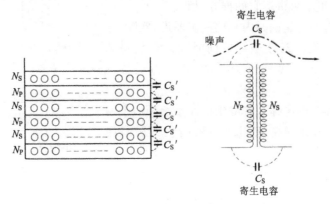

图 3.30　变压器的寄生电容

寄生电容 C_S 相当于连接在初级绕组和次级绕组之间的电容器。它把初级的高频噪声传输到次级,又把次级的噪声反传到初级,显然这会带来负面影响,因此通常多层分割方法最多只分成 3 层。

3.3.5　漏电感引起的浪涌

变压器的耦合度不可能达到 100%。特别是在 RCC 方式中,变压器中设置的间隙比较大,因此漏磁通比较严重。图 3.31 给出变压器的 T 型等效电路,L_{l1} 和 L_{l2} 为漏电感。

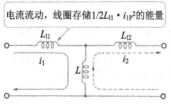

图 3.31　变压器的 T 型等效电路

漏电感中也有初级、次级电流流过,也会存储能量。但未能与其余绕组耦合的那部分能量却无法从初级转移到次级。因此,在晶体管 OFF 瞬间,将产生很大的反向电动势 V_1 叠加在 Tr_1 的集电极电压上。

如图 3.32 所示,必须在 N_P 绕组的两端添加一个由二极管、电容器和电阻构成的缓冲电路。

设开关频率为 f,则漏电感 L_{l1} 存储的能量 P_1 为:

$$P_1 = (1/2)L_{l1} \cdot i_{1P}^2 \cdot f$$
$$= V_1^2/R$$

Tr_1 在 OFF 时产生的反向电动势 V_1 为脉冲电压,经电容器 C 整流变成直流,消耗在 R 上。

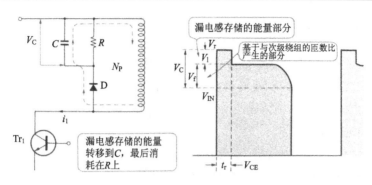

图 3.32　缓冲电路及电压波形

P_1 由上式决定，当电阻增大，电压也上升，电阻下降，电压也下降。但由于在 V_C 中包含回扫电压 V_f，而 V_f 由次级绕组 N_S 和输出电压 V_O 决定，即

$$V_f = (N_P/N_S) \cdot (V_O + V_F)$$

因此如果电阻值太低的话，损耗将增大。

由于变压器的漏电感存储的能量随输出功率的变化而改变，因此该电阻值通常在 $10 \sim 50k\Omega$ 之间取值。

照片 3.2 给出电阻值为 $47k\Omega$ 和 $10k\Omega$ 时，开关晶体管 Tr_1 的 V_{CB} 波形。V_1 的实测值分别为 $100V$ 和 $45V$。其计算值为

$$100 \times \sqrt{\frac{10 \times 10^3}{47 \times 10^3}} = 46V$$

可见二者是一致的。

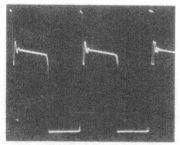

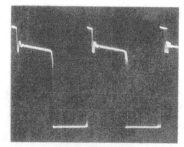

(a) 缓冲电阻为47kΩ　　　　　　　　(b) 缓冲电阻为10kΩ

照片 3.2　缓冲电阻为 $47k\Omega$ 时和 $10k\Omega$ 时的 V_{CE}

3.3.6　基于线圈的缓冲电路

由电阻构成的缓冲电路中，电阻 R 消耗的功率几乎都成为无用功率，且与开关频率成正比，所以频率越高，功率转换效率越低。

因此必须采取有效的措施使漏电感存储的能量转化为有用功率。

如图 3.33 所示,在变压器的初级绕组 N_P 上设置了 N_Q 线圈,N_Q 线圈的一端与二极管 D 的阴极相连,而 D 的阳极与初级平滑电容器的(一)极相连。这样一来,当晶体管 OFF 时,漏电感存储的能量将产生反向电动势。

于是,二极管 D 导通,电流沿着虚线所示的路径流动。该电流在流过初级平滑电容器的同时对其充电,那么漏电感存储的能量又返回到了输出一侧,从而消除了无用功率。

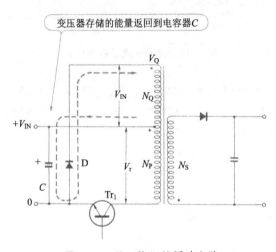

图 3.33   基于绕组的缓冲电路

此时,在输入电压 V_{IN} 的钳位作用下,N_Q 线圈的端子电压 V_Q 为:

$$V_Q = V_{IN} - V_F$$

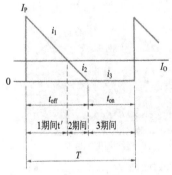

图 3.34   输出电路的纹波电流

而初级绕组产生的电压 V_r 变为:

$$V_r = \frac{N_P}{N_Q}(V_{IN} - V_F)$$

由此可见,N_Q 匝数越少,V_r 越大,t_r 越短。通常取 $N_P = N_Q$,$V_r = V_{IN}$。

在上式中 N_P 和 N_Q 不可能完全达到 100% 的耦合。因此,在晶体管 OFF 的瞬间,也会产生很高的浪涌电压,如图 3.34 所示。为了抑制浪涌电压,必要同时与二极管及 $C \cdot R$ 组成的缓冲电路并用。

通过这样的方法可以在相当程度上把存储的能量返回到输入侧,从而大大改善转换效率。

3.4　平滑用电容器的求法

3.4.1　电解电容器的寿命

对于 RCC 方式的稳压器,设计时必须正确计算流过整流侧电容器的纹波电流。其原因是次级电流仅在晶体管 OFF 期间才存在,电流波形为三角波,纹波电流的有效值非常大。

当电流流过电解电容器时,电容器内部的电阻引起功率损失,导致电容器温度上升,结果它的寿命被缩短。

如果电解电容器处于最高使用温度的条件下,其寿命仅能保证 2000h 左右。温度每上升 10℃,寿命缩减一半。

因此,在抑制来自周围发热体的热影响的同时,也要抑制由纹波电流引起的自身发热。可见需要规定出电容器最大容许纹波电流。

高频电容器的内部电阻非常小,因此电容器封装型号越大,容许纹波电流值也就越大。

电容器的额定值已在第 2 篇表 1.16 中介绍过,请比较纹波电流大小与封装型号的关系。

3.4.2　计算纹波电流的方法

在 RCC 方式中,变压器次级电流的平均值就是直流输出电流 I_O,与输出功率相比较,纹波电流的增加与输出电流成正比。

如图 3.34 所示,纹波电流的波形是基于直流电流 I_O 的偏置波形。为了弄清脉动电流的大小,下面将一个周期分为 3 个时间段,分别求出各阶段的平均值,然后再合并。

▶ 第 1 阶段

电流的瞬时值 i_1 为:

$$i_1 = (I_P - I_O) - \frac{I_P}{t_{off}} \cdot t$$

当 $t = t'$ 时,$i_1 = 0$,有

$$t' = \frac{(I_P - I_O)}{I_P} \cdot t_{off}$$

由上述条件,并按照以下公式求出第 1 阶段的纹波电流 I_{r1} 为:

$$I_{r1} = \sqrt{\frac{1}{T} \int_0^{t'} \cdot i_1{}^2 \, dt}$$

$$= \sqrt{\frac{1}{T}\int_0^{t'} \left[(I_P - I_O) - \frac{I_P}{t_{off}} \cdot t \right]^2 dt}$$

$$= \sqrt{\frac{1}{T} \cdot \frac{(I_P - I_O)^3}{3 I_P} \cdot t_{off}}$$

▶ 第 2 阶段

计算方法与第 1 阶段类似,求得 I_{r2} 为:

$$I_{r2} = \sqrt{\frac{1}{T}\int_{t'}^{t_{off}} i_2{}^2 dt}$$

$$= \sqrt{\frac{1}{T} \cdot \frac{I_O{}^3}{3 I_P} \cdot t_{off}}$$

▶ 第 3 阶段

$$I_{r3} = \sqrt{\frac{1}{T}\int_{t_{off}}^{T} i_3{}^2 dt}$$

$$= \sqrt{\frac{1}{T} \cdot I_O{}^2 (T - t_{off})}$$

下面计算总电流值,有

$$I_r = \sqrt{I_{r1}^2 + I_{r2}^2 + I_{r3}^2} = \sqrt{\frac{(I_P^2 - 3 I_O \cdot I_P)}{3 T} \cdot t_{off} + I_O^2}$$

上述计算的中间过程有点繁琐,却并不困难,在实际设计中只要记住最后的结果即可。

表 3.1 给出了该状态下的纹波电流计算值,当 $t_{on} = t_{off}$,即占空比 $D = 0.5$ 时,有 $I_P = 4 I_O$,因此只要记住 $I_r = 1.3 I_O$,就可简单地求出电容器的纹波电流。

表 3.1 电容器的纹波电流

输出电流 I_O(A)	0.5	1	2	3	5	7	10
纹波电流 I_r(A)	0.65	1.3	2.6	3.9	7.6	9.2	13

实际设计中,所选电容器的容许纹波电流应大于计算值。单个电容器不满足要求时,可采用多个电容器并联使用的方法。

采用多个电容器并联使用时,如图 3.35 所示,应根据元器件的安装条件进行布置,而不一定要限制电流均等地流过每个电容器。例如,靠近二极管的电容器最好有大电流流过。同时电容器还应考虑有 $20\% \sim 30\%$ 的余裕。

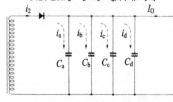

纹波电流$i_a > i_b > i_c > i_d$,并非均等

图 3.35 电容器中的纹波电流

> ### 简易 RCC 稳压器的设计
>
> | | |
> |---|---|
> | 输入电压 | AC90V～110V |
> | 输出电压 | +12V,0.4A |
> | 振荡频率 | 25kHz |

　　下面设计实际的稳压器电路。设计的稳压器与前面介绍的基本原理近似,但由于 RCC 方式不太适合大功率输出的稳压器,因此在本例中稳压器输出电压为 12V、输出电流为 0.4A。

　　输入电压越低、输出电流越大,振荡频率就越低,由此,本例振荡频率取 25kHz,且此时晶体管的 ON/OFF 的比例即占空比为 0.5。

　　图 3.36 所示为实际设计的电路。下面介绍设计要点。

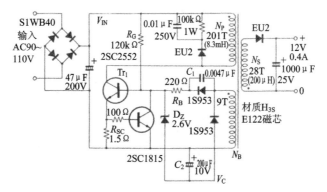

图 3.36 RCC 方式的设计实例

1. 设计变压器绕组

　　变压器的初级绕组 N_P 的电流为三角锯齿状(图 3.26),因此电流 i_1 的峰值 i_{1P} 是输入电流平均值的 4 倍。设功率转换效率为 η,则有

$$i_{1P}=4\times\frac{1}{V_{IN}}\cdot\frac{P_O}{\eta}$$

$$=4\times\frac{1}{90\times\sqrt{2}\times0.91}\cdot\frac{12\times0.4}{0.6}=0.28(A)$$

N_P 线圈的电感 L_P 为:

$$L_P=\frac{V_{IN}}{i_{1P}}\times t_{on}$$

$$=\frac{90\times\sqrt{2}\times0.91}{0.28}\times20\times10^{-6}=8.3(mH)$$

由于磁通的变化只处在 B-H 曲线的一侧,因此由以下公式可得 RCC 方式的变压

器的匝数为

$$N_P = \frac{V_{IN(DC)} \cdot t_{on}}{\Delta B \cdot A_e} \times 10^8$$

由于动作频率很低,本例的磁芯采用表 3.2 给出的 TDK 生产的材质为 H_{3S} 的 EI22。于是求得 N_P 为

表 3.2 磁芯型号

输 出	磁芯尺寸规格
10W 以下	EI22
25W 以下	EI28
40W 以下	EI35
50W 以下	EI40
70W 以下	EI44

频率约为 25kHz

$$N_P = \frac{90 \times \sqrt{2} \times 0.91 \times 20 \times 10^{-6}}{2800 \times 0.41} \times 10^8$$
$$= 201$$

下面求次级绕组的匝数 N_S。在 RCC 方式中,t_{off} 期间次级电流 i_2 为 0,设 V_O 是输出电压,整流二极管的正向电压降 $V_F = 1V$,求得 N_S 的电感为:

$$L_S = \frac{V_O + V_F}{i_{2P}} \cdot t_{off}$$
$$= \frac{V_O + V_F}{4 \times I_O} \cdot t_{off}$$
$$= \frac{12 + 1}{4 \times 0.4} \cdot 20 \times 10^{-6} = 163(\mu H)$$

电感与匝数的平方成正比,逆运算求得 N_S 为:

$$N_S = \sqrt{\frac{L_S}{L_P}} \cdot N_P = \sqrt{\frac{163 \times 10^{-6}}{8.3 \times 10^{-3}}} \times 201 = 28$$

设最低输入电压 $V_B = 5V$,求得基极绕组匝数 N_B 为:

$$N_B = \frac{V_B}{V_{IN(DC)}} \cdot N_P$$
$$= \frac{5}{90 \times \sqrt{2} \times 0.91} \times 201 = 8.7$$

最后取 9 匝。

2. 变压器间隙的计算

下面计算变压器的间隙。本例中磁芯是材质为 H_{3s} 的 EI22,则磁路的总间隙 l_g 为:

$$l_g = 4\pi \cdot \frac{A_e \cdot N_P^2}{L_P} \times 10^{-8}$$
$$= 4\pi \cdot \frac{0.41 \times 201^2}{8.3 \times 10^{-3}} \times 10^{-8} = 0.25(mm)$$

实际的间隙纸板厚度为 l_g 的一半,即 0.125mm。

然而,电路工作后,发现实际频率比计算值小,此时,可通过调整纸垫的厚度达

到所要求的频率。

3. 电压控制电路的设计

首先, 当 Tr_1 处于 OFF 时, 线圈 N_B 的电压 $V_B{}'$ 为:

$$V_B{}' = \frac{N_B}{N_S} \cdot V_S = \frac{9}{28} \times 13 = 4.2 (V)$$

作为电压控制用齐纳二极管 D_Z 两端的电压 V_Z 为:

$$V_Z = V_B{}' - (V_{BE} + V_F)$$
$$= 4.2 - (0.6 + 1) = 2.6 (V)$$

由于变压器本身也有电压降, 因此实际应采用电压值稍高一些的二极管。

本例是应用高速、高压开关电路用开关晶体管 2SC2552, $V_{CEO} = 400V$、$I_{C(max)} = 2A$。设 $I_C \approx 0.3A$ 时, 考虑一定的余裕, h_{FE} 取 20, 必需的基极电流 I_B 约为 15mA, 于是基极电阻 R_B 为:

$$R_B = \frac{V_B - (V_{BE} + V_F)}{I_B}$$
$$= \frac{5 - (0.6 + 1)}{0.015} \approx 220\Omega$$

而起动电流 i_g 最低有 1mA 就足够了, 因此起动电阻 R_G 为:

$$R_G = \frac{V_{IN(DC)}}{i_g} = \frac{90 \times \sqrt{2} \times 0.91}{0.001} = 116k\Omega$$

最后取 120kΩ。

基极电阻 R_B 与变压器线圈 N_B 之间连接电容器 C_1 的目的是加速 Tr_1 的基极电流, 改善电路起动特性。该电路中, 推荐采用 $0.0047\mu F$ 的薄膜电容器。

3.5　扩大输入电压的范围

3.5.1　简易 RCC 的缺点

在简易 RCC 方式中, 为使输出电压稳定, 在开关晶体管的基极上连接了一个稳压二极管, 但导致的后果是无法调整输出电压。

如果要加大输出功率, 就只有增加相应的驱动电流, 结果增加了输出电流减少时的稳压二极管支路的电流。这将导致稳压二极管稳压值 V_Z 发生改变, 或者稳压二极管的功耗容许值超标。

3.5.2　如何增大输出功率

为了提高输出功率, 方法是增加一只电流放大晶体管, 如图 3.37 所示。

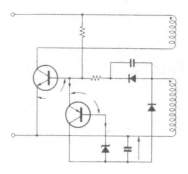

图 3.37 增大功率输出的方法

该电路实质上就是第一篇中介绍的并联稳压器,晶体管可以是 PNP 型也可以是 NPN 型。此时齐纳二极管中的电流 I_Z 为:

$$I_Z = \frac{i_C}{h_{FE}}$$

由于其值大幅度减小,因而可以将二极管的电压变化和损耗这两个问题同时解决。但是,该部分损失将消耗在新增加的晶体管上,倒是需要注意该元件的温升。

此时,电容器 C_2 的电压 V_C 为:

$$V_C = V_Z + V_{BE1} + V_{BE2}$$

式中:V_{BE1} 和 V_{BE2} 分别为晶体管 Tr_1、Tr_2 的基极-发射极间的电压降,它有负的温度系数,这一点应特别注意。

3.5.3 改变输出电压的方法

在 RCC 方式中,输出电压 V_O 与负偏压 V_C 成正比,要改变输出电压,就得设法改变 V_C,如图 3.38 所示。

图 3.38 中,晶体管 Tr_2 的集电极与电容器 C_2 的(—)极相连,一旦 V_C 上升,通过稳压二极管 D_Z 使晶体管 Tr_2 的基极电流增加,从而使 Tr_2 ON。由于 Tr_2 的集电极电流 I_{C2} 使晶体管 Tr_1 的驱动电流减小,导致晶体管 Tr_1 的 ON 时间缩短,提前 OFF,从而使输出电压 V_O 降低。

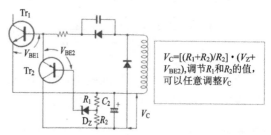

$V_C = [(R_1+R_2)/R_2] \cdot (V_Z + V_{BE2})$,调节 R_1 和 R_2 的值,可以任意调整 V_C

图 3.38 改变输出电压的方法

反之,V_C 降低,电路使 Tr_2 向 OFF 的方向变化,结果 Tr_1 的基极电流增加,ON 时间延长,输出电压升高。稳压控制时,V_C 的表达式为:

$$V_C = \frac{R_1 + R_2}{R_2} \cdot (V_Z + V_{BE2})$$

由此可见,改变 R_1 和 R_2 的比值就可以改变输出电压。

3.5.4 简易 RCC 基极驱动的缺点

在 RCC 方式中,提供开关晶体管基极电流的驱动电路的损耗是非常大的。

即使在最低输入电压条件下,驱动电流 I_B 的大小也必须足以驱动开关晶体管 Tr_1 ON。同时变压器绕组 N_B 的电压 V_B 的增加与输入电压 V_{IN} 成正比,V_{IN} 上升,驱动电流 I_B 也随之上升,而基极电阻 R_B 损耗的增加与 I_B 的平方成正比。

若输入电压在 $85\sim276\text{V}$ 之间变化,那么在最高输入电压下 R_B 的损失达 5W 之多,这样的话,功率转换效率将降低 10% 以上,这部分的内容将在后面介绍。

驱动电流 I_B 增加,必然会使稳压电路支路的电流增加。有时会引起如图 3.39 所示的间歇振荡。

间歇振荡是指在某一段时间内有开关动作,而相邻的下一段时间无开关动作的现象。如此周而复始地循环下去,其周期变化可能很大,例如从数百赫到数千赫,因而将引起变压器等产生异常的噪声。

照片 3.3 给出处于间歇振荡动作状态下 V_CE 的波形。

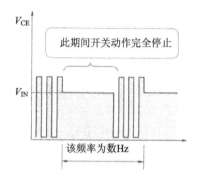

图 3.39　间歇振荡动作

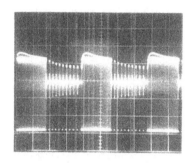

照片 3.3　间歇振荡的波形实例(V_CE)

3.5.5　开关晶体管的恒流驱动

如果能找到一种恒流驱动方式,即虽然输入电压 V_IN 发生变化,但驱动电流不改变,那么上述问题就会迎刃而解,而且这里对具有恒流特性的精度要求并不高,采用图 3.40 所示的电路就足够。

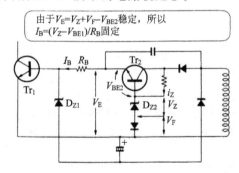

图 3.40　恒流驱动

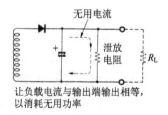

图 3.41　泄放电阻的效果

该电路中即便输入电压 V_IN 发生变化,流过 R_B 的电流 I_B 也是恒定的。这样不仅可以大幅度减小电阻 R_B 的损耗,而且可以防止间歇振荡。

采用该方法后,即使输入电压在 $\text{AC}100\sim200\text{V}$ 间连续变化,电路也能正常工作。

但实际上,即使采用上述方法,当输出近似为空载状态时,仍会引起间歇振荡。此时,如图 3.41 所示,应该在直流的输出端连接一个泄放电阻,不过此时的功率全部为无用功率,因此应该把电流值调整到刚刚不引起间歇振荡的大小。

3.5.6 缓冲电路的加强

前面已经介绍过,变压器漏电感中存储的能量通过缓冲电路的作用来抑制电压。但是,开关电流流过导线时,导线电感同样存储了能量,在开关晶体管 OFF 的瞬间,仍会产生浪涌电压。

浪涌电压 V_{SG} 与集电极电流 i_C 的切断速度成正比,设导线的电感为 L_1,则有

$$V_{SG} = -L_1 \frac{\mathrm{d}ic}{\mathrm{d}t}$$

如图 3.42 所示,该电压与 V_{CE} 叠加,其大小与 OFF 时的开关速度成正比。最大 V_{SG} 不仅可使 V_{CE} 超过晶体管的 V_{CEO},同时它也是产生噪声的主要原因。

因此,必须在晶体管的集电极和发射极之间连接电容器和电阻,如图 3.43 所示,以抑制 V_{SG}。

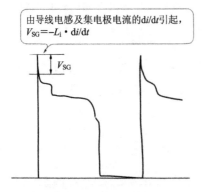

图 3.42 V_{CE} 的浪涌电压

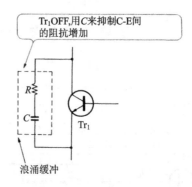

图 3.43 浪涌缓冲

图 3.43 中,在晶体管 OFF 期间,电容器充电至 V_{CE}。一旦晶体管 ON,电容器中所存储的电荷经集电极放电。因此,本来应从 $i_C = 0$ 开始的集电极电流,掺进来一些纹波电流,如图 3.44 所示。

该部分电流使晶体管在 ON 时产生开关损耗。由于这部分损耗与输出功率无关,且每个周期都产生,因此,在轻负载时如果开关频率上升,开关损耗也增大。

因而,若电容器容量很大,在空载时将产生很大的集电极损耗(=开关损耗)。

另外,电阻也产生损耗。如果不使用电阻,而仅使用电容器,那么导线的电感

成分将引起图 3.45 所示的振荡波形,因而,电容器必须与电阻串联连接。

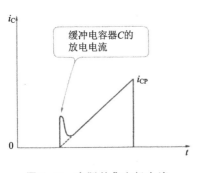

图 3.44　实际的集电极电流

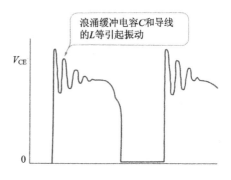

图 3.45　V_{CE} 的振动波形

通常,若输入为 AC100V,电容器 C 的取值范围为 $470\sim2200$pF,电阻 R 的取值范围为 $15\sim100\Omega$。若输入为 AC200V,为抑制损耗,电容器的容量不能太大,通常 $C\leqslant1000$pF。

3.5.7　缓冲电路设计不妥的后果

如果浪涌缓冲电路不是最佳设计的话,它就会成为晶体管关断过程中产生振动波形的主要原因,有时甚至引发异常振荡。异常振荡的症状是使本来数十千赫的开关频率跃升十几倍,甚至达到数百千赫的频率。

电路一旦异常振荡,晶体管的开关损耗将大大增加,导致元器件温度大幅上升,甚至烧坏元器件。

如图 3.46 所示,异常振荡由基极驱动电路的加速电容器的正反馈振荡波形引起。因此,必须应尽量缩短集电极电流的路径,以便减小导线的电感,从而减小振荡波形。同时,要慎用大容量的加速电容器,虽然加速电容器容量越大,电路起动特性越好,但是应尽量控制在 0.047μF 以下。

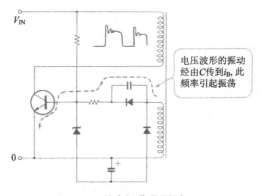

图 3.46　异常振荡的原因

电压可调型 RCC 稳压器的设计	
输入电压	AC85～276V
输出电压	+18V,2A
振荡频率	20kHz(AC85V)

下面我们利用前面学到的基础知识来介绍输入电压为 AC85～276V 的 RCC 方式稳压器的设计。

图 3.47 为实际的设计电路实例,下面针对各个元器件做数值计算。设输入电压为 AC85～276V、输出电压 V_O＝18V、输出电流 I_O＝2A,当 AC85V 输入时,频率 f＝20kHz、占空比 D＝0.5。

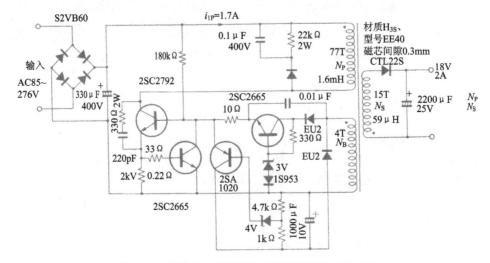

图 3.47　宽输入电压范围的 RCC 稳压器(18V、2A)

1. 初级绕组的设计

首先设功率转换效率 η＝75%,求得初级电流的峰值 i_{1P} 为:

$$i_{1P}=4 \cdot \frac{P_O}{\eta} \cdot \frac{1}{V_{IN(CD)}}$$

$$=4 \times \frac{18 \times 2}{0.75} \times \frac{1}{85 \times \sqrt{2} \times 0.90}=1.7(A)$$

因此变压器初级绕组 N_P 的电感 L_P 为:

$$L_P=\frac{V_{IN(DC)}}{i_{1P}} \cdot t_{on}$$

$$=\frac{85 \times \sqrt{2} \times 0.90}{1.7} \times 25 \times 10^{-6}=1.6(mH)$$

变压器磁芯采用 TDK 生产的 EE40,它的材质为 H_{3s}(第 2 篇表 1.10),其有效

截面积 $A_e=1.27\text{cm}^2$，那么初级绕组的匝数 N_P 为：

$$N_P=\frac{V_{\text{IN(DC)}} \cdot t_{\text{on}}}{\Delta B \cdot A_e}\times 10^8$$

$$=\frac{85\times\sqrt{2}\times 0.9\times 25\times 10^{-6}}{2800\times 1.27}\times 10^8=77$$

因此，必要的间隙 l_g 为：

$$l_g=4\pi \cdot \frac{A_e \cdot N_P{}^2}{L_P}\times 10^{-8}$$

$$=4\pi\times\frac{1.27\times 77^2}{1.6\times 10^{-3}}\times 10^{-8}=0.6(\text{mm})$$

但是，由于 EE 磁芯磁路中有两个固定的间隙，因此实际插入间隙应为 0.3mm。

2. 次级绕组的设计

t_{off} 期间次级电流 i_2 为零，设输出电压为 V_O，则次级绕组的电感 L_S 为：

$$L_S=\frac{V_O+V_F}{i_{2P}} \cdot t_{\text{off}}=\frac{V_O+V_F}{4 \cdot I_O}t_{\text{off}}$$

$$=\frac{18+1}{4\times 2}\times 25\times 10^{-6}=59(\mu\text{H})$$

由此确定匝数 N_S 为：

$$N_S=\sqrt{\frac{L_S}{L_P}} \cdot N_P=\sqrt{\frac{59\times 10^{-6}}{1.6\times 10^{-3}}}\times 77=15$$

设最低输入电压为 $V_B=6\text{V}$，故求得基极绕组 N_B 为：

$$N_B=\frac{V_B}{V_{\text{IN(DC)}}} \cdot N_P$$

$$=\frac{6}{85\times\sqrt{2}\times 0.9}\times 77=4.2$$

取 4 匝。当 276V 最高输入电压时，有

$$V_{\text{B(max)}}=\frac{N_B}{N_P} \cdot V_{\text{IN(DC)}}=\frac{4}{77}\times 276\times\sqrt{2}=20(\text{V})$$

因此，恒流电路的晶体管的 V_{CE} 应根据上述数据进行选择。此变压器绕组结构与前面的图 3.29 相同。

变压器的设计非常烦琐，表 3.3 给出了输出电压、输出功率与变压器匝数之间现成的对应关系，可以利用它来进行设计。

表 3.3 RCC 方式的变压器匝数

输　出	磁　芯	初级绕组 N_P/T	间隙 $t$mm	5V 输出 N_S/T	12V 输出 N_S/T	24V 输出 N_S/T
5W	EI22	200	0.13	12	28	56
15W	EI28	92	0.18	6	14	28
25W	EI33	67	0.2	6	14	28
40W	EI40	62	0.3	5	12	23
50W	EI44	41	0.25	4	10	19

$f=25\text{kHz}, V_{\text{IN}}=\text{AC}85\sim115\text{V}, T$:翻转

3.6　实际 RCC 稳压器的设计

当今许多电子设备,往往不仅仅采用单一的电源电压,而是需要多种电源电压供电。从同一个开关电路中得到多种输出电源,即多输出型电源是满足上述要求的好办法。

3.6.1　用反馈实现稳压控制

事实上,目前广泛采用的 RCC 方式稳压器,并非基于前面叙述的通过基极驱动电路实现齐纳二极管稳压的原理。

它们实际上是通过直接监视输出电压,并利用某种机制对开关晶体管的振荡频率及 ON 时间进行控制来实现稳压输出的。如果仅仅靠基本电路,电路的电压精度将非常差,以致大多数电子电路均无法正常工作。

可调并联稳压器和光耦构成的反馈输出电压控制电路即是满足实际稳压功能要求的方法之一。

例如,TL431 为三端子可调并联稳压器。在第 1 篇第 2 章的图 2.15 中已经介绍了它的等效电路,其内部设置了一个基准电压的 OP 放大器。

TL431 的基准电压 $V_{\text{REF}} \approx 2.7\text{V}$,稳压动作的原理就是让 REF 端子的电压总是维持 V_{REF}。利用 TL431 构成的电路如图 3.48,它的输出电压 V_{O} 为:

$$V_{\text{O}} = \frac{R_1+R_2}{R_2} \cdot V_{\text{REF}}$$

实际上,考虑到元器件存在误差等因素,电路中接入了电位器,以便对电压进行精确设定。

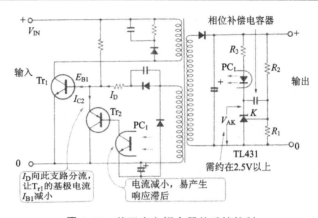

图 **3.48**　基于光电耦合器的反馈控制

3.6.2　基于光耦的反馈

在图 3.48 中,如果输出电压 V_O 超过额定值,那么 TL431 阴极(k)的电压将下降,流过光耦 P_{C1} 的电流增加。

于是,与光耦相连的晶体管基极电流也增加,与之对应的集电极电流增大,从而使 Tr_2 导通,构成了开关晶体管 Tr_1 的基极电流的另一条支路。也就是说,使 I_{B1} 减小。

如上所述,如果 Tr_1 的基极电流减小,那么集电极电流也减小,从而缩短 ON 的时间,Tr_1 提前 OFF,其结果是流入变压器的能量减小,使输出电压 V_O 减小。

实现稳压必须满足线性传输的条件,因此对光耦来说一定要注意时效效应。为了补救光耦电流传递特性劣化的问题,与发光二极管串联的电阻应该选很小的阻值。

图 3.49 为光电耦合器的传输特性,通常采用特性中正向电流 I_F 和集电极电流 I_C 的线性度较好的一段工作。

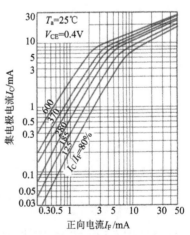

图 **3.49**　光电耦合器的传输特性

3.6.3　反馈系统的稳定措施

在稳压控制的反馈系统中,光耦的响应滞后会引起相位的延迟。由于稳压控制自身属于负反馈控制,有 $180°$ 的相位差,从而进一步加重了光耦的相位延迟,如果相位转达到 $360°$,往往会引起振荡。

在开关稳压器中将上述现象称为寄生振荡,应绝对避免此类故障。

寄生振荡现象一般发生在数千赫的频率范围,导致变压器产生异常噪声,同时使输出产生严重的纹波电压。

只有在相位延迟 180° 的频率下,控制系统又有增益时才出现寄生振荡。因此,如图 3.50 所示,防止寄生振荡的方法是通过误差放大器给 TL431 施加一个相位补偿,以便消除数千赫以上的增益。

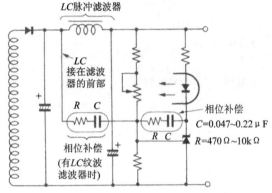

图 3.50　插入 LC 滤波的相位特性

这是 OP 放大器的交流负反馈工作方式,应该在 TL431 等效电路的前部,即阴极和 REF 端子间插入串联 CR 电路。C 的取值范围为 $0.047 \sim 0.22 \mu F$,R 的取值范围为 $470\Omega \sim 10k\Omega$。

为减小输出纹波电压,在次级平滑电路中添加了 π 型 LC 滤波电路,但是线圈的电感将引起很大的相位延迟。为补偿相位延迟,必须在 L 的前端连接 CR 电路。

图 3.51 给出了 π 型滤波的衰减特性。

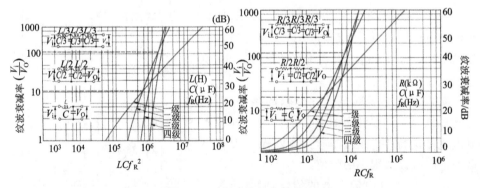

图 3.51　π 型滤波的衰减特性

3.6.4　过流保护电路结构

实际电源中都设有过流保护电路,在发生输出断路或过载等异常状况时用来防止内部元器件遭受损坏。

对 RCC 方式来说,为防止起动时的大电流,在初级电路中已经设置了限流电路,如图 3.24 所示,一般都用该电路来实现过流保护。

输出电流和初级电路的开关电流并不完全成正比。基本电路的限流特性可保护瞬时短路,但事实上短路电流已经变得非常大了。从图 3.52 可以看出,此时还发生输入电压的变化,以至于电路的工作点也随之变化。

若输入电压上升,那么开关频率也上升,对于同样的输出功率,欲减小初级电流的峰值,限流工作点应向高处移动,图 3.53 为过流保护电路。

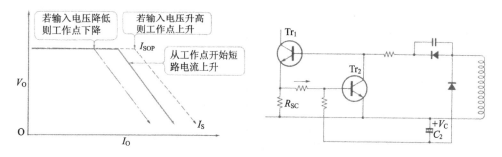

图 **3.52** 过电流保护特性　　　　图 **3.53** 过电流保护电路

在图 3.53 的电路中,由 R_{SC} 产生的电压降使 Tr_2 导通,从图 3.52 看得很清楚,此时过流保护动作输出电流 I_{SOP} 与输出短路电流 I_S 相比较,I_S 要大得多,而开关晶体管集电极电流的峰值是固定不变的,所以短路电流 I_S 流过次级整流二极管。然而,使用一个大额定值二极管很不经济,所以就要求在实际上采取一定措施来限制 I_S。

3.6.5　强化过流保护电路

用图 3.54 的电路来解释下面讨论的方法。该电路中,R_a 和 R_b 为两个要点。首先,C_3 的电压为正的直流电压,它与输出电压成正比,若输入电压 V_{IN} 上升,R_a 的电流也增加,使 Tr_2 导通,能快速地实现限流作用。

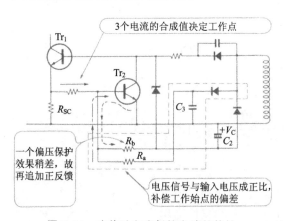

图 **3.54** 改善过电流保护电路的特性

限流起作用后,输出电压 V_O 和 C_2 的电压值均下降,流过 R_b 的负电流减小,Tr_2 基极电压上升,使 Tr_2 进一步导通,起到了减小输出电流的作用。图 3.55 给出改善后的特性图。

其实,即使没有负偏压电源,同样能得到图 3.56 所示的相同特性。该电路利用开关晶体管发射极电阻的电压降来实现过流检测,由于它的波形为三角波,因此检测过电流的晶体管基极需串联电容器。

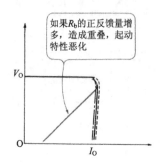

图 3.55 过电流保护特性

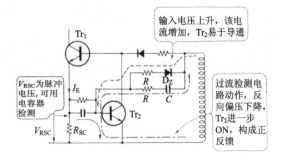

图 3.56 过电流保护电路

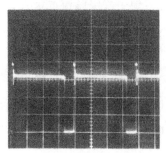

照片 3.4 过流保护动作时 V_{CE} 的波形

与输入电压成正比的来自基极绕组的电流经由齐纳二极管 D_Z 和 R,以及 C 和 R',它流入过流检测晶体管 Tr_2 的基极。若输入电压上升,该电流随之增加,使 Tr_2 的基极处于正偏压,很小的开关电流就可使 Tr_2 导通。于是驱动电流由此形成分支,在很短的 ON 时间后晶体管就 OFF,照片 3.4 所示为该状态下的电流波形。

一旦过流保护电路动作,输出电压和基极绕组的反向电压同时降低,控制晶体管 Tr_2 的基极反向偏压减小,将促使 Tr_2 向导通方向动作,从而防止输出过大的短路电流。

该电路常数的计算非常繁杂,可参考后面的计算。

多输出型 RCC 稳压器的设计	
输入电压	85～115V
输出电压(1)	+5V,5A
输出电压(2)	+12V,1A
输出电压(3)	−12V,0.3A

下面根据给定的输入输出参数条件计算实际的数值,并进行电路的设计。

输入电压 AC85～115V

输出电压(1) 　　+5V、5A

输出电压(2) 　　+12V、1A

输出电压(3) 　　-12V、0.3A

1. 基本电路参数的计算

电路如图 3.57 所示,输入侧整流电压的最小值为

$$V_{IN(DC)} = V_{IN(min)} \times \sqrt{2} \times 0.9$$
$$= 85 \times \sqrt{2} \times 0.9 = 108.2(V)$$

考虑一定的裕量,取 $V_{IN(DC)} = 100V$。此时动作频率 $f = 20kHz$,占空比按 $D = 0.5$ 设计。

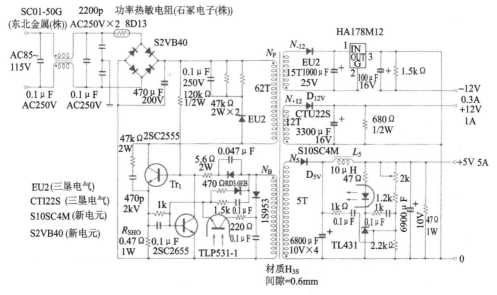

图 3.57 多输出电源的实用电路实例

总的输出功率 P_O 为:

$$P_O = 5V \times 5A + 12V \times 1A + 12V \times 0.3A = 40.6W$$

取功率转换效率 $\eta = 70\%$,求得初级的功率 P_{IN} 为:

$$P_{IN} = \frac{P_O}{\eta} = \frac{40.6}{0.7} = 58(W)$$

那么初级电路电流的平均值 I_1 为:

$$I_1 = \frac{P_{IN}}{V_{IN(DC)}} = \frac{58}{100} = 0.58(A)$$

当占空比 $D = 0.5$ 时,开关电流的最大值 I_{1P} 为 I_1 的 4 倍,有

$$I_{1P} = 4 \times I_1 = 4 \times 0.58 = 2.32 (\text{A})$$

2. 计算变压器初级绕组的常数值

下面计算变压器初级绕组匝数 N_P 及电感 L_P。

本例采用 TDK 生产的材质为 H_{3S} 的 EI40 磁芯。它的最大磁通密度 $B_m = 4800G$、主磁滞电路的最大磁通变化幅度 $\Delta B = 2700G$。由第2篇表1.10可知,该磁芯的有效截面积 $A_e = 1.48 \text{cm}^2$,求得 N_P 为:

$$N_P = \frac{V_{IN(DC)} \cdot t_{on}}{\Delta B \cdot A_e} \times 10^8$$

$$= \frac{100 \times 25 \times 10^{-6}}{2700 \times 1.48} \times 10^8 = 62 (\text{T})$$

然后,求得 N_P 的电感 L_P 为:

$$L_P = \frac{V_{IN(DC)}}{I_{1P}} \cdot t_{on}$$

$$= \frac{100}{2.32} \times 25 \times 10^{-6} = 1077 (\mu \text{H})$$

那么插入间隙 l_g 为:

$$l_g = 4\pi \frac{A_e \cdot N_P^2}{L_P} \times 10^{-8}$$

$$= 4\pi \times \frac{1.48 \times 62^2}{1077 \times 10^{-6}} \times 10^{-8} = 0.66 (\text{mm})$$

由计算结果可知,需要采用 0.33mm 厚的绝缘纸板。由于后来实测所得的电感值为 1.2mH,因此改用 0.5mm 的绝缘纸板,即取 $l_g = 1 \text{mm}$。

3. 计算变压器的次级绕组的常数值

下面计算次级绕组,在 t_{off} 期间,5V 用 N_S 绕组的电流为零,那么 I_{5P} 为:

$$I_{5P} = 4 \times I_O = 4 \times 5 = 20 (\text{A})$$

因此,所需的电感 L_5 为:

$$L_5 = \frac{V_5}{I_{5P}} \cdot t_{off} = \frac{V_{O5} + V_F}{I_{5P}} \cdot t_{off}$$

$$= \frac{5 + 0.5}{20} \times 25 \times 10^{-6} = 6.9 (\mu \text{H})$$

于是,绕组的匝数 N_5 为:

$$N_5 = \sqrt{\frac{L_5}{L_P}} \cdot N_P$$

$$= \sqrt{\frac{6.9}{1077}} \times 62 = 5 (\text{T})$$

按 +5V 电压的比例关系,求得 +12V 绕组的匝数为:

$$N_{+12} = \frac{V_{+12}}{V_5} \cdot N_5 = \frac{V_{O+12} + V_{F2}}{V_{O5} + V_{F1}} \cdot N_5$$

$$= \frac{12 + 1.2}{5 + 0.5} \times 5 = 12(\text{T})$$

然而,实际测得的输出电压超过 13V。这是由于 +12V 电路的匝数比 +5V 的多,与初级绕组的耦合度更高。因此取 $N+l_2 = 11$T 左右即可恰好得到 12V 的输出。

－12V 电路带有 3 端子稳压器,设整流电压为 －18V,因此有

$$N_{-12} = \frac{V_{O-12} + V_{F3}}{V_{O5} + V_{F1}} \cdot N_5$$

$$= \frac{18 + 1.2}{5 + 0.5} \times 5 = 17(\text{T})$$

考虑一定的裕量,取 18T。

最后求基极绕组 N_B。设最低输入时,正向电压约为 6V,则

$$N_B = \frac{V_B}{V_{IN(DC)}} \cdot N_P$$

$$= \frac{6}{100} \times 62 = 4(\text{T})$$

图 3.58 给出了变压器的参数。

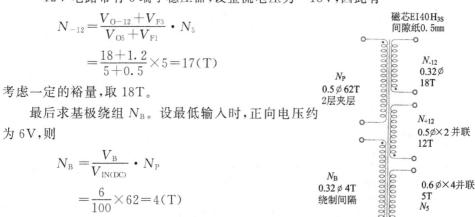

图 3.58 变压器的各个参数

4. 电路常数的计算

完成了变压器的计算后,接着来求基极电阻 R_B。
为了保证在最低输入电压条件下也能提供足够的基极电流,设 $I_{B(min)} = 0.5$A,则有

$$R_B = \frac{(N_B/N_P) \cdot V_{IN(DC)} - (V_F + V_{BE} + V_{RS})}{I_B}$$

$$= \frac{(4/62) \times 100 - (1 + 1 + 1.1)}{0.5} = 6.7(\Omega)$$

故决定取成 6.8Ω,V_{RS} 是 0.47Ω 电流检测电阻上的电压降。

为简便起见,取输出侧整流平滑电容器的脉动电流为输出电流的 1.3 倍,于是得到

$$I_{r5} = 1.3 \times I_O = 6.5(\text{A})$$

$$I_{r+12} = 1.3 \times I_O = 1.3(\text{A})$$

$$I_{r-12} = 1.3 \times I_O = 0.39(\text{A})$$

由于 +5V 电路的最大电流为 6.5A,因此,这里采用 4 个 10V、6800μF 的电容器并联。

5. 实际电路的特性测定

基于上述电路参数以及图 3.57 的原理图我们制作了实际的电路,经测试得照片 3.5 所示的波形,以及图 3.59 所示的特性图。

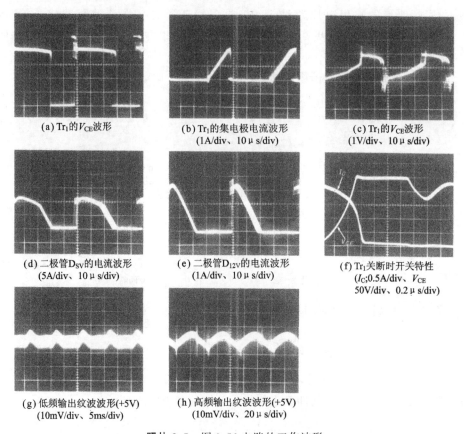

(a) Tr_1 的 V_{CE} 波形

(b) Tr_1 的集电极电流波形
(1A/div、10 μ s/div)

(c) Tr_1 的 V_{CE} 波形
(1V/div、10 μ s/div)

(d) 二极管 D_{5V} 的电流波形
(5A/div、10 μ s/div)

(e) 二极管 D_{12V} 的电流波形
(1A/div、10 μ s/div)

(f) Tr_1 关断时开关特性
(I_C;0.5A/div、V_{CE}
50V/div、0.2 μ s/div)

(g) 低频输出纹波波形(+5V)
(10mV/div、5ms/div)

(h) 高频输出纹波波形(+5V)
(10mV/div、20 μ s/div)

照片 **3.5** 图 3.56 电路的工作波形

多输出的电路往往很难设计得十分理想,例如在照片(d)中可以观察到的 +5V电路的电流波形就发生了畸变。由开关晶体管的特性,当 $t_f=0.3\mu s$ 左右时,集电极损耗约为 2.5W。

输入功率 P_{IN} 为 57.5W,那么总的功率转换效率 η 为:

$$\eta = \frac{P_O}{P_{IN}} = \frac{P_{O5} + P_{O+12} + P_{O-12}}{P_{IN}}$$

$$= \frac{5 \times 5 \times 13.4 \times 1 + 11.95 \times 0.3}{57.6} = 73\%$$

对于这种结构的电路,达到这些数值已是相当不错了。

从图 3.59 中看到,5V 电路的输出电压没有变化,稳压精度很高。由于 +12V

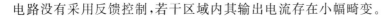

电路没有采用反馈控制,若干区域内其输出电流存在小幅畸变。

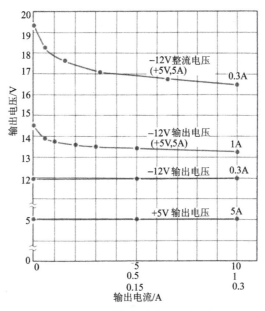

图 3.59　制作电路的电压特性

输出纹波为 15mV,这对实际应用不会产生大的影响。照片(g)为观测到的尖峰噪声。若接入一个金属封装的同态噪声除去电容器,那么尖峰噪声应该减至 1/2 以下。

6.输出特性的改善方法

多输出电源中,如果电路无反馈控制,那么它的稳压特性必定比较差。虽然输入电压变化的影响不大,但由负载电流引起的输出电压变化却无法得到补偿。

输出侧采用图 3.60 所示的连接方法可以改善输出特性。首先,+12V 整流电路是由 7V 输出与被稳压控制的 +5V 叠加而成。这样电压变化仅针对 7V 发生,因此电压精度比 12V 整流电路高。

另外,从 +5V 和 +12V 两处的取出反馈电压值,在稳压工作状态下有

$$V_{\text{REF}} = V_{\text{S}}$$

这个结果与前面介绍的相同。这里 V_{S} 为:

$$V_{\text{S}} = \left(\frac{V_5}{R_5 + R} + \frac{V_{12}}{R_{12} + R} \right) R$$

换句话说,由 $V_5/(R_5 + R)$ 和 $V_{12}/(R_{12} + R)$ 之比检测两路的电压。

反馈量也由该比例确定,所以,如果电路需要更高的稳压精度,检测电阻值应取得更小一些。

然而,由于输出电压特性由两电路的合成电压决定,因此该电路具有某一路电

压上升,另一路电压就下降的特性,如图 3.61 所示。

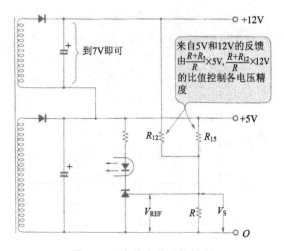

图 3.60 多输出的反馈控制

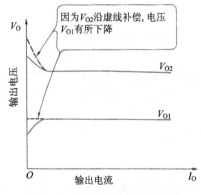

图 3.61 双路反馈的输出特性

第**4**章　正向变换器的设计方法
——适用于中容量、高速度的方式

※　正向变换器基础
※　基于TL494的设计实例
※　双管式正向变换器的设计

AC100V 的小容量开关稳压器大多采用第 2 篇第 3 章所述的 RCC 方式。如果输出功率超过 50～60W,那么正向变换器方式比较合适,特别是那些小型化的高频开关稳压器。

下面介绍基于 MOS FET 开关元件设计较大输出功率的高频开关稳压器。

4.1　正向变换器基础

4.1.1　与 RCC 方式的比较

正向变换器的工作方式与第 2 篇第 3 章的 RCC 回扫变换器方式具有对称性。

回扫变换器的特点是输出变压器初级和次级绕组的极性相反,开关晶体管 OFF 期间,变压器释放存储能量。正向变换器的特点是输出变压器初级和次级的极性相同,开关晶体管 ON 期间,向输出一侧传输能量。

此外,次级整流电路采用扼流线圈输入型平均值整流方式。

小功率正向变换器也可以采用自励方式,但是从效率方面考虑,大部分都采用他励式动作。

4.1.2　开关晶体管导通时

为了便于理解正向变换器的工作原理,首先讨论次级电路的工作情况,图 4.1 给出它的基本电路。

若电路中晶体管 Tr_1 导通,输入电压 V_{IN} 加在变压器的初级绕组 N_P 上,那么次级绕组 N_S 的感应电压为:

$$V_S = \frac{N_S}{N_P} \cdot V_{IN}$$

由于二极管 D_1 处于正向偏置,电压方向即电流 i_2 的方向。在 Tr_1 ON 期间 i_2

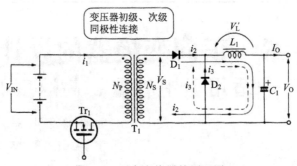

图 4.1 正向变换器的原理图

为连续电流,通过路径 $D_1 \rightarrow L_1 \rightarrow C_1$ 对平滑电容器充电。设整流电路的输出电压为 V_O,此时扼流线圈 L_1 两端的电压 V_L 为:

$$V_L = V_S - V_O = \frac{N_S}{N_P} \cdot V_{IN} - V_O$$

若晶体管 Tr_1 的 ON 时间为 t_{on},则次级电流 i_2 为:

$$\Delta i_2 = \frac{V_L}{L_1} \cdot t_{on} = \frac{V_S - V_O}{L_1} \cdot t_{on}$$

它呈现图 4.2 的上升趋势。但通常情况下,平滑电容器中流过的纹波电流很小,而 L_1 的电感值很大,因此 i_2 的波形差为直流倾斜波形。由 i_2 的最大值 i_{2P},求得电感 L_1 存储的能量 P_{L1} 为:

$$P_{L1} = \frac{1}{2} L_1 \cdot i_{2p}^2$$

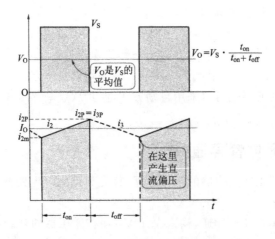

图 4.2 正向变换器的次级电压

4.1.3　开关晶体管截止时

一旦开关晶体管 Tr_1 截止，来自初级的能量传输就停止，扼流线圈 L_1 产生反向电动势。

由于扼流线圈 L_1 的电流具有不连续的性质，如图 4.2 所示，电流 i_3 从前面的 i_{2P} 流出。i_3 的路径为 $L_1 \to C_1 \to D_2$，Tr_1，在 OFF 期间连续流出。

此时扼流线圈 L_1 的端子电压 $V_L{}'$ 与前面的极性相反，即

$$V_L{}' = V_O$$

电流 i_3 从 $i_{3P} = i_{2P}$ 开始按比例 $V_L{}'/L_1$ 减小，经 t_{off} 后 i_3 的变化率 Δi_3 为：

$$\Delta i_3 = \frac{V_O}{L_1} \cdot t_{off}$$

考虑到 D_2 的原本的正向电压降 V_{F2}，因此有

$$V_L{}' = V_O + V_F$$

因为这里仅仅是讨论电路的原理，故设 $V_F = 0$。

4.1.4　输出电压的控制结构

由于流过扼流线圈 L_1 的电流是连续的，故有

$$\Delta i_2 = \Delta i_3$$

于是有下式成立：

$$\frac{V_2 - V_O}{L_1} \cdot t_{on} = \frac{V_O}{L_1} \cdot t_{off}$$

经整理，输出电压 V_O 可表示为：

$$V_O = \frac{t_{on}}{t_{on} + t_{off}} \cdot V_S = t_{on} \cdot f \cdot \frac{N_S}{N_P} \cdot V_{IN}$$

式中：开关频率 $f = 1/(t_{on} + t_{off})$。

上式准确地表达了正向变换器的工作原理。它说明变压器次级端子电压 V_S 的平均值可以代表输出电压 V_O。因此，如果将图 4.2 中的频率固定不变，输入电压 V_{IN} 降低，则调宽 t_{on}，反之 V_{IN} 升高，则调窄 t_{off}，就可以始终保持 V_O 不变。

换句话说，在 1 个周期 $T = t_{on} + t_{off}$ 内，通过改变晶体管的 ON 时间 t_{on} 的比例，也就是占空比：

$$D = \frac{t_{on}}{T} = \frac{t_{on}}{t_{on} + t_{off}}$$

能够起到控制输出电压稳定性的作用，我们称为脉宽调制（Pulse Width Modulation，PWM）。

若 t_{on} 不变，通过改变周期或频率来控制占空比的方法称为脉频调制（Pulse Frequency Modulation，PFM）。

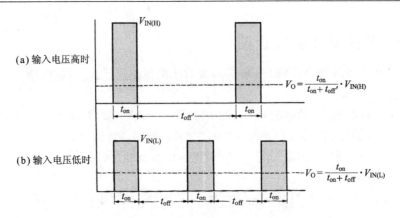

图 4.3   电压的频率控制方式

4.1.5   输出电流对输出电压的影响

在图 4.2 中，输出电流 I_O 为流过扼流线圈 L_1 电流的平均值。

若 L_1 的电感值很大，流过 L_1 的电流 i_L 将在原有直流之上叠加 Δi_2 和 Δi_3，与输出电流 I_O 之间的关系为：

$$i_{2P} = i_{3P} = I_O + \frac{1}{2}\Delta i_2 = I_O + \frac{1}{2}\Delta i_3$$

另外，i_2、i_3 的最小值 i_{2m}、i_{3m} 可以表示为：

$$i_{2m} = i_{3m} = I_O - \frac{1}{2}\Delta i_2 = I_O - \frac{1}{2}\Delta i_3$$

上述确定输出电压 V_O 的算式中并不包含任何与输出电流 I_O 有关的量。在扼流线圈输入型整流方式中，原则上输出电压 V_O 与输出电流 I_O 无关。

但是实际上，如图 4.4 所示，i_2、i_3 的路径中存在二极管 D_1、D_2 及导线阻抗，它们将产生电压降 V_F 及 V_{LD}，因此，实际的输出电压 V_O 为：

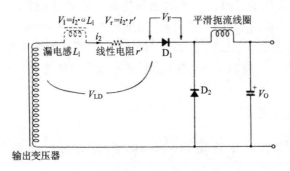

图 4.4   导线阻抗引起的电压降

$$V_O = t_{on} \cdot f[V_S - (V_F + i_2 \times r)]$$

随着输出电流的变化,输出电压仍会产生脉动。显然若其值过大,电路内部的损耗就将不可避免地大大增加。

4.1.6　输出电流很小时的措施

上面以扼流线圈存在连续电流为条件进行了电路原理分析。在图 4.5 中,我们以输出电流 I_O 非常小为条件再来看看电路工作的情况。

因为流过扼流线圈的电流 i_L 的平均值即 I_O,所以随着 I_O 减小, i_L 也将降低。但 i_L 变化的斜率与 I_O 的关系并不固定,若输出电流 I_O 为:

$$I_O < \frac{1}{2}\Delta i_L$$

那么线圈中的电流将无法连续。

也就是说,该状态为电流的非连续模式,与连续模式的交接点为:

$$I_O = \frac{1}{2}\Delta i_L$$

该值称为线圈的临界值。

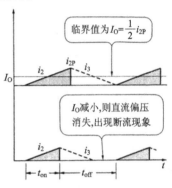

图 4.5　线圈的临界值

如果打算在非连续模式下仍然保持输出电压稳定不变,那么必须减小 i_2 存在的时间,即开关晶体管 Tr_1 的 ON 时间 t_{on}。可见该状态下,前面的输出电压 V_O 的计算公式不成立。

非连续状态下,扼流线圈中电流 i_L 的最大值 i_P 为:

$$i_P = \frac{V_L}{L_1} \cdot t_{on} = \frac{V_O}{L_1} \cdot t_2$$

如图 4.6 所示,一个周期内 i_L 的平均值就是输出电流,即

$$\begin{aligned} I_O &= \frac{1}{T} \cdot \frac{1}{2} \cdot i_P \cdot (t_{on} + t_2) \\ &= \frac{i_P}{2T}\left(t_{on} + \frac{V_S}{V_O} \cdot t_{on}\right) \\ &= \frac{V_S \cdot t_{on}^2}{2T \cdot L_1}\left(1 + \frac{V_S}{V_O}\right) \end{aligned}$$

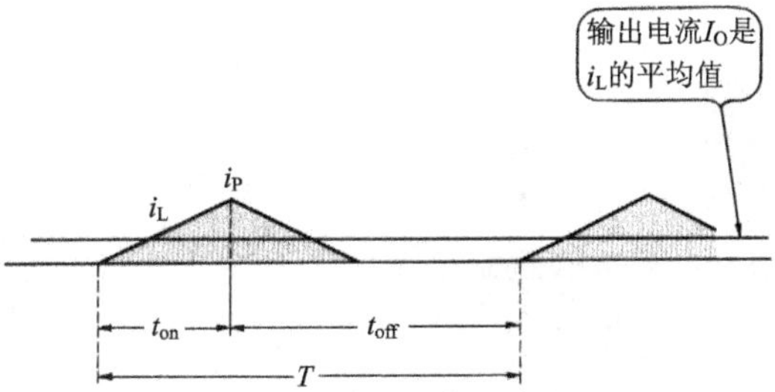

图 4.6　不连续模式的电流波形

经整理,求得 V_O 为:

$$V_O = \frac{V_S \cdot t_{on}^2}{2T \cdot L_1 \cdot I_O - V_S \cdot t_{on}^2}$$

由上式可知,若 I_O 减小,则必须减小 t_{on},才能确保 V_O 稳定不变。

4.1.7　输出变压器必需的励磁电流

由于正向变换器的输出变压器的初级与次级绕组按照同极性连接,那么初级电流 i_1 与次级电流 i_2 成正比。i_3 为开关晶体管 Tr_1 OFF 期间的电流,与 i_1 无关。

如图 4.7 所示,初级电流可表示为

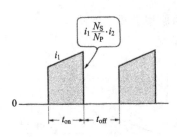

图 4.7　初级绕组的电流

$$i_1 = \frac{N_S}{N_P} \cdot i_2$$

$$= \frac{N_S}{N_P} \cdot \left[I_O - \frac{V_2 - V_O}{L_1} \left(\frac{t_{on}}{2} - t \right) \right]$$

然而,除此之外,输出变压器端还需励磁电流,它是使变压器产生磁通的电流。

在第 2 篇第 3 章介绍的回扫变换器中,初级电流就是流过变压器的励磁电流。但在正向变换器中,励磁电流与输出功率无任何关系。如图 4.8 所示,次级电流 i_2 中包含励磁电流 i_e,励磁电流为存储在变压器中的能量,它最终转变为无用功率。

设输出变压器初级绕组的电感为 L_P、输入电压为 V_{IN},则励磁电流 i_e 为:

$$i_e = \frac{V_{IN}}{L_P} \cdot t$$

上式为自零开始的一次单调递增函数,i_e 的最大值 i_{eP} 为:

$$i_{eP} = \frac{V_{IN}}{L_P} \cdot t_{on}$$

它为输出变压器存储能量,存储能量 p_e 的大小为:

$$p_e = \frac{1}{2} L_P \cdot i_{eP} = \frac{V_{IN}^2}{2L_P} \cdot t_{on}^2$$

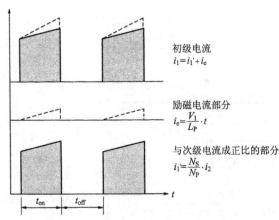

初级电流
$i_1 = i_1' + i_e$

励磁电流部分
$i_e = \frac{V_1}{L_P} \cdot t$

与次级电流成正比的部分
$i_1' = \frac{N_S}{N_P} \cdot i_2$

图 4.8　输出变压器的励磁电流

4.1.8 注意输出变压器的磁饱和

下面讨论变压器的 B-H 曲线。正向变换器中有 1 个晶体管,且与回扫变换器相同,B-H 曲线的上下侧中只有一端存在磁通变化。也就是说,在输出变压器的励磁电流的作用下,磁通上升 ΔB。磁通密度的变化量 ΔB 为:

$$\Delta B = \frac{V_{IN}}{N_P \cdot A_e} \cdot t_{on} \times 10^8$$

式中:A_e 为磁芯的有效截面积。

如图 4.9 所示,ΔB 到 B_2 点即告停止。

接下来,若开关晶体管 Tr_1 导通,磁通将再增加 ΔB,即磁通密度总计上升 $2\Delta B$。这样反复几次,磁通密度很快就会超过最大磁通密度 B_m,引起变压器磁饱和。

发生磁饱和后,输出变压器的 L_P 相当于空心线圈,电感变得非常小,流过变压器的励磁电流非常大,甚至会导致晶体管烧坏。

因此,在晶体管 OFF 期间,必须让磁通变成为 $-\Delta B$,即让磁通返回到原来的位置,称之为变压器的复位。

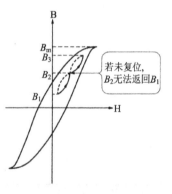

图 4.9 输出变压器的 B-H 曲线

4.2 变压器复位分析

4.2.1 变压器复位分析

图 4.10 给出普通变压器的复位电路举例。变压器复位是指将图 4.8 所示的励磁电流 i_e 存储的能量释放到外部的工作过程。

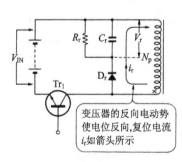

图 4.10 输出变压器的
复位电路原理

在图 4.10 中,若开关晶体管 Tr_1 截止,则变压器的 N_P 绕组产生反向电动势,二极管 D_1 导通,同时对电容器 C_r 充电。此时电阻 R_r 与 C_r 并联连接,C_r 的电荷被 R_r 消耗。

变压器实现复位的条件是 R_r 所消耗的功率等于变压器所存储的能量。设电容器 C_r 的端电压即复位电压为 V_r,因此有

$$\frac{V_{IN}^2}{2L_P} t_{on}^2 \cdot f = \frac{V_r^2}{R_r}$$

于是,V_r 为:

$$V_r = \sqrt{\frac{R_r \cdot f}{2L_P}} \cdot V_{IN} \cdot t_{on}$$

变压器的初级端子电压波形

V_{IN}

S_2

O

S_1　$S_1 = S_2$ 是复位的条件

t_r　$-V_r$

Tr_1 的 V_{CE}

V_r

V_{IN}

t_{off}　t_{on}　t

图 4.11　输出变压器的复位电压波形

即 V_r 的变化与电阻 R_r 的平方根成正比。

变压器的磁通密度与外加电压和时间 $(S_1、S_2)$ 的乘积成正比,如图 4.11 所示,若 N_P 绕组产生 V_r 的时间即复位时间为 t_r,则变压器的复位条件为

$$V_{IN} \cdot t_{on} = V_r \cdot t_r$$

同时复位动作必须在晶体管 Tr_1 的 OFF 期间内结束,那么绝对复位条件就是

$$t_r \leqslant t_{off}$$

可见若复位电阻 R_r 过大,复位电压 V_r 将迅速上升,复位在很短的时间内完成,但是 V_r 即晶体管的外加电压 V_{CE} 的值不宜过高,通常取 $V_r = V_{IN}$ 最为合理。

此时,在正向变换器中,晶体管 Tr_1 的 ON/OFF 占空比的上限为 0.5。

4.2.2　残留磁通的影响

下面再来讨论前面图 4.9 所涉及的变压器的 B-H 曲线。

磁通最初自 $B = 0$ 点开始上升 ΔB,经复位使磁通返回到原来的位置。但是,由于 B-H 曲线存在磁滞,磁通实际上无法返回到零点,而是停止在 B_r 点(图 4.12)。

B_r 即残留磁通。在额定状态下,该点即为磁通变化的起点。因此,实际的磁通密度的变化范围是

$$\Delta B \leqslant B_m - B_r$$

即 ΔB 应比主磁滞回路的残留磁通 B_{rm} 小。计算时最好取为

$$B_r = \frac{\Delta B}{B_m} \cdot B_{rm}$$

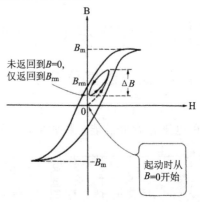

未返回到 $B=0$, 仅返回到 B_{rm}

B_m

B_{rm}

ΔB

0

H

$-B_m$

起动时从 $B=0$ 开始

图 4.12　输出变压器起动时的 B-H 曲线

4.2.3　确定复位电路电容器 C_r 的方法

下面讨论复位电路中电容器 C_r 计算。

复位电路电容器 C_r 的作用是平滑每个开关周期内产生的脉冲状复位电流。

因此,若容量选得太小,复位电压 V_r 将包含很大的脉动成分。

由图 4.13,设复位电压 V_r 的脉动电压为 ΔV_r,一个周期内复位能量的增加量 P_r 为:

$$P_r = \frac{1}{2} C_r \left(V_r + \frac{1}{2} \Delta V_r \right)^2$$
$$- \frac{1}{2} C_r \left(V_r - \frac{1}{2} \Delta V_r \right)^2$$

经整理得出

$$\Delta V_r = \frac{P_r}{C_r \cdot V_r}$$

因此,C_r 的电容值应按照 $\Delta V_r \leqslant 0.1 V_r$ 来选择静电容量。

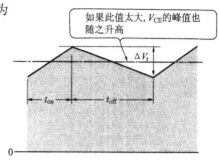

图 4.13　复位电路的电压波形

4.2.4　实际产生复位电压的方法

如前面的叙述,复位电压 V_r 为:

$$V_r = \sqrt{\frac{R_r \cdot f}{2 L_P}} \cdot V_{\mathrm{IN}} \cdot t_{\mathrm{on}}$$

这里忽略了直流输出电流 I_O 的影响。不过,若次级整流电路影响到扼流线圈输入整流区域的临界值,那么在稳压动作的作用下 t_{on} 变窄,复位电压 V_r 将发生变化。

但是,即使晶体管的 ON 时间 t_{on} 几乎不变,从实际的动作过程来看,复位电压 V_r 也会随输出电流 I_O 的大小而变化,如照片 4.1。

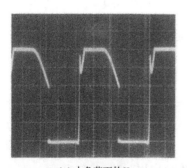 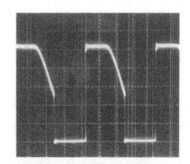

(a) 小负荷下的 V_{CE}　　　　　　　　(b) 满负荷下的 V_{CE}

照片 4.1　用输出电流 I_O 改变复位电压(50V/div、5μs/div)

之所以如此的原因在于变压器漏电感的影响。在图 4.14 中,输出变压器的初级绕组 N_P 的电感 L_P 存储的能量由励磁电流决定,但是 L_P 的漏电感 L_e 存储的能量却由初级绕组 N_P 总电流的最大值 i_P 决定。

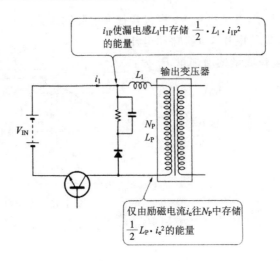

图 4.14 漏电感的影响

初级电流的最大值 i_{1P} 为：

$$i_{1P} = i_{eP} + \frac{N_S}{N_P} \cdot i_{2P}$$

该值随次级电流 i_{2P} 而变化，因此漏电感存储的能量 P_l 为：

$$P_l = \frac{1}{2} L_e \cdot i_{eP}^2 = \frac{1}{2} L_e \left(i_{eP} + \frac{N_S}{N_P} \cdot i_{2P} \right)^2$$

可见实际复位电压 V_r 随输出电流 I_O 增加呈现升高的趋势。这里的 P_l 与第 2 篇第 3 章介绍的回扫变换器的缓冲电路的消耗功率相同。

4.2.5 采用变压器绕组的复位电路

在图 4.10 采用电阻实现变压器复位的电路中，由于变压器存储的能量全部被电阻 R_r 所消耗，结果成为无用功率。

因此需要对此采取措施，找到一种将该部分能量再生为输入功率，再加以有效利用的方法。图 4.15 的方法即通过在初级绕组 N_P 上绕制复位绕组 N_r 来实现上述要求。

若开关晶体管 Tr_1 截止，初级绕组产生反向电动势，复位电流 i_r 流过图中虚线路径，电流 i_r 的方向与输入侧电容器 C_{IN} 的充电方向相同，这样实现了功率再生，使其成为能够再利用的有效功率。

此时，虽然 C_{IN} 的端子电压 V_{IN} 上升，但与原来 C_{IN} 携带的电荷量 p_C：

$$p_C = \frac{1}{2} C_{IN} \cdot V_{IN}^2$$

相比，C_{IN} 中仅剩下很少的能量，因此，实际上 V_{IN} 上升的量是有限的。

由于复位绕组 N_r 的端电压被箝位为输入电压 V_{IN}，那么初级绕组 N_P 产生的

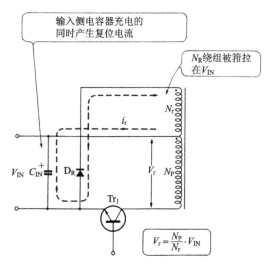

图 4. 15　基于变压器绕组的复位

复位电压 V_r 为：

$$V_r = \frac{N_P}{N_r} \cdot V_{IN}$$

只要减少复位绕组的匝数，即可使 V_r 上升，从而在很短的复位时间 t_r 内完成变压器复位，如图 4.16 所示。

由于开关晶体管及次级整流二极管的耐压条件所限，一般情况下，取 $V_r = V_{IN}$，因此有 $N_r = N_P$。

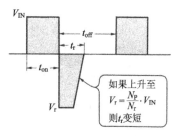

图 4.16　减小 N_r 产生的波形

4.2.6　晶体管及二极管的外加电压

下面计算开关晶体管 Tr_1 和次级整流二极管 D_1、D_2 的外加电压。

首先，在 Tr_1 的 ON 期间，D_2 外加反向电压，如图 4.17 所示。电压 V_{R2} 就是变压器的次级端子电压，即

$$V_{R2} = V_S = \frac{N_S}{N_P} \cdot V_{IN}$$

若 Tr_1 OFF，初级绕组会产生反极性的复位电压 V_r。因此，变压器的次级绕组也会产生与 V_r 成正比的电压 $V_S{}'$，并加在二极管 D_1 上，电压 V_{R1} 可表示为：

$$V_{R1} = \frac{N_S}{N_P} \cdot V_r = \frac{N_S}{N_P} \cdot \sqrt{\frac{R_r \cdot f}{2L_P}} \cdot V_{IN} \cdot t_{on}$$

而 Tr_1 的 V_{CE} 是输入电压 V_{IN} 与复位电压 V_r 之和，即

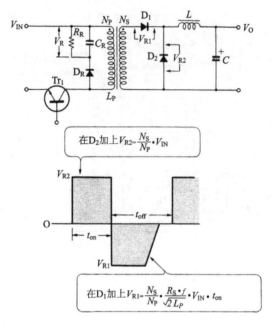

图 4.17 变压器次级绕组的电压波形

$$V_{CE} = V_{IN} + V_r = V_{IN} + \sqrt{\frac{R_r \cdot f}{2L_P}} \cdot V_{IN} \cdot t_{on}$$

实际上,由于这些电压与过渡状态的浪涌电压重叠,因此元器件的耐压应留有足够的裕量。

4.3 输出变压器的设计

与回扫变换器相同,正向变换器的输出变压器设计也一个非常重要的环节。但是从总的来说,它对电感的要求没有 RCC 那么高,因而这部分计算比较简单。

4.3.1 初级绕组 N_P 的确定

与 RCC 方式相同,不引起磁芯的磁饱和现象是输出变压器初级绕组匝数设计应满足的条件。初级绕组匝数 N_P 为:

$$N_P = \frac{V_{IN} \cdot t_{on}}{\Delta B \cdot A_e} \times 10^8$$

式中:A_e 为磁芯的有效截面积;t_{on} 为开关晶体管导通时间。

这里必须注意的是 ΔB。由前述可知,磁芯的 B-H 曲线存在磁滞现象,会产生残留磁通。为此,实际的磁通密度的变化量 ΔB 必须满足下面的关系:

$$\Delta B < B_m - B_r$$

同时还必须注意输入电压以及晶体管的导通时间 t_{on}。在稳压控制条件下,如果处于静态工作状态,那么存在 V_{IN} 上升,t_{on} 变窄的关系,但在过渡状态下情况有变化。

例如,从小负载转移到满负载时,输出电流发生急剧变化。如图 4.18 表明,由于电压控制电路不能提前做出响应,因此输出平滑电容器仍持续放电,这就将导致输出电压 V_O 下降。

于是,为了让电压返回到设定的输出电压,电压控制电路必须给出控制信号使晶体管 Tr_1 具有最大的导通时间。由于其与输入电压 V_{IN} 无关,那么对应于最大输入电压 $V_{IN(max)}$ 也会出现导通时间最长的状态,为了保证这种状态下也不能引起输出变压器磁饱和,应按照下式来确定初级绕组的匝数 N_P:

$$N_P = \frac{V_{IN(max)}}{(B_m - B_r) \cdot A_e} \cdot t_{on(max)} \times 10^8$$

磁芯的最大磁通密度 B_m 随温度的变化往往产生偏差,因此应按照标准值的 70% 左右来计算。

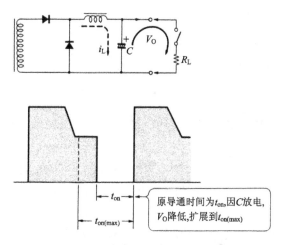

原导通时间为 t_{on},因 C 放电,V_O 降低,扩展到 $t_{on(max)}$

图 4.18 负载急剧变化时的波形

4.3.2 次级绕组 N_S 的确定

输出变压器的次级绕组 N_S 的匝数由输出电压 V_O 决定。由图 4.19 可知,次级绕组电压 V_S 首先应满足:

$$V_S \geq [V_O + (V_{F1} + V_R)] / D_m$$

式中:D_m 为 $t_{on} / (t_{on} + t_{off})$,即占空比 D 的最大值。

V_S 与输入电压 V_{IN} 成正比,输入电压最低时也是如此。由此次级绕组的匝数 N_S 为:

$$N_{\mathrm{S}} = \frac{V_{\mathrm{S}}}{V_{\mathrm{IN(min)}}} \cdot N_{\mathrm{P}} = \frac{V_{\mathrm{O}} + V_{\mathrm{F1}} + V_{\mathrm{R}}}{V_{\mathrm{IN(min)}}} \cdot N_{\mathrm{P}}$$

输出变压器

$$V_{\mathrm{S}} = \frac{V_{\mathrm{O}}}{D} + (V_{\mathrm{F1}} + V_{\mathrm{LD}})$$

线性阻抗引起的电压降

图 4.19 变压器次级电路的电压

N_{S} 越多越好,这样当输入很低时也能使输出电压很稳定。缺点是次级二极管的反向电动势会随之升高,且初级开关电流 i_1 也会增加:

$$i_1 = \frac{N_{\mathrm{S}}}{N_{\mathrm{P}}} \cdot i_2$$

这样必须选择大集电极电流的晶体管,显然这样做并不经济。

通常额定值应留有一定裕量,因此占空比取 $D \approx 0.45$。

4.3.3 与输出变压器相适应的磁芯

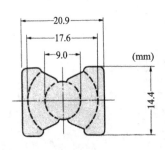

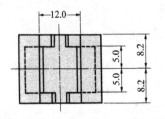

图 4.20 PQ 磁芯(PQ2016)的形状

正向变换器中用到的输出变压器与 RCC 的不同,不必设计插入间隙,而且与其增大初级绕组的电感,还不如减少励磁电流。

因此它需要有有效导磁率 μ_{e} 较大的磁芯。同时为了减少各个线圈的匝数,最好选择最低磁通密度 B_{m} 较大而残留磁通 B_{r} 较小的磁芯。

为了减少铁损,应采用损耗系数小的磁芯。因此应根据开关频率灵活地选择磁芯,有关内容请参照第2篇表1.9。

环型磁芯的漏电感小,初级和次级的耦合度好,而且整体特性也非常好。但从线圈绕制的方便程度来说,通常还是乐意选择 EE 型或 EI 型磁芯。PQ 型磁芯的形状如图 4.20 所示,由外形尺寸的比例可知,它属于一款结构紧凑、有效截面积较大的磁芯。

4.4 次级整流电路的设计

正向变换器的次级整流电路与非绝缘型降压斩波变换器的工作原理完全相同。将图 4.21 中的二极管 D_1 换成开关晶体管,则与输入电压为 V_S 的降压型斩波变换器相同。

将晶体管 Tr_1 换成整流二极管,电路的工作原理与斩波变换器(降压型斩波)相同

图 4.21 次级整流电路结构

4.4.1 扼流线圈的确定方法

首先介绍扼流线圈的工作原理。流过扼流线圈 L_1 的电流 i_L 的变化量为

$$\Delta i_L = \frac{V_S - V_O}{L_1} \cdot t_{on} = \frac{V_O}{L_1} \cdot t_{off}$$

式中:Δi_L 就是整个流过平滑电容器 C_1 的纹波电流,$i_{2(min)} = i_{3(min)}$ 为其直流成分,它们不流过电容器 C_1。

因此,Δi_L 使 C_1 两端产生纹波电压 ΔV_O,这就是输出纹波电压。

如图 4.22 所示,设平滑电容器 C_1 的等价内部阻抗为 Z_C,则电容器两端的纹波电压为:

$$\Delta V_O = \Delta i_L \cdot Z_C$$

对于某一确定的电容器,输出纹波电压的增加与 Δi_L 成正比,而 Δi_L 与扼流线圈的电感 L_1 成反比,因此要想减小输出纹波电压,最好采用大电感的线圈。

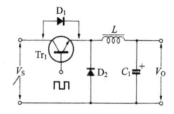

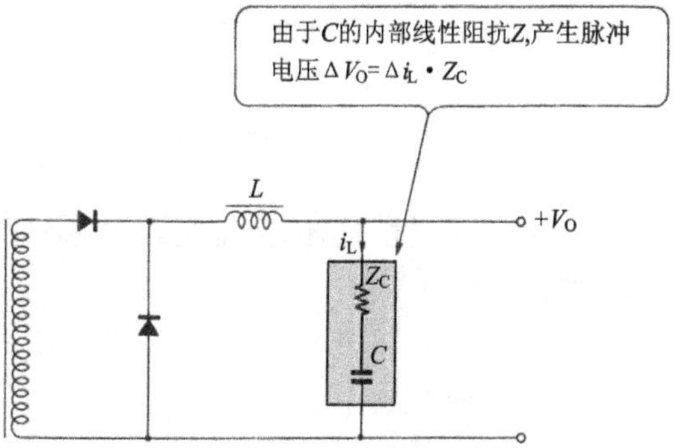

由于 C 的内部线性阻抗 Z,产生脉冲电压 $\Delta V_O = \Delta i_L \cdot Z_C$

图 4.22 输出脉动电压的产生

初级开关晶体管 Tr_1 的集电极电流 i_1 也与 L_1 中的电流 i_L 成正比,L_1 的电感

越大,最大值 i_{1P} 越小。

但是,若线圈的电感太大,扼流线圈的体积将变得很大,而且也不经济。通常扼流线圈的电流 Δi_L 较为合理的值约为 $0.3I_O$。因此,通常由下式计算扼流线圈的电感值 L_1:

$$L_1 = \frac{V_S - V_O}{0.3 \cdot I_O} \cdot t_{on} = \frac{V_O}{0.3 \cdot I_O} \cdot t_{off}$$

同样,Δi_L 也随输入电压 V_{IN} 变化而改变。因此,为稳定输出电压 V_O,应根据输入电压的变化控制晶体管的占空比。例如,输出变压器的次级端子电压 V_S 上升,则 t_{on} 变窄,而 t_{off} 变宽,结果导致 Δi_L 增大。

因此,在计算扼流线圈电感时也要考虑上述影响,使最高输入电压条件下的脉动电流 Δi_L 也满足纹波 Δi_L 的要求。

4.4.2 扼流线圈用磁芯的选择方法

由纹波电流计算线圈电感之前,必须先选定线圈的磁芯。

与输出变压器相同,我们要注意避免出现磁芯磁饱和。照片 4.2 给出磁芯正常和磁饱和两种状态下,开关晶体管的集电极电流波形。显然,(b)中电流发生了很大变化。

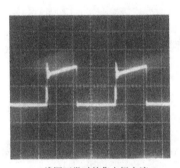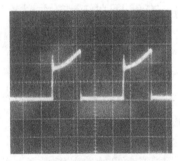

(a)线圈正常时的集电极电流　　　(b)磁饱和时的集电极电流

照片 4.2 扼流线圈的磁饱和

为了减小磁芯的损耗,扼流线圈磁芯材质的主要成分通常选钼的模压制品或者 EI 型铁氧体磁芯。

扼流线圈的电感值由 *Al Value* 值(1 匝线圈的电感)和匝数 N_L 的平方决定:

$$L = Al\ Value \cdot N_L^2$$

但是,无论对于什么磁芯,避免引起磁饱和的最大值是不变的,它由匝数 N_L 和电流 I_C 的乘积决定,常用 $A \cdot T$ 乘积表示,称之为安培匝数。

图 4.23 表示随 EI 型铁氧体磁芯的间隙参数不同,最大 $A \cdot T$ 乘积与 *Al Value* 的关系。间隙越大,$A \cdot T$ 积就越大,与之对应的 *Al Value* 就越小,而匝数

N_L 就越多。

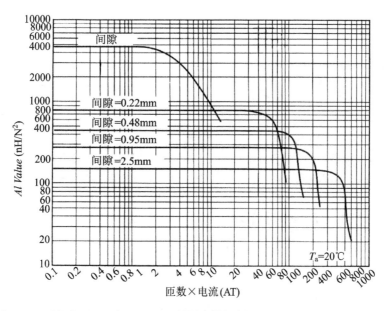

图 4.23　磁芯的 A·T 与 *Al Value* 的关系[材质为 2500B,东北金属工业(株)]

通常,在扼流线圈的损耗中,铜损比铁损要大得多。因此,线圈匝数越多,损耗也越大,温度上升也越严重。温度过高,磁芯很容易发生磁饱和。因而,当匝数较多时,必须采用外形较大的磁芯。

4.4.3　平滑电容器的选择方法

与其他稳压器相同,次级整流电路的平滑电容器采用电解电容器。电容器内部等价阻抗越小,输出纹波电压也越小。普通电容器的阻抗值非常大,如果开关频率在数千赫以上,阻抗将更大。

因此,选用高频、低阻抗的电容器通常可以得到比较好的特性。图 4.24 给出额定值相同的两种电解电容器的阻抗特性。

同时还必须计算流过电解电容器的纹波电流 i_r。纹波电流应采用有效值来表征。电解电容器中纹波电流 i_r 的波形如图 4.25 所示,形状近似于三角波,大小为:

$$i_r = \sqrt{\frac{1}{T}\int_0^T i_C{}^2 \mathrm{d}t} = \frac{1}{\sqrt{3}} \cdot \Delta i_L$$

如果输出电流相同,那么正向变换器输出的纹波电流比 RCC 方式要小一些。

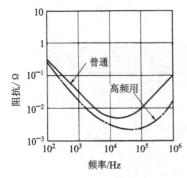

图 4.24 普通的和高频电解
电容器的阻抗特性比较

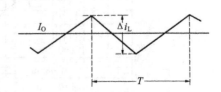

图 4.25 流过电容器的纹波
电流波形

4.4.4 整流二极管的选择方法

根据执行的动作,图 4.26 所示的正向变换器的次级整流电路中,D_1 称为整流二极管,D_2 称为续流二极管。

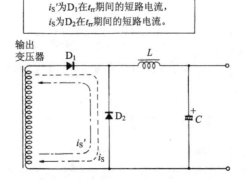

图 4.26 基于二极管 t_{rr} 的短路电流

这两个二极管都必须采用高速二极管。正如图 4.26 所示,若晶体管 Tr_1 导通,在 D_2 反向恢复时间 t_{rr} 内,短路电流 i_S 流过路径为 $D_1 \rightarrow D_2$,反之,在 Tr_1 截止的瞬间,短路电流 i_S' 也流过 $D_1 \rightarrow D_2$。

上述电流是产生大噪声的主要原因,也是产生功率损耗的原因。例如,除了二极管自身的损失,还有与 i_S 成正比的电流流过晶体管的集电极。于是,Tr_1 导通时,V_{CE} 波形会产生图 4.27 中的牵连电压。

产生上述现象的原因是短路电流过大造成晶体管的基极电流不足,晶体管不能继续维持在 $V_{CE(sat)}$ 区域工作。变压器次级端子电压越高,则 i_S 越大,此时 V_{CE} 的牵连电压可达到 $70 \sim 80V$,而且在此期间,流过晶体管集电极的电流非常大,即使

t_{rr} 很短,也会产生很大损耗。因此,D_1、D_2 都应采用反向恢复特性快的二极管。

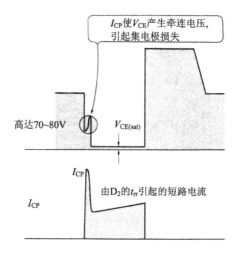

图 4.27　开关晶体管的 V_{CE} 波形的牵连

二极管损耗的大部分都是由正向电流和正向电压引起的。设输出电流为 I_O,则 D_1、D_2 的损耗近似为:

$$P_{D1} = I_O \cdot V_{F1} \cdot \frac{t_{on}}{T}$$

$$P_{D2} = I_O \cdot V_{F2} \cdot \frac{t_{off}}{T}$$

在正向变换器中,有 $t_{off} > t_{on}$,特别是处于过流保护状态时,如照片 4.3 所示有

$$t_{off} \approx T$$

因此,通常续流二极管 D_2 的损耗很大,这一点需特别注意。

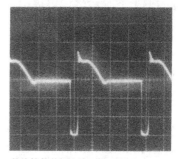

晶体管的基极电流 (0.5A/div,5 μs/div)

照片 4.3　过流保护动作时

4.5　辅助电源电路的设计

在正向变换器中,为使开关晶体管安全、高效地工作,需要配备多种功能控制电路(实际上可以借助专用 IC)。通常将驱动开关稳压器控制电路的电源电路称为辅助电源。

4.5.1　小型串联稳压器

如图 4.28 所示,最简单的方法就是采用小型工业电源变压器。不过在整流过

程中电源电压 V_{CC} 的变化较大，因此需带有简单的稳压电路。

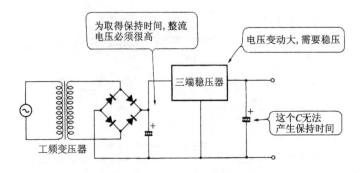

图 4.28　工频变压器组成的辅助电源

　　辅助电源同时也必须为开关晶体管的基极提供驱动电流。如果稳压电路的损耗达到 2～3W，那么辅助电源将很大。因此这种方法的实用性较差。

4.5.2　采用简易 RCC 方式

　　如图 4.29 所示，简易 RCC 稳压器是制作辅助电源最为普遍的方法，它既能减小损耗，又可实现小型化。

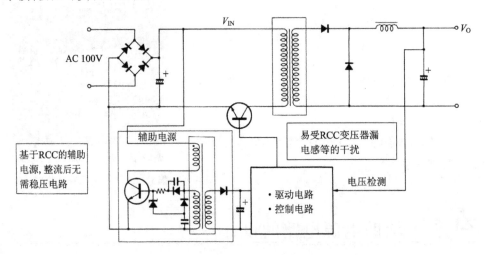

图 4.29　RCC 方式的辅助电源

　　但该方法存在的问题是 RCC 变压器的漏电感将对正向变换器的控制电路产生干扰。

　　该控制电路利用高增益对小信号电平放大，若 RCC 电路的噪声成分被感应，将引起近似寄生振荡的相互干扰，其结果是造成输出在任意周期内都包含很严重的纹波电压。

因此,如果选定这种方式,那么在元器件的配置上应注意 RCC 变压器和控制电路的连接不得太近。

4.5.3　输出变压器附带辅助电源绕组

图 4.30 所示的电路结构称为初级控制方式,其控制电路及开关晶体管的驱动电路配置在初级电路一侧,而稳压控制用的误差放大器则配置在次级电路一侧,稳压控制信号通过光电耦合器传递。

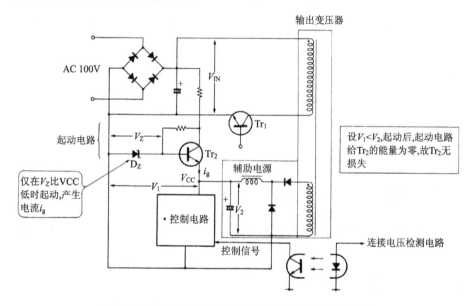

图 4.30　基于输出变压器的初级控制方式的控制电源

这种方式有一点值得特别注意,若主体开关电路停止动作,则辅助电源也必然停止工作,因此,在开关电路动作之前需要驱动辅助电源,称之为起动电路。

输入电源 V_{IN} 接通后,首先经过串联稳压器,将电压降至 15V 左右后控制电路动作。然后,在输出变压器的辅助绕组上产生电压,用作控制电路的电源。

此时,若让起动电路的电压 V_1 和来自辅助绕组的电压 V_2 建立以下关系:

$$V_1 = V_Z - V_{BE} < V_2 = \frac{N_B}{N_P} \cdot V_{IN} \cdot \frac{t_{on}}{t_{on} + t_{off}}$$

则可以减小起动电路的损耗。不过通常齐纳二极管 D_Z 中的电流属于无功电流,所以可按照图 4.31 所示,采用结合电容器提供电流的方法。

也就是说,只是在起动电容器 C_S 充电结束前对齐纳二极管 D_Z 提供偏置电流。但是采用这个方法须特别注意,如果输入电源 ON/OFF 的间隔很短,C_S 无法充分、反复地充放电,那么电路有时根本就无法起动。

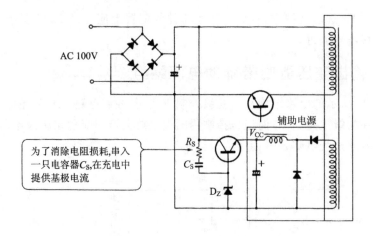

图 4.31　基于电容器的起动电路

4.6　基于 TL494 的控制电路设计

4.6.1　控制 IC——TL494

正向变换器方式的稳压控制最好采用前述的 PWM 控制,为此已经开发了通常的专用 IC 控制芯片。

市售的 PWM 控制 IC 芯片中,典型的可以举出 TI 公司的 TL494。下面就这一款 IC 为例,叙述各种控制电路的设计方法。

图 4.32 给出 TL494 的结构,表 4.1 给出它的电气特性,照片 4.4 给出其外观。

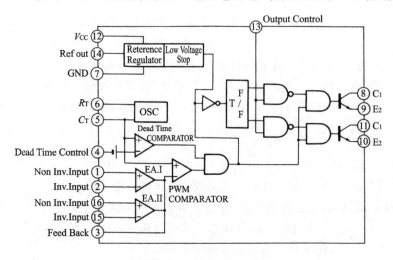

图 4.32　TL494 的等效电路

表 4.1[8]　　TL494 的电气特性

项　目	符　号	TL494C min	TL494C max	单　位
电源电压	V_{CC}	7	40	V
误差放大器输入电压	V_I	-0.3	$V_{CC}-2$	V
输出电压	V_{CER}		40	V
输出电流(1 个电路)	I_C		200	mA
误差放大器同步电流	I_{OAMP}		0.3	mA
计时器容量范围	C_T	0.47	10 000	nF
计时器阻抗范围	R_T	1.8	500	kΩ
振荡器频率	f_{OSC}	1	330	kHz
动作稳定范围	T_{ope}	-20	85	℃
基准电压	V_{REF}	4.75	5.25	V

照片 4.4　TL494 的外观

该 IC 芯片不仅具有进行 PWM 控制的功能,而且还几乎把正向变换器控制所需的全部功能集中到一个芯片中。

4.6.2　软起动电路的必要性

输入电压接通时,正向变换器方式需要通过软起动电路使输出电压平缓地上升。

之所以这样是因为电源处于起动状态时输出电压为零。如果没有软起动电路,开关晶体管的控制信号在最大 ON 宽度时开始动作。由于输出侧的平滑电容器两端的电压也为 0V,因此会产生极强的充电电流(图 4.33),结果将导致开关晶体管的集电极电流超出额定值,甚至造成元器件的损坏。

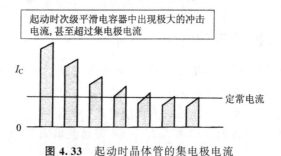

图 4.33　起动时晶体管的集电极电流

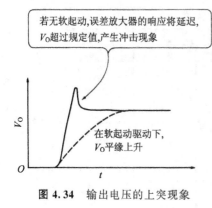

若无软起动,误差放大器的响应将延迟,V_0 超过规定值,产生冲击现象

在软起动驱动下,V_0 平缓上升

图 4.34 输出电压的上突现象

图 4.34 给出无软起动电路的输出电压特性曲线。由图可见,在起动瞬间输出电压将超过规定值,产生冲击电流。

理想情况是,电路起动时刻,控制信号的导通时间先是很窄,然后再慢慢变宽。如图 4.35 所示,控制 IC 内部的 PWM 比较器的直流控制信号随电容器的充电时间慢慢变化,于是来自振荡器的三角波的箝位电平也慢慢变化,从而使电路实现软起动动作。

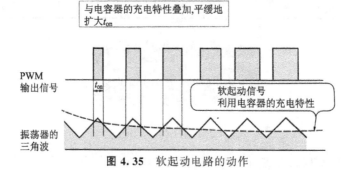

与电容器的充电特性叠加,平缓地扩大 t_{on}

PWM 输出信号

t_{on}

软起动信号利用电容器的充电特性

振荡器的三角波

图 4.35 软起动电路的动作

4.6.3 死区时间的控制原理

前面我们说明了由于变压器的复位关系,正向变换器的最大占空比被限制在 $D_{max}=0.5$ 的理由。如果换成 PWM 变换器,那么占空比可扩展到 $D=1$。

这样就需要增加一项死区时间控制功能,以便能够从外部来设定 PWM 控制的最大 ON 时间。

TL494 的引脚 4 就是死区时间校正端子。IC 内部振荡器的三角波电压在 0.2~1.3V 之间,三角波电压高于引脚 4 的电压的时间就是控制信号的 t_{on}。因此,通过设定引脚 4 的电压便可以决定 PWM 输出的最大 ON 时间。

4.6.4 过流保护的方法

为防止误操作造成的输出短路,电源需要添加过流保护功能。过流保护一般在达到额定电流 120% 的点开始动作。

过流保护功能的作用是不让输出电流超过某一额定值,实际上,它是通过降低输出电压来实现保护动作的。如图 4.36 所示,设负载电阻为 R_L、短路电流为 I_{sc},则有

$$V_O = I_{SC} \cdot R_L$$

由此可知,减小输出电压,即可限制短路电流 I_{SC}。

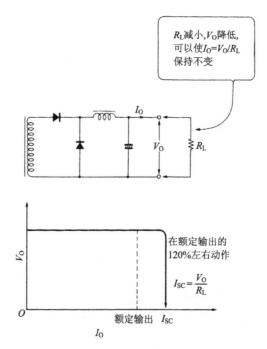

图 **4.36**　过电流保护电路的动作

因此,在 PWM 控制电路中,一旦检测到出现过电流,只要减小晶体管的导通时间,其输出电压就会降低,起到过流保护作用。

4.6.5　基于电阻的过电流检测方法

最普通的过电流检测方法是在直流输出的(一)侧串联低阻值的电阻 R_{SC}。如图 4.37 所示,若在平滑电容器之前串接一个电阻,那么就不仅能检测起动时电容器的冲击电流,而且还起到保护作用。

因此,在 TL494 的电路中,过流检测的负电压和正的基准电压都连接到引脚 15 上,而差动输入的另一端即接地引脚 16,如图 4.38 所示。

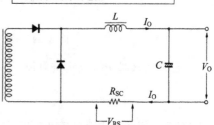

图 **4.37**　输出变压器次级的电流检测

假设负载电流增加,检测电阻 R_{SC} 上的电压降也增大,引脚 15 的电压变为 0V。误差放大器输出高电平,PWM 输出的

ON 时间变短,输出电压降低,从而实现过流保护。

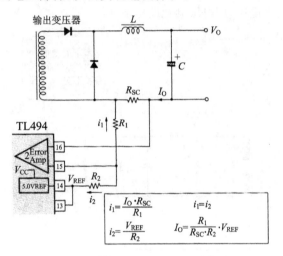

图 4.38 基于 TL494 的过电流保护

4.6.6 基于电流互感器的过流检测

如图 4.39 所示,过电流检测的另一种方法是检测初级一侧的晶体管集电极电流。为使初级和次级线圈之间绝缘,此处采用电流互感器 CT。

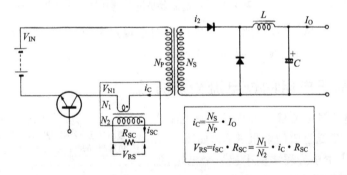

图 4.39 输出变压器初级的电流检测

电流互感器初级绕组的电流 i_C 与次级电流 i_S 成正比,次级电流 i_S 表示为:

$$i_S = \frac{N_1}{N_2} \cdot i_C$$

因此可知,增加次级绕组的匝数 N_2,可以减小 i_S,从而减小功率损耗。

为使检测电流转换成电压,可在 N_2 线圈上连接一个电阻,电阻两端的电压 V_{RS} 与 i_C 成正比,即

$$V_{RS} = i_{SC} \cdot R_{SC} = \frac{N_1}{N_2} \cdot i_C \cdot R_{SC}$$

由电压 V_{RS} 可以实现过电流检测。

此时,在 CT 的初级绕组上产生的电压降与匝数比之平方成正比,即

$$V_{N1} = \frac{N_1}{N_2} \cdot V_{RS} = \left(\frac{N_1}{N_2}\right)^2 \cdot i_C \cdot R_{SC}$$

由该电压可求得磁通密度的增加量 ΔB 为:

$$\Delta B = \frac{V_{N1} \cdot t_{on}}{N_1 \cdot A_e} \times 10^8$$

因此,匝数比越小检测电压越高,但这时一定要注意磁芯有可能出现磁饱和。

通常 N_1 为 1 匝,而匝数比在 200 以上。

4.6.7 低输入电压时的保护

如果 AC 输入电压降低,辅助电源电压 V_{CC} 也降低,开关晶体管的驱动电流减小。此时,将出现开关晶体管基极电流不足,集电极-发射极间电压无法完全达到饱和电压 $V_{CE(sat)}$ 的情况,从而导致晶体管损耗加剧。

因此,需添加低输入保护电路,其功能是当输入电压低于某一值时,停止开关的动作。

图 4.40 给出具有这种保护功能的电路。首先,在辅助电源变压器的次级构造一个与输入电压成正比的负电压 V_E。V_E 及正的基准电压 V_{REF} 都与晶体管 Tr_1 的基极相连。

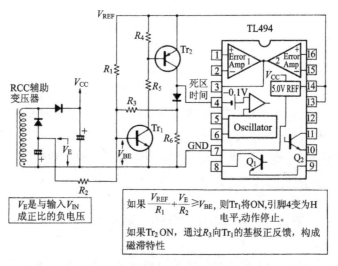

图 4.40　低输入电压时的保护电路

若输入电压降低，V_E 也减小，Tr_1 的基极变为高电平，晶体管导通，于是 Tr_2 也导通。同时 IC 的引脚 4 变为高电平，使引脚 9 和引脚 10 的输出停止。

此时，如果输入电压 V_IN 保持在 Tr_1 的基极电压的门限值附近，在初级整流纹波的影响下，可能出现反复 ON/OFF 操作的现象，称为泵频症状。

在实际电路中接入电阻 R_3 后将使低输入保护动作具有磁滞特性，如图 4.41 所示。这样，与输入电压上升相比，在输入电压下降时就会出现低于晶体管门限电压的情况，于是制止了泵频的发生。

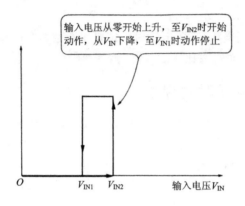

输入电压从零开始上升，至 V_IN2 时开始动作，从 V_IN 下降，至 V_IN1 时动作停止

图 4.41 输入电压降低的磁滞特性

4.6.8 使用 TL494 的注意事项

TL494 的振荡频率是由引脚 5 的 C_T 和引脚 6 的 R_T 设定的。该 IC 的最高频率可达到 300kHz，且具有相位差为 $180°$ 的两个输出 Q 和 $\overline{Q}$。

对于正向变换器，可采用 Q 或 $\overline{Q}$ 中的任何一个作为输出，也可以把 Q 和 $\overline{Q}$ "OR" 连接使用。该 IC 的内部约有 5% 的死区时间，所以单一输出时的最大占空比只能到 $D_\mathrm{max} = 0.45$。处于布尔 "OR" 连接时，应注意开关频率为振荡频率的 2 倍。

TL494 内置有两个误差放大器：一个用作稳压控制；另一个用作过流保护。由于同相输入电压可以从 $-0.3\mathrm{V}$ 开始，因此，很低的检测电压即可使其动作。

4.7 开关晶体管的驱动电路设计

对于正向变换器来说，开关晶体管的驱动电路是非常重要的组成部分，甚至可以说它设计的好坏决定了开关晶体管的损耗。特别是在超过 100kHz 的高速开关稳压器中，为了减小开关晶体管的损耗，晶体管关断时必须具有反向偏压。

4.7.1 MOS FET 驱动分析

与双极型晶体管相比,MOS FET 通常更容易实现高速开关动作。MOS FET 属于电压控制元件,不需要门极驱动电流。因此在很低的电压下就能实现开关动作。

不过 MOS FET 的门极-源极之间存在相当于 $2000 \sim 3000pF$ 的静电容量(图 4.42)。在 ON/OFF 的过渡状态下,若该电容不能快速充放电,就将影响到开关速度的提高。

MOS FET 处于 ON 状态时,门极-源极间的电压 V_{TH}(阈值=门限电压)在 3V 以上,设计开关驱动电路时也必须考虑到这一点。

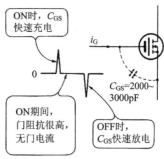

图 4.42 MOS FET 的门电路

4.7.2 基于变压器的 ON 激励方式

图 4.43 为 MOS FET 驱动时常用的变压器驱动电路。首先,若驱动晶体管 Tr_2 ON,则 MOS FET 的门极被施加正向偏压并导通。由于具有这样的动作特点,因此也称为 ON 激励方式。

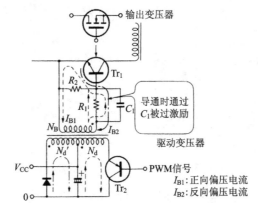

图 4.43 MOS FET 驱动时常用的变压器驱动电路

该电路中,C_1 是一个加速电容器,能对 Tr_1 的栅电容快速充电。在 Tr_2 导通期间,励磁电流流过绕组 N_d 使驱动变压器存储励磁能量。

然后,若 Tr_2 OFF,驱动变压器的励磁能量产生反向电动势,驱动变压器各绕组的电压反向。同时,MOS FET 的门极-源极间也施加负的反向偏压,在它的作用下,栅电容迅速放电,使 Tr_1 快速转移到 OFF 状态。

基于上述动作过程，MOS FET 的开关速度可达到 $t_r = t_f = 30\text{ns}$ 的高速度，而且损失非常小，可以实现高频开关动作。

4.7.3 双极型晶体管的驱动

ON 激励方式也可以用于双极型晶体管驱动。晶体管导通时的反向偏压电流 I_{B2} 由驱动变压器的励磁电流决定。

设 N_d 线圈的励磁电感为 L_{N1}，则 t_{on} 期间励磁电流的最大值 i_{eP} 为：

$$i_{eP} = \frac{V_{CC}}{L_{N1}} \cdot t_{on}$$

因此，若驱动晶体管 Tr_2 OFF，开关晶体管 Tr_1 的基极反向偏置电流 I_{B2} 为：

$$I_{B2} = \frac{N_d}{N_B} \cdot i_{eP} = \frac{N_d}{N_B} \cdot \frac{V_{CC}}{L_1} \cdot t_{on}$$

I_{B2} 仅存在于开关晶体管 Tr_1 的存储时间 t_{stg} 内，此后不复存在。与此同时各个线圈的反向电动势上升。因此，利用 N_d' 线圈和二极管，就可以使 N_d 线圈的电压箝制于 V_{CC}。同时，剩余的驱动变压器的存储能量重回到 V_{CC}。该动作与主电路的变压器复位动作相同（照片 4.5）。

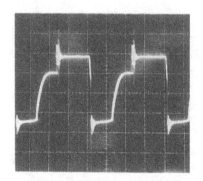 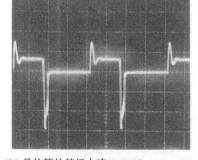

(a) 晶体管的基极电压(1V/div、5μs/div)　　(b) 晶体管的基极电流(0.5V/div、5μs/div)

照片 4.5　ON 激励方式的驱动波形

4.7.4 基于箝位二极管的非饱和驱动

如果找不到 MOS FET，手头只有双极型晶体管，那么采用外加任意电压 V_{CE} 的非饱和动作方式，还是能让驱动比晶体管工作在饱和区域 $V_{CE(sat)}$ 下工作的开关速度快得多。

如图 4.44 所示，基极串联了二极管 D_1、D_2，二极管 D_3 与集电极相连。此时，晶体管的发射极为各电压的参考基准，驱动变压器与前面的 ON 激励方式的相同。

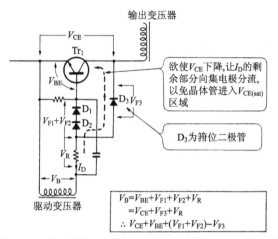

图 4.44 基于箝位二极管的双极型晶体管的非饱和驱动

驱动变压器的线圈端子电压 V_B 为：

$$V_B = V_{BE} + (V_{F1} + V_{F2}) + V_R$$
$$= V_{CE} + V_{F3} + V_R$$

由此，求得此时晶体管 Tr_1 的 V_{CE} 为：

$$V_{CE} = V_{BE} + (V_{F1} + V_{F2}) - F_{F3}$$

设各个二极管的正向电压降 V_F 全部相等，则有

$$V_{CE} = V_{BE} + V_F$$

这表示晶体管 Tr_1 处于非饱和状态。

另外，如图 4.45 所示，对驱动变压器采用一些改进措施也能实现非饱和驱动。同样，求得此时晶体管的 V_{CE} 为：

$$V_{CE} = V_B + V_C - V_F = V_B\left(1 + \frac{N_C}{N_B}\right) - V_F$$

由此可知，通过改变 N_B 和 N_C 的匝数比，即可任意设定晶体管的 V_{CE}。

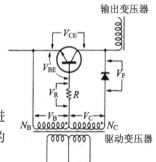

图 4.45 增大驱动变压器构成非饱和驱动

4.7.5 基于变压器驱动的 OFF 激励方式

虽然 ON 激励方式在电路构成方面简单，而且能得到很好的驱动波形，但仍然存在一个缺点。如图 4.46 所示，若输入电压 V_{IN} 上升，则晶体管的 ON 时间 t_{on} 缩短，驱动变压器的励磁电流减小，同时偏压电流 I_{B2} 也将减少。

OFF 激励方式可以改善上述缺点。如图 4.47 所示，若将 PWM 控制的信号加在 Tr_2 的基极，则 Tr_2 导通，驱动变压器的 N_d 绕组有电流 I_d 流过，同时绕组 N_B 有反向偏压电流 I_{B2} 流过。此时，虽然在 N_B 线圈侧对该电流没有限制，但 N_d 绕组

通过电阻 R 与 V_{CC} 相连,起到了限流的作用。

在 Tr_2 ON 的瞬间,N_d 侧的阻抗很高,显然,要阻止大电流 I_{B2} 流过 Tr_1 非常困难,因此串入电容器 C。

由于仅在 Tr_1 的储存时间 t_{stg} 内易于大电流 I_{B2} 流动,该电容器 C 的容量不用太大。因此,时间常数 CR 也很短,在 Tr_1 的 ON 期间,电容器 C 的充电过程必定结束。如此一来,稳定的偏压电流就与 ON 时间 t_{on} 无关,同时可缩短晶体管的 t_{stg}、t_f。

Tr_1 渡过 t_{stg} 后,N_B 绕组侧将再无电流流过,而 N_d 线圈中只有励磁电流继续维持。但是,这也受电阻 R 的限制,因此,不管 t_{off} 如何延长,励磁电流也不可能超过某一值。

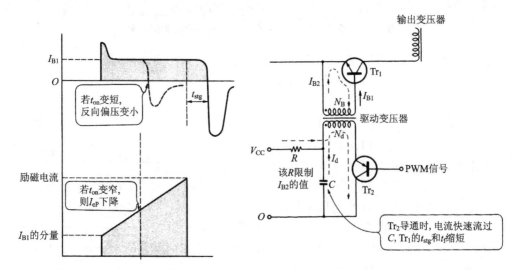

图 4.46 励磁电流和反向偏压电流

图 4.47 基于变压器驱动的 OFF 激励

其次,如果 Tr_2 反向 OFF,驱动变压器将产生反向电动势,Tr_1 的基极处于正向偏置 ON。此时,由安培匝数法则可知,流过 Tr_1 的基极电流 I_{B1} 与 I_d 成正比。

在 Tr_1 导通时,由于电流很大,会产生过激励,加速了 Tr_1 的上升时间 t_r。然后,由于电流 I_d 缓慢减小,因此无需再过度延长 t_{stg} 和 t_f。各部分的电流波形如图 4.48 所示。

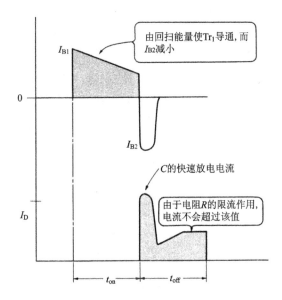

图 4.48 OFF 激励的波形

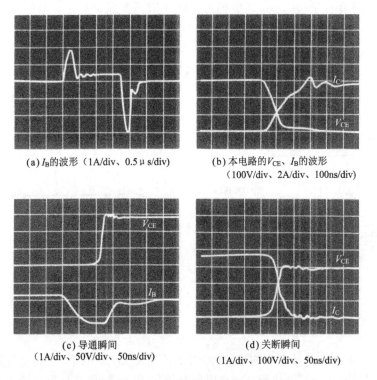

(a) I_B 的波形（1A/div、0.5 μ s/div）

(b) 本电路的 V_{CE}、I_B 的波形
（100V/div、2A/div、100ns/div）

(c) 导通瞬间
（1A/div、50V/div、50ns/div）

(d) 关断瞬间
（1A/div、100V/div、50ns/div）

照片 4.6 CT 激励的各部分波形

对于 OFF 激励方式,晶体管的 t_{on} 越短,辅助电源的功率消耗越大。但它的一大优点是在 I_{B1} 流过期间,N_B 绕组的电压 V_2 仅是 Tr_2 的 V_{BE},减小了消耗功率。

4.7.6 理想的 CT 激励方式

图 4.49 的 CT 激励方法为理想的双极型晶体管驱动方法,CT 即电流互感器。

由于晶体管 Tr_1 的基极电流是由集电极电流 I_C 经 CT 反馈回来的,因此可实现高效的动作。

若向 N_d 绕组施加箭头所示的 ON 脉冲,那么 N_d 绕组将产生使晶体管 ON 的电压,集电极电流 I_C 经 N_C 绕组流出。由此,N_B 绕组中产生使晶体管进一步导通的电流 I_{B1} 为:

$$I_{B1} = \frac{N_C}{N_B} \cdot I_C$$

然后,经过 t_{on},在 $N_d{}'$ 绕组中将有与原方向相反的电流流过。同时,晶体管基极被反向偏压,而 OFF。

无论是 ON 还是 OFF,脉冲的宽度都不应过宽,在 t_{on} 或 t_{off} 期间不需要驱动电流,甚至可以是触发脉冲。

总之,如图 4.50 所示,晶体管的 ON 脉冲的宽度大于晶体管的导通时间 t_r,而 OFF 脉冲的宽度大于 $t_{stg} + t_r$ 即可。

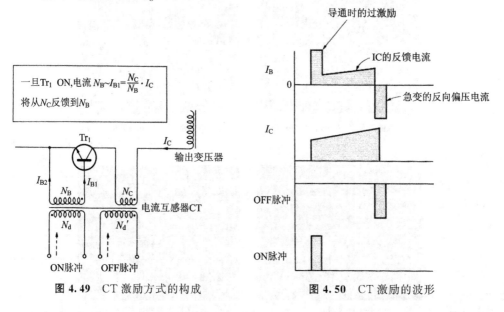

图 4.49 CT 激励方式的构成　　　　图 4.50 CT 激励的波形

如果加大各个脉冲电流的峰值,加快上升速度 di/dt 的话,可提高晶体管的开关速度。另外,从 N_C 绕组到 N_B 绕组的反馈电流 I_{B1} 与集电极电流成正比,因此,设晶体管的最佳 h_{FE} 为 β,则有

$$\frac{N_C}{N_B} = \frac{I_C}{\beta}$$

若 CT 的匝数比一定,即可为晶体管提供最佳基极电流。

4.7.7 CT 激励电路的详细设计

下面以图 4.51 为例来说明激励脉冲的生成电路。IC_1 和 IC_2 采用普通变换器,如果打算用大 di/dt 做触发脉冲,以满足高频电源,需要采用频率特性非常好的元器件。

若来自振荡器的三角波电平超过另一端差动输入的直流电压的门限电平,则 IC_1 输出反向,沿 Tr_2 的发射极→Tr_2 的基极→C_1 的路径有电流流过,Tr_2 导通。

Tr_2 的导通时间由 C_1 的充电时间常数决定,且 ON 期间流过 N_d 绕组的电流构成开关晶体管的 ON 触发脉冲。

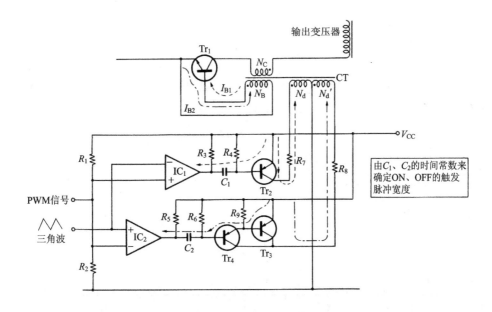

图 4.51 CT 励磁的触发脉冲电路

经 t_{on} 后,若三角波电平低于门限电平,则 IC_2 输出反相,使 Tr_3 ON。同时,经 N_d' 绕组励磁,产生与先前相反的使 Tr_1 反向偏压的 OFF 触发脉冲。当然,此时的脉冲宽度由 C_2 的充电时间常数决定。

若打算让 OFF 脉冲的电流值大于 ON 脉冲,达到加速 t_f 的目的,限流电阻 R_8 的值应比 R_7 选得小一些。

IC_1 或者 IC_2 的输出为高电平期间,让 C_1 或 C_2 经由 R_3 和 R_4,或者 R_5 和 R_6 放电,进入下一次循环的待机状态。

调整 R_1 和 R_2 的分压比可改变门限电平,IC_1 和 IC_2 的 ON 时间也会随之变化,因此将其与误差放大器的输出连接,即可进行 PWM 控制。

照片 4.6 为频率 200kHz、功率 144W 的输出波形。让它在关断时以 t_{stg} 为 $0.2\mu s$,$t_f=40ns$ 动作,则转换效率为 86%。

选 CT 为 EI19 型磁芯,采用 $N_d=N_d':N_B:N_C=30_T:10_T:1_T$ 的小型变压器即可得到满足要求的励磁波形。

CT 励磁电路的实例将在在后面的双管式变换器中介绍。

正向变换器的设计实例	
输入	AC100V
输出	24V、6A
频率	100kHz

1.控制电路的设计

作为前面各种正向变换器设计方法的总结,下面来举一个实际的开关稳压器设计。

图 4.52 所示为一个电路设计的实例。该电路采用图 4.32 中介绍的 PWM 开关稳压控制 ICTL494,以 ON 激励方式作为变压器驱动。

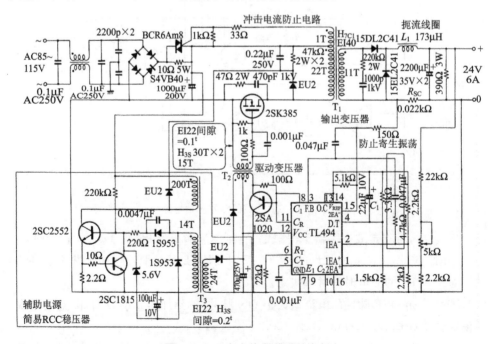

图 4.52 正向变换器的设计实例

该电路的振荡频率由 TL494 的外接 C_T 和 R_T 决定。本例的 $f=50\text{kHz}$,由图 4.53 可知,$C_T=1000\text{pF}$,$R_T=22\text{k}\Omega$。IC 中的 Q 和 $\bar{Q}$ 相位差为 $180°$,电路采用布尔"OR"连接,实际的开关频率为 100kHz。

TL494 的引脚 4 是死区时间的 ADJ 端子,为使开关晶体管达到最大 ON 时间,或者说占空比 $D=0.5$,必须将电压 V_{REF} 经电阻分压后变成 1.6V 的电压。

若该端子的电压升高,则 PWM 输出的 ON 时间的最大 t_{on} 变窄。因此,在电源起动时,ADJ 端子与 V_{REF} 间应该连接电容器,使 t_{on} 慢慢扩宽,这也就是软起动功能。

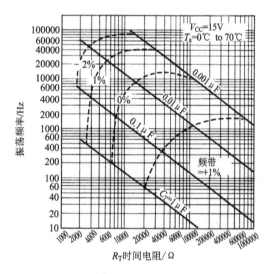

图 4.53[8]　　TL494 的振荡频率

在稳压控制用误差放大器中,来自引脚 13 和引脚 14 的 2.5V 基准电压经两只 2.2 kΩ 的电阻分压后与引脚 2 连接。另外,引脚 2 和引脚 3 之间连接的 4.7kΩ 电阻和 0.047μF 电容器的作用是相位补偿以防止寄生振荡。

过流保护由 0.022Ω 电阻 R_{SC} 检测到的电压 V_{RSC} 实现,当 V_{RSC} 为:

$$V_{RSC}=1.2\times I_O\times 0.022\approx 158(\text{mV})$$

时过流保护动作。实际上,V_{REF} 连接了 5.1kΩ 的电阻,所以当 V_{RSC} 为:

$$V_{RSC}=\frac{150\Omega}{5.1\text{k}\Omega}\times V_{REF}=147(\text{mV})$$

过电流保护动作。由此求出过流限制电流 I_{SC} 为:

$$I_{SC}=\frac{V_{RSC}}{0.022}=6.7(\text{A})$$

2. 输出变压器

输出变压器的磁芯取为第 2 篇表 1.9 中的高频磁芯 EI40,它的材质为 H_{7C1}。

为了避免磁饱和,确保磁芯的安全性,应该按最大输入电压以及最大导通时间求初级绕组 N_P,即

$$N_P = \frac{V_{IN(DC)} \cdot t_{on}}{(B - B_r) \cdot A_e} \times 10^8$$

$$= \frac{115 \times \sqrt{2} \times 0.9 \times 5 \times 10^{-6}}{(3200 - 600) \times 1.27} \times 10^8$$

$$= 22(匝)$$

式中: B_r 为残留磁通。正如前面图 4.12 说明的那样,它是由于无法返回到 B-H 曲线零点所产生。对于没有间隙的变压器,在设计时必须注意这一点。

最低输入电压时,次级绕组 N_S 为:

$$N_S = 2 \times \frac{V_O + V_F + V_{LD}}{V_{IN(DC)}} \cdot N_P$$

$$= 2 \times \frac{24 + 1 + 1}{85 \times \sqrt{2} \times 0.9} \cdot 22$$

$$= 10.6(匝)$$

取 $N_S = 11$ 匝, V_{LD} 为导线电压降。

3. 整流用扼流线圈

次级整流用扼流线圈的电感 L_1 是根据在输入电压最大条件下脉动电流 ΔI_L $= I_O \times 30\%_{P-P}$ 求出的,此时的占空比 D 为:

$$D = \frac{V_O}{(N_S/N_P) \cdot V_{IN} - (V_F + V_{LD})}$$

$$= \frac{24}{(11/22) \cdot 115 \times \sqrt{2} \times 0.9 - (1+1)}$$

$$= 0.34$$

因此,

$$L_1 = \frac{(N_S/N_P) \cdot V_{IN} - (V_O + V_F + V_{LD})}{\Delta I_L} \cdot t_{off}$$

$$= [(11/22) \times 115 \times \sqrt{2} \times 0.9 - (24 + 1 + 1) \times 6.6 \times 10^{-6}] \div 1.8$$

$$= 173(\mu H)$$

同时,求得初级电流 i_1 的峰值为

$$i_{1P} = \frac{N_S}{N_P} \cdot i_{2P} = \frac{N_S}{N_P} \cdot \left(I_O + \frac{1}{2}\Delta I_L\right)$$

$$= \frac{11}{22} \times \left(6 + \frac{1.8}{2}\right) = 3.45(A)$$

该方式的输出平滑用电容器的脉动电流比 RCC 方式的小得多,因此采用高频、低阻抗的电容器即可抑制输出脉动电压。

控制电路用的辅助电源是采用简易 RCC 的开关稳压器，$V_{CC}=15\text{V}$。

接在输入侧交流电路的三端双向可控硅 BCR6AM8 的作用是防止平滑电容器产生冲击电流。

接通输入电源后，三端双向可控硅先是处于截止状态，同时通过 10Ω 电阻对平滑电容器（$1000\mu\text{F}$）充电。等到电容器的端电压上升，开关动作滞后，输出变压器的 1T 绕组产生电压，驱动三端双向可控硅的门极导通。

于是与可控硅并联的 10Ω 电阻被短路，10Ω 电阻的损耗是不会太大的。

可控硅的门极信号不必非是直流，我们在这里就采用交流的开关波形。

双管式正向变换器的设计实例	
输入	AC100V
输出	+5V、60A
频率	100kHz

对于大功率输出，可以采用第 2 篇第 5 章介绍的推挽方式或半桥方式。但是这些方式都会产生变压器的磁饱和，诸如交叉电流传导、偏励磁现象等。开关频率越高越容易发生这些问题。

高频下实现大功率输出的一个方法是采用双管式的正向变换器。下面介绍双管式正向变换器以及由此构成的 +5V、60A 大容量稳压器。

1. 双管式正向变压器的基础

图 4.54 所示为双管式正向变换器的基本电路。该方式中，输入电压 V_{IN} 经过分压，2 个电容器上分别得到 $V_{IN}/2$ 的电压。电容器的中点经电阻 R 与变压器的中点相连。

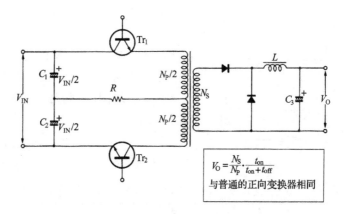

$$V_O = \frac{N_S}{N_P} \cdot \frac{t_{on}}{t_{on}+t_{off}}$$
与普通的正向变换器相同

图 4.54　双管式正向变换器的基本电路

2 只晶体管 Tr_1 和 Tr_2 具有相同的基极电流，同时进行 ON/OFF 操作。因此, OFF 时晶体管的 V_{CE} 是单管式正向变换器电压的一半。

由于两只晶体管开关的储存时间 t_{stg} 具有离散性, 连接在变压器中点的电阻 R 可起到防止两个晶体管单方承受 2 倍电压得作用。

例如, 设 Tr_1 的 t_{stg} 比 Tr_2 的短, 那么即使往两只晶体管上加上相同的基极信号, 由于 Tr_2 尚处于 ON, 不可避免地全电压 V_{IN} 加到了 Tr_1 上, 如图 4.55 所示。

因此, 它们之间只有通过电阻 R 连接到电容器得中点, 才能实现电压平分。

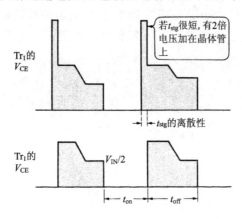

图 4.55 开关晶体管的 V_{CE} 波形

2. 输出变压器的复位

双管式正向变换器的输出变压器的复位由两个二极管 D_1、D_2 来实现, 如图 4.56 所示。

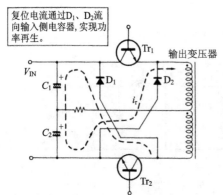

图 4.56 双管式正向变换器的复位电路

如果晶体管 Tr_1 和 Tr_2 OFF, 那么初级绕组产生的复位能量以电流 i_r 的形式流过图中虚线路径。该电流在对输入一侧的电容器 C_1 和 C_2 充电的同时, 也使存储的能量返回到输入一侧, 实现功率再生。

该方法既不让复位能量消耗在电阻上, 又无需复位线圈, 因此是一种非常实用的复位方法。

3. 输出变压器的绕组设计

下面利用双管式正向变换器的原理, 设计 5V、60A 的大功率电源。图 4.57 给出设计实例。

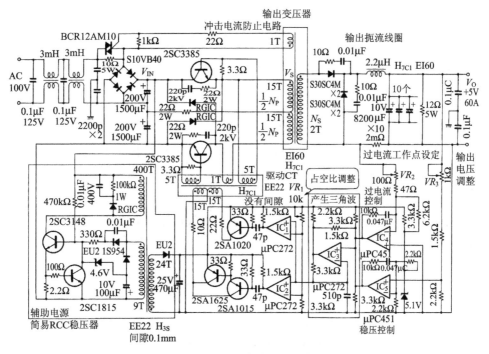

图 4.57 5V、60A 双管式正向变换器电路

初级整流电路采用倍压整流方式,因此选用 $V_{\text{CEO}}=400\text{V}$ 的晶体管。

首先来求输出变压器的初级绕组 N_{P}。本例频率取 100kHz,变压器的磁芯采用第 2 篇表 1.9 中的 EI60,它的材质为 $H_{7\text{C1}}$。

$$N_{\text{P}} = \frac{2 \cdot V_{\text{IN}}}{\Delta B \cdot A_{\text{e}}} \cdot t_{\text{on}} \times 10^8$$

$$= \frac{2 \times 115 \times \sqrt{2} \times 0.9}{2800 \times 2.47} \times 5 \times 10^{-6} \times 10^8$$

$$= 21(\text{T})$$

本例 N_{P} 取 22T,原因是这样方便从中间 11T 处抽头。

其次来求次级绕组 N_{S}。设最低输入电压时的占空比 $D=0.45$,求得此时需要的端子电压 V_{S} 为:

$$V_{\text{S}} = [V_{\text{O}} + (V_{\text{F}} + V_{\text{LD}})] \cdot \frac{1}{D}$$

$$= [5 + (0.55 + 0.8)] \times \frac{1}{0.45}$$

$$= 14.1(\text{V})$$

由于电流很大,所以导线电压降取 0.8V,由此求得次级绕组 N_{S} 为:

$$N_{\text{S}} = \frac{V_2}{2 \times V_{\text{IN}}} \cdot N_{\text{P}}$$

$$= \frac{14.1}{2 \times 85 \times 1.4 \times 0.9} \times 22$$

$$= 1.45 (\text{T})$$

因此取 $N_S = 2\text{T}$,然后逆运算求得初级绕组。即

$$N_P = \frac{2}{1.45} \times 22 = 30 (\text{T})$$

即初级不是 11T,而是 15T 的两个绕组。

由于输出电流为 60A,因此次级绕组用厚 0.2mm 的铜板绕制而成。初级绕组和次级绕组的线圈结构分 3 层,然后并联连接。

4. 扼流线圈的设计

接下来求次级平滑扼流线圈的电感。最大输入电压时的占空比为

$$D_{\min} = \frac{V_O}{V_{S\max} - (V_F + V_{LD})}$$

$$= \frac{V_O}{\dfrac{N_S}{N_P} \cdot 2 \cdot V_{IN(\max)} - (V_F + V_{LD})}$$

$$= \frac{5}{\dfrac{2}{30} \times 2 \times 115 \times 1.4 \times 0.9 - (0.55 + 08)}$$

$$= 0.28$$

当振荡频率为 100kHz 时,周期 $T = 10\mu s$,此时晶体管的 OFF 时间 $t_{\text{off}(\max)}$ 为:

$$t_{\text{off}(\max)} = (1 - D_{\min}) \cdot T = (1 - 0.28) \times 10 \times 10^{-6}$$

$$= 7.2 (\mu s)$$

流过扼流线圈中的脉动电流 Δi_L 为:

$$\Delta i_L = 0.3 \cdot I_O = 0.3 \times 60 = 18 (\text{A})$$

求得电感 L_1 为:

$$L_1 = \frac{V_L'}{\Delta i_L} \cdot t_{\text{off}} = \frac{5 + 0.55}{18} \times 7.2 \times 10^{-6}$$

$$= 2.2 (\mu H)$$

磁芯采用第 2 篇表 1.9 中的 EI60 型,它的材质为 H_{7C1}。每层铜板绕制 4T 共 6 层,并联连接。为确保 60A 的直流电流重叠特性,扼流线圈中必须插入间隙。间隙厚度 l_g 为:

$$l_g = 4\pi \cdot \frac{A_e \cdot N^2}{L_1} \times 10^{-8}$$

$$= 4\pi \times \frac{2.47 \times 4^2}{2.2 \times 10^{-6}} \times 10^{-8}$$

$$= 2.2 (\text{mm})$$

即采用 1.1mm 的绝缘纸板。

5. 其他常数的计算

首先,求晶体管的集电极电流。由于输出电流 I_O 为 60A,输出变压器的次级电流的最大值 i_{2P} 为:

$$i_{2P} = I_O + \frac{\Delta i_L}{2} = 60 + \frac{18}{2} = 69(A)$$

因此,晶体管的集电极电流的最大值 I_{CP} 为:

$$I_{CP} = \frac{N_S}{N_P} \cdot i_{2P} = \frac{2}{30} \times 69 = 4.6(A)$$

本例选用 $V_{CEO} = 400V$、$I_C = 15A$ 的高速高压开关晶体管 2SC3385。

最后来设计驱动变压器。考虑到效率因素,本例采用 CT 激励方式,设晶体管的 $h_{FE} = 10$,以此来确定绕组的匝数。基极绕组需要 2 个线圈,如图 4.58 所示,并平分来自集电极绕组的反馈电流,设 $N_C = 1T$,则 N_B 为:

$$N_B = \frac{I_C}{2I_B} \cdot N_C = \frac{10}{2} \times 1 = 5(T)$$

磁芯选用 EE22 型,材质为 H_{7C1}。

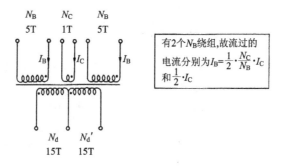

N_B　　N_C　　N_B
5T　　1T　　5T

I_B　　I_C　　I_B

有2个N_B绕组,故流过的电流分别为$I_B = \frac{1}{2} \cdot \frac{N_C}{N_B} \cdot I_C$ 和 $\frac{1}{2} \cdot I_C$

N_d　　$N_d{}'$
15T　　15T

图 4.58　CT 的基极电流

辅助电源电压 $V_{CC} = 15V$,设 V_{EB} 的反向偏置电压为 5V,则驱动线圈 N_d 为:

$$N_d = \frac{V_{CC}}{V_{EB}} \cdot N_B = \frac{15}{5} \times 5 = 15(T)$$

如图 4.59 所示,在 CT 激励方式下,当反向偏压出现振动时,很容易在晶体管 OFF 期间引起再次 ON 的所谓再起弧现象。这个现象会造成晶体管很大的损耗,应该绝对杜绝。为此,可在晶体管的基极-发射极间连接 3.3Ω 的低阻值电阻。

总之,由于电流大、功率高,设计双向式正向变换器时必须注意尽量减小损耗。

6. 关于控制电路的构成

如图 4.57 所示,控制电路由 5 个 IC 构成。它们并非专用 IC,与变换器、OP

放大器等 IC 电路比较，相对来说来得简单一些。图中 IC$_1$～IC$_3$ 为高速变换器，选用 NEC 的 μPC272。该电路的驱动采用 CT 驱动，IC$_1$ 和 IC$_2$ 的作用是产生 ON 和 OFF 脉冲。IC$_3$ 为振荡电路，构成非稳态的谐振荡器。振荡频率由 IC$_3$ 周围的电阻、连接在反向输入端的 510pF 的电容器设定，其值约为 100kHz。510pF 电容器两端产生三角波，因此该电容器的两端分别与 IC$_1$ 和 IC$_2$ 的输入端连接。

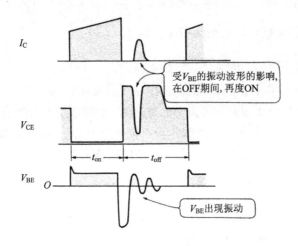

图 4.59 CT 驱动的再点弧现象

占空比由连接在 IC$_1$ 和 IC$_2$ 输入端的 VR$_1$ 决定。首先，在开关晶体管非工作状态下，调节 VR$_1$ 将最大占空比设定为 0.5。

IC$_5$ 为稳压控制用 OP 放大器，IC$_4$ 为过流保护用 OP 放大器，它们是四只封装 OP 放大器 μPC451 中的两路。

输出电压的控制采用调频方式，IC$_4$ 和 IC$_5$ 的输出与振荡器 IC$_3$ 的正向输入端连接。

输出电压由 VR$_3$ 设定，过流保护的动作点由 VR$_2$ 设定。

该电路为大电流、大功率电源，所以不允许草率地接通电源使开关电路运行。只有在检查和确认控制电路的动作后，再接入电源。

第5章 多管式变换器的设计方法
——实现大容量变换器

※ 推挽式变换器的原理
※ 半桥式变换器的原理
※ 半桥式稳压器的设计实例

采用 RCC 方式或正向变换器方式的开关稳压器电路只包含一个开关晶体管。相对于单管式稳压器,包含 2 个以上开关晶体管构成的稳压器称为多管式变换器。

推挽式变换器及半桥式变换器是典型的多管式变换器,主要用于 200W 以上的大功率电源。

5.1 推挽式变换器的原理

5.1.1 初级的开关动作

图 5.1 给出了推挽式变换器的基本电路。Tr_1 和 Tr_2 分别由相位差为 180°的基极信号交互地驱动。

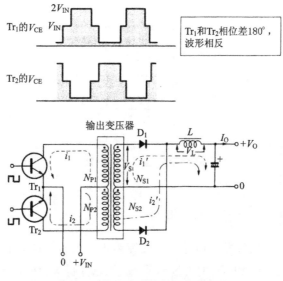

图 5.1 推挽式变换器的基本电路

图 5.1 中,若 Tr_1 的基极首先被施加正向偏压,则 Tr_1 导通, Tr_2 截止,电流 i_1 流过初级电路,输入电压 V_{IN} 加在输出变压器的初级绕组 N_{P1} 上。同时,在次级绕组 N_{S1} 上产生电压 V_{S1}:

$$V_{S1} = \frac{N_{S1}}{N_{P1}} \cdot V_{IN}$$

并产生次级电流 $i_1{}'$。

若驱动信号反向,则 Tr_1 截止,而 Tr_2 导通。于是, N_{P2} 线圈流过电流 i_2,输入电压 V_{IN} 加在 N_{P2} 上,在 N_{S2} 上产生电压 V_{S2}:

$$V_{S2} = \frac{N_{S2}}{N_{P2}} \cdot V_{IN}$$

并产生次级电流 $i_2{}'$。

在推挽式变换器中,由于有

$$N_{P1} = N_{P2}$$
$$N_{S1} = N_{S2}$$

因此,存在

$$V_{S1} = V_{S2}$$
$$i_1{}' = i_2{}'$$

在本例中,次级整流电路为扼流线圈输入型,如图 5.2 所示,相对于晶体管的 ON 时间 t_{on},输出电压 V_O 可表示为:

$$V_O = \frac{N_{S1}}{N_{P1}} \cdot V_{IN} \cdot \frac{t_{on}}{(T/2)}$$

即在初级整流电路的一个周期内,次级整流电路以其 2 倍的频率运行。

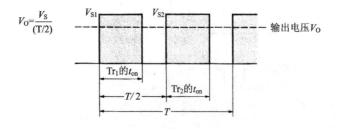

图 5.2　次级整流电压的波形

5.1.2　开关时各个部分的电流

推挽式变换器的次级整流电路与第 2 篇第 4 章正向变换器的整流电路的动作原理基本相同。在 Tr_1 和 Tr_2 的 ON 时间 t_{on1} 和 t_{on2} 内,次级电流 $i_1{}'$ 和 $i_2{}'$ 的波形上升斜率由扼流线圈 L 决定。如图 5.3 所示,输出电流 I_O 的斜率为:

$$\Delta i_1' = \frac{V_L}{L} \cdot t_{on1} = \frac{\frac{N_{S1}}{N_{P1}} \cdot V_{IN} - V_O}{L} \cdot t_{on1}$$

$$\Delta i_2' = \frac{V_L}{L} \cdot t_{on2} = \frac{\frac{N_{S2}}{N_{P2}} \cdot V_{IN} - V_O}{L} \cdot t_{on2}$$

式中:V_L 为线圈 L 两端的电压。由于 $t_{on1} = t_{on2}$,所以 $\Delta i_1' = \Delta i_2'$。

反之由 $\Delta i_1'$ 和 $\Delta i_2'$ 的计算公式可计算出线圈的电感值。由平滑电容器的内部阻抗 Z_C,求得输出脉动电压 ΔV_O 为:

$$\Delta V_O = \Delta i_{LP} \cdot Z_C$$

由此可确定流过线圈中电流的变化量 Δi_{LP},从而求得线圈所必须的电感 L 为:

$$L = \frac{V_L}{\Delta i_{LP}} \cdot t_{on1}$$

在 Tr_1 和 Tr_2 均 OFF 即 t_{off} 期间,L 的反向电动势使 D_1 和 D_2 导通,电流按图 5.4 所示的虚线路径连续流过。当然该电流的波形为倾斜下降。此时,L 两端的电压 V_L' 为:

$$V_L' = V_O + V_F$$

因此,流过 L 的电流变化量 Δi_L 为:

$$\Delta i_L = -\frac{V_L'}{L} \cdot t_{off} = -\frac{V_O + V_F}{L} \cdot t_{off}$$

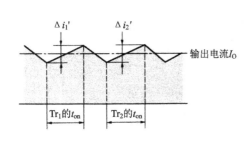

图 5.3　流过线圈的电流波形

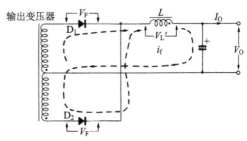

图 5.4　次级电流的波形(OFF 期间)

由于流过线圈的电流连续,因而有

$$\Delta i_1' = \Delta i_2' = \Delta i_L$$

因为次级电流的平均值即输出电流 I_O 所以

$$i_1' = i_2' = \left(I_O - \frac{\Delta i_1'}{2}\right) + \frac{V_L}{L} \cdot t$$

从而,初级电路的电流可以表示为:

$$i_1 = i_2 = \frac{N_S}{N_P} i_1' = \frac{N_S}{N_P}\left[(I_O - \Delta i_1') + \frac{V_L}{L} \cdot t\right]$$

5.1.3 开关时各个部分的电压

下面讨论电压波形。在 Tr_1 导通期间，额定输入电压 V_{IN} 加在绕组 N_{P1} 上，绕组 N_{P2} 上产生反极性的额定电压 V_{IN} 加在 Tr_2 上。因此，在此期间晶体管的 V_{CE} 是 $2V_{IN}$。

在 Tr_1 和 Tr_2 都 OFF 的 t_{off} 期间，N_{P1} 和 N_{P2} 绕组均无电压产生，仅额定输入电压 V_{IN} 加在两个晶体管上。

施加在次级整流二极管上的外加电压也是相同的，在 Tr_1 ON 期间，D_2 上的反向电压 V_{AK2} 为：

$$V_{AK2} = 2 \cdot V_S = 2 \cdot \frac{N_S}{N_P} \cdot V_{IN}$$

式中：V_S 为变压器次级绕组的端子电压。

各个元件的电压、电流波形如图 5.5 所示。

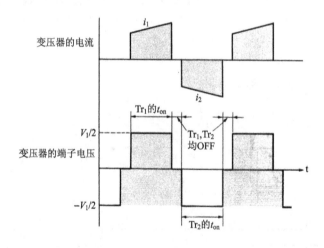

图 5.5 初级的电压电流波形

5.1.4 输出变压器的 B-H 曲线形状

下面讨论输出变压器的 B-H 曲线。

在推挽式变换器中，初级绕组的额定电压波形每半周期呈现出正负极性的翻转。这也就意味着没必要像正向变换器那样设置复位电路。

在正常工作状态下，设 Tr_1 处于 ON 状态，如图 5.6 所示，磁通密度从负区域上升到正区域，上升量为 ΔB，即从 B_1 移动到 B_2。接着，当两个晶体管 OFF 期间，磁通没有变化，停留在 B_2 点。然后，若 Tr_2 导通，产生反极性磁通，由 B_2 返回到原来的位置 B_1，磁通变化为 $-\Delta B$。

也就是说，双管电路的磁通变化是单管电路的 2 倍。因此，最大磁通密度可以

取为 $2B_m$,此时输出变压器的初级绕组匝数 N_P 变为:

$$N_P = \frac{V_{IN} \cdot t_{on}}{2 \cdot \Delta B \cdot A_e} \times 10^{-8}$$

$$= \frac{V_{IN}}{4 \cdot \Delta B \cdot A_e \cdot f} \times 10^8$$

取 $t_{on} = T/2$,上式即为全周期 ON 状态的计算公式。

由上式可知, N_P 大致取正向变换器方式变压器初级绕组匝数的一半即可。但实际上并非如此取值。

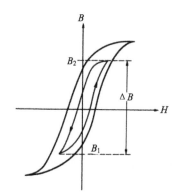

图 5.6　正常动作的 B-H 曲线

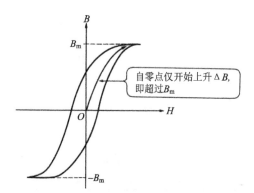

图 5.7　起动时的 B-H 曲线

下面我们来讨论一下电路起动时的 B-H 曲线。设磁通自 $B = 0$ 开始变化,若自该点起磁通上升 ΔB ,则磁通将超过 B_m ,导致磁饱和。因此,需要采用软起动来缓慢拓宽 t_{on} 。实际上,考虑到一定裕量,则磁通密度变化范围为

$$\Delta B = B_m$$

可见,与正向变换器类似地,在输出电流急剧增加时,晶体管导通时间也为最大值,而与输入电压无关,因此,线圈的估计值为

$$N_P = \frac{V_{IN(max)} \cdot t_{on(max)}}{B_m \cdot A_e} \times 10^8$$

5.1.5　输出变压器的偏励磁现象

对于多管变换器,有时会出现一些非常麻烦的现象,其中之一就是变压器的偏励磁。

B-H 曲线的磁通密度的上升变化量与下降变化量应该相等。然而,两只晶体管的开关储存时间 t_{stg} 具有离散性,就未必能出现相等的情况,结果导致磁通密度偏向上或下错移。

Tr_1 和 Tr_2 基极驱动信号的时间宽度应该是相同的,设 Tr_1 的 t_{stg} 比 Tr_2 的长,如图 5.8 所示,出现上升量 ΔB 比下降量 $-\Delta B$ 要大。这样的结果是在每个开关周期内

磁通密度都将接近（＋）侧，最后使 B 超过 B_m，即发生磁饱和，这就是偏励磁现象。

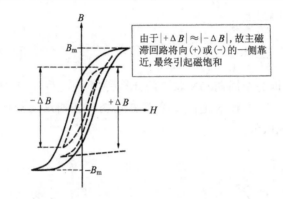

由于 $|+\Delta B| \approx |-\Delta B|$，故主磁滞回路将向(+)或(-)的一侧靠近，最终引起磁饱和

图 5.8　变压器的偏励磁现象

5.1.6　偏励磁的防止

实际上，由晶体管的特性可知，集电极电流增大，t_{stg} 缩短，若在变压器达到磁饱和之前，适当调整晶体管的 t_{stg}，即可使变压器在某种程度上保持平衡状态。问题是，增大的集电极电流将引起晶体管的发热增加。

因此，必须尽量采用 t_{stg} 偏差很小的两只晶体管。然而，选择一对开关时间偏差很小的晶体管并不容易，通常都是选择 h_{FE} 相等的晶体管。这是由于晶体管的开关时间与 h_{FE} 有一定程度的相关性。

晶体管的 h_{FE} 越大，那么上升时间 t_r 越短，而下降时间 t_f 及储存时间 t_{stg} 有变慢的趋势。

与双极性晶体管相比，MOS FET 几乎没有 t_{stg}，从这点来看倒是它更适合用于推挽式开关稳压器的开关元件。

5.1.7　防止两只晶体管同时 ON 的措施

除偏励磁现象外，多管式变换器还需注意双触发现象，该现象也称为 CCC（Cross Current Conduction）。当两只晶体管同时导通时将发生这种现象。

如图 5.9 所示，晶体管的基极驱动信号的占空比 D 不能超过 0.5。

然而，若输入电压下降，由 PWM 控制的占空比 D 将处于接近 0.5 的状态，控制信号的导通时间被拓宽。由于晶体管开关时的存储时间 t_{stg} 的影响，使得实际开关的占空比拓宽到 0.5 以上，从而导致在一段时间内两只晶体管重叠导通。

图 5.10 表示，输出变压器的 N_{P1} 和 N_{P2} 绕组产生极性相反的磁通，那么两股磁通将相互抵消，从而引起变压器磁饱和。

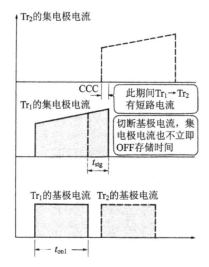

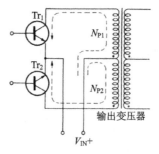

图 5.9　晶体管的储存时间
和双触发现象

图 5.10　产生双触发时变压器的电流

5.1.8　死区时间的重要性

对于多管式变换器,设 PWM 控制的最大 ON 时间 t_{on} 为:

$$t_{on} \leqslant \frac{T}{2} - t_{stg}$$

此时必须设置死区时间。

考虑到晶体管的 t_{stg} 分布偏差及温度变化,死区时间必须留有足够裕量。

振荡频率越高,周期 T 越短,但同一个晶体管的 t_{stg} 是不会发生变化的,因此最大占空比循环时间就应该相应地变小。

如此一来,输出电压的稳定区,即电压控制范围将变小,对多管式变换器来说,频率的上限为 50kHz,因此这种电路不适用于高频。

推挽式变换器中,流过开关晶体管的集电极电流仅为正向变换器中的一半,因此相同额定值的晶体管,在推挽式变换器终就能够承受 2 倍的开关功率。因为次级整流动作频率为开关频率的 2 倍,所以应选用电感值较小的扼流线圈。

综上所述,推挽式变换器适用于大功率的电路。

5.2　半桥式变换器的原理

半桥方式与推挽方式一样,也适用于大功率电路,它的最大特点是对 100V 和

200V 的输入电压可以兼容。

5.2.1　电路的基本工作原理

图 5.11 所示为半桥方式的基本电路结构。输入电压 V_{IN} 经两个电容器 C_1、C_2 分压,然后分别以额定电压 $V_{IN}/2$ 施加在两只电容器 C_1 和 C_2 上。且两电容器的中点与输出变压器初级绕组 N_P 的一端相连,两只晶体管 Tr_1 和 Tr_2 交互地 ON/OFF。

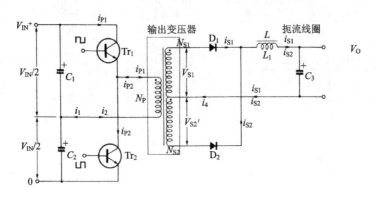

图 5.11　半桥方式的原理

例如,假设在 Tr_1 的基极外加额定驱动信号,Tr_1 导通,初级电流 i_{P1} 流过变压器的 N_P 绕组。此时,N_P 绕组外加电压为 $V_{IN}/2$,而次级绕组 N_{S1} 上的感应电压 V_{S1} 为:

$$V_{S1} = \frac{N_{S1}}{N_P} \cdot \frac{V_{IN}}{2}$$

同时,在 N_{S2} 上也产生与 V_{S1} 的极性相反的感应电压 V_{S2}。

次级二极管 D_1 在 V_{S1} 作用下导通,次级电流 i_{S1} 通过平滑线圈 L 给电容器 C_3 充电。

然后,设 Tr_1 截止,Tr_2 导通,则变压器各个绕组的电压极性将反向,同时,二极管 D_2 导通,电流 i_{S2} 通过 L 对 C_3 充电。

可见,次级整流属于全波整流,在 1 个周期内相同的电流将流过电容器 C_3 两次,这是与推挽方式工作原理的相同之处,故整流输出电压 V_O 可以表示为:

$$V_O = \frac{t_{on}}{(T/2)} \cdot \frac{N_S}{N_P} \cdot \frac{V_{IN}}{2}$$

$$= \frac{t_{on}}{T} \cdot \frac{N_S}{N_P} \cdot V_{IN}$$

5.2.2　100V/200V 输入兼容

由于电容器 C_1 和 C_2 的作用,晶体管导通期间,输出变压器的初级绕组 N_P 上

仅加有电压 $V_{IN}/2$，而另外一个处于截止状态的晶体管的外加电压为

$$V_{CE} = V_{IN}$$

由此可知，该电路选用的晶体管的耐压可以比推挽方式减小一半。由于输入侧需使用 2 只电容器，如图 5.12 所示，当输入为 100V 时为倍压整流，晶体管的外加额定电压为

$$V_{CE} = 2V_{IN}$$

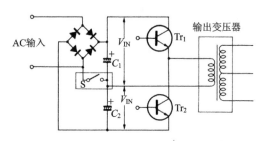

输入100V时，S闭合，为倍压整流
输入200V时，S打开，为桥式整流
C_1 和 C_2 的电压始终为 V_{IN}

图 5.12　半桥方式的输入侧整流电路

而当输入为 200V 时为桥式整流，晶体管的外加额定电压仍然相同。因此，若采用 $V_{CEO} \geqslant 400V$ 的晶体管，无论是 100V 输入还是 200V 输入都可以采用该电路。

下面来分析晶体管的集电极电流。倍压整流时 N_P 绕组上的电压为 V_{IN}，与推挽方式的电压值相同，而且初级绕组无需两个绕组，因此该方式在变压器绕组的结构也具有优点。

5.2.3　利用电容防止变压器的偏励磁

在半桥方式中，由于 2 只晶体管的 t_{stg} 间存在偏差，输出变压器也会产生偏励磁现象。如图 5.13 所示，防止偏励磁的方法是插入电容器 C_4。

Tr_1 和 Tr_2 的集电极电流 i_{P1} 和 i_{P2} 沿相反的方向交互流过电容器 C_4。设电流在电容器上产生的电压分别为 Δv_C 和 $\Delta v_C'$，即

$$\Delta v_C = \frac{1}{C_4} \int_0^{t_{on1}} i_{P1} \, dt$$

$$\Delta v_C' = \frac{1}{C_4} \int_0^{t_{on2}} i_{P2} \, dt$$

同时晶体管的 t_{stg} 偏差使 t_{on1} 和 t_{on2} 也存在偏差，导通时间越长，集电极电流引起的 Δv_C 越大。例如，设 $t_{on1} > t_{on2}$，则 $\Delta v_C > \Delta v_C'$，因而加在变压器初级绕组上的电压存在以下关系：

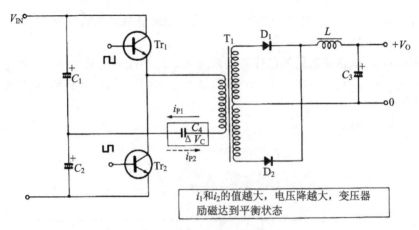

图 5.13   防止单励磁的方法

$$V_{IN} - \Delta v_c < V_{IN} - \Delta v_C{}'$$

就是说，t_{on1} 越长，Tr_1 导通期间 N_P 绕组上的电压下降越低，磁通密度的变化也越小：

$$\Delta B = \frac{V_{IN} - \Delta v_C}{2 \cdot N_P \cdot A_e} \cdot t_{on1} \times 10^8$$

其结果是 ΔB 与 $-\Delta B$ 之间得到平衡，偏励磁现象被克服。

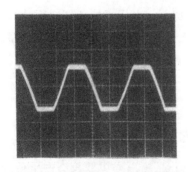

照片 5.1 所示为电容器 C_4 端子的电压波形。无电压变化的平坦部分为两只晶体管均截止而没有电流流过的时间段。

电容器 C_4 存在两个方向的电流，所以不允许用带极性的电容器。由于电流值不大，通常的薄膜电容器即可。

照片 5.1   电容器 C_4 的电压波形
（20V/div，10μs/div）

5.2.4   半桥方式的驱动电路

开关稳压器中的开关晶体管的驱动电路是非常重要的。在第2篇第4章正向变换器中已经介绍了各种各样的驱动方式。在半桥方式中，开关晶体管的驱动电路原则上可以采用其中的任意一种。

不过，需要特别加以注意的是，在半桥方式中两只晶体管是交互导通和截止的。通常半桥变换器的晶体管采用变压器驱动方式。

在图 5.14 所示的半桥方式中，采用了最为简单的驱动方法，即在 1 个驱动变压器上设置 2 个绕组。但该方法存在一定的缺陷，例如当 Tr_1 由 ON→OFF 时，晶体管的集电极和基极间加有反向偏压，各个绕组产生反向电压。

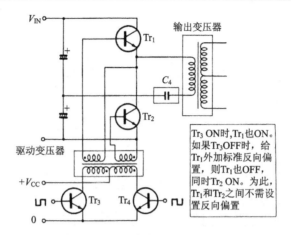

图 5.14 基于单变压器的驱动电路

同时,另外一侧的晶体管 Tr_2 的基极被正向偏压导通,因此两只晶体管之间没有间歇时间,显然就无法控制占空比。因此基极无法施加反向偏压,只能让晶体管 OFF。因此,开关时间延长。

图 5.15 表示,半桥方式通常需要采用两个驱动变压器。

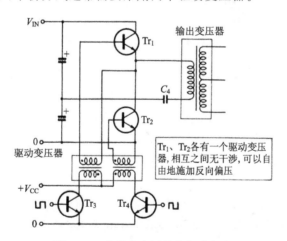

图 5.15 有两个变压器的驱动电路

综上所述,下面举一个设计 +36V、5A 的大容量稳压器的例子。它的输入电压可以在 AC100V 和 AC200V 之间切换。

电路如图 5.16 所示,控制 IC 采用 TL494。见第 2 篇第 4 章图 4.32 所示,TL494 为基于 PWM 控制的开关稳压器控制用 IC,而且芯片内附带有死区时间控制及基准电压电路。

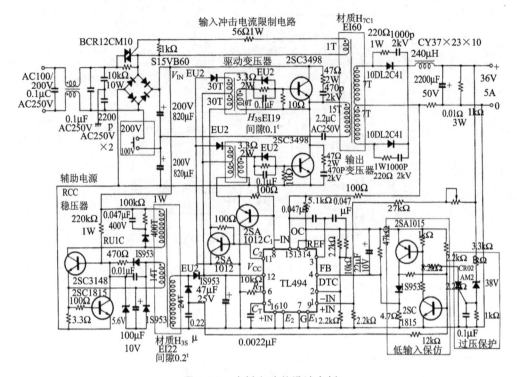

图 5.16   半桥电路的设计实例

1. 输出变压器的设计

设输入电压为 100V 时为倍压整流。下面根据初级整流电压的最大值 $V_{IN(max)}$，求变压器初级绕组的匝数 N_P。变压器磁芯采用第 2 篇第 1 章表 1.9、表 1.10 列出的 EI60，材料为 H_{7C1}。求得的 N_P 为：

$$N_P = \frac{V_{IN(max)} \times 10^8}{4 \cdot \Delta B \cdot A_e \cdot f}$$

$$= \frac{2 \times 115 \times \sqrt{2} \times 0.9 \times \frac{1}{2} \times 10^8}{4 \times 4000 \times 2.47 \times 25 \times 10^3}$$

$$= 14.8(T)$$

本例取 15 匝。

然后，求次级绕组的匝数。为避免开关晶体管同时 ON，死区时间需考虑一定的裕量，本例取 3μs。由次级整流电路，求得占空比的最大值 D_{max} 为：

$$D_{max} = \frac{(T/2) - 3}{(T/2)}$$

$$= \frac{20 - 3}{20} = 0.85$$

设二极管的电压降为 V_F，导线电压降为 V_{LD}，在最低输入电压时次级绕组的端电压

V_S 为：

$$V_S = \frac{V_O + (V_F + V_{LD})}{D_{max}} = \frac{36 + (1 + 0.5)}{0.85}$$

$$= 44.1(V)$$

由此，求得次级绕组的匝数 N_S 为：

$$N_S = \frac{V_S}{V_{IN(min)}} \cdot N_P$$

$$= \frac{44.1}{2 \times 85 \times \sqrt{2} \times 0.9 \times \frac{1}{2}} \times 15$$

$$= 6.1(T)$$

本例取成 7 匝。次级的防偏励磁电容器也会产生电压降，留有这个裕量显然是必要的。

对于多管变换器来说，次级也可以采用基于单个绕组的桥式整流。但这将增加二极管的损失，因而通常采用基于 2 个绕组的全波整流。

变压器初级和次级的耦合越差，漏电感就越多。如图 5.17 所示，在晶体管 OFF 的瞬间，将产生非常大的浪涌电压，它有时甚至超过晶体管的 V_{CE}。

在晶体管的集电极-发射极之间反向并联二极管的方法可以抑制它们之间的电压，如图 5.18 所示。为了改善变压器的耦合度，如图 5.19 所示，变压器的绕组采取 3 层交叉重叠缠绕法。

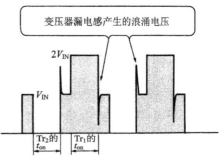

图 5.17　半桥方式的电压波形

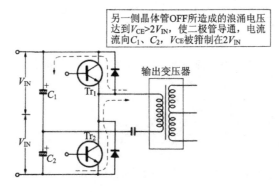

图 5.18　通过二极管箝制 V_{CE}

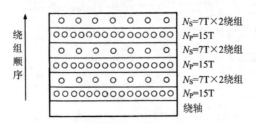

图 5.19　交叉重叠缠绕提高耦合度

2. 平滑扼流线圈的设计

下面来计算次级平滑电路的扼流线圈。次级整流电路的频率为开关频率的 2 倍,且晶体管 OFF 时间很短,因此,与正向变换器相比,本例半桥式变换器的扼流线圈的电感很小。

输入电压最大时,次级端子电压 $V_{S(max)}$ 为:

$$V_{S(max)} = \frac{N_S}{N_P} \cdot V_{IN(max)}$$

$$= \frac{7}{14} \times 2 \times 115 \times \sqrt{2} \times 0.9 \times \frac{1}{2}$$

$$= 73.2(V)$$

此时占空比 $D_{(min)}$ 为:

$$D_{(min)} = \frac{V_O}{V_S - (V_F + V_R)} = \frac{36}{73.2 - (1 + 0.5)}$$

$$= 0.5$$

即此时的 ON 时间 $t_{on} = 10\mu s$。

设流过扼流线圈的脉动电流为输出电流的 $30\%_{P-P}$,则有

$$\Delta i_L = 0.3 \times I_O = 1.5(A)$$

由此,求得扼流线圈的电感 L 为:

$$L = \frac{V_L}{\Delta i_L} \cdot t_{on} = \frac{V_S - (V_O + V_F + V_{LD})}{\Delta i_L} \cdot t_{on}$$

$$= \frac{73.2 - (36 + 1 + 0.5)}{1.5} \times 10 \times 10^{-6}$$

$$= 238(\mu H)$$

从第 2 篇表 1.5,我们选取非晶质扼流线圈 CY37×23×10。

3. 选择开关元器件

若按 20% 的过载状态考虑,本例中流过次级整流二极管的最大电流 i_{SP} 为:

$$i_{SP} = 1.2 \times (I_O + \frac{\Delta i_L}{2}) = 1.2 \times \left(5 + \frac{1.5}{2}\right)$$

$$= 6.9(A)$$

即使处于过流保护状态下,多管式变换器的 2 个二极管在平均 1/2 周期内也有电流流动,所以本例选用 $V_{RM}=200V$、$I_O=10A$ 的超高速二极管 10DL2C41(东芝)。

初级电流的最大值 i_{1P} 为:

$$i_{1P} = \frac{N_S}{N_P} \cdot i_{SP} = \frac{7}{14} \times 6.9 = 3.45(A)$$

因而,开关晶体管采用 $V_{CEO}=400V$、$I_C=8A$ 的 2SC2555

照片 5.2 给出本例中各个部分的波形,在(c)所示的初级绕组中,电流每半个周期正负对称。显然,次级整流二极管的电流仅为两只晶体管同时 OFF 期间流过扼流线圈电流值的一半。

辅助电源采用简易 RCC 稳压器,电路原理与第 2 篇第 4 章正向变换器的相同。不过本例中输入电压为正向变换器的 2 倍,因而电路参数存在一定差异。RCC 中变压器的磁芯型号为 EI22,材料为 H_{3S}。

开关晶体管的驱动变压器的磁芯型号为 EI19,材料为 H_{3S}。驱动变压器中匝数为 30T 的绕组有 2 个,匝数为 10T 的绕组 1 个。为了给开关晶体管提供反向偏压,在这些绕组间应插入 0.1mm 的间隙,以产生更大的励磁电流。

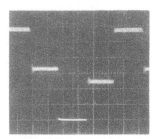

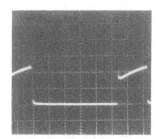

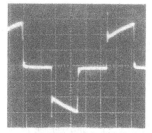

(a) V_{CE} 波形（50V/div、5 μs/div）　　(b) 集电极电流（2A/div、5 μs/div）　　(c) 变压器初级绕组电流波形（1A/div、5 μs/div）

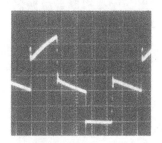

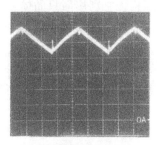

(d) 次级整流二极管的电流波形（1A/div、5 μs/div）　　(e) 扼流线圈的电流波形（1A/div、5 μs/div）

照片 5.2　各部分的波形

第6章 DC-DC变换器的设计方法
——得到彼此绝缘、且互不同值的电压

※ 洛埃耶式DC-DC变换器
※ 约翰逊式DC-DC变换器
※ DC-DC变换器的设计实例

在由 DC 5V 制作±12V 等其他电源,或者由 12V 蓄电池制作 AC100V 电源（称为逆变器）等场合,DC-DC 变换器是一项重要的基础技术。在以后章节中,我们将介绍 DC-DC 变换器的应用——不间断电源装置及高压电源装置。下面首先详细介绍它的基本组成部分。

在 DC-DC 变换器中,洛埃耶电路及约翰逊电路十分有名,它们巧妙地利用了变压器的磁特性。最近,还出现不用变压器,而是利用电容器充放电的小容量 DC-DC 变换器 IC,并已制成成品。这些将在附录中一一介绍。

6.1 洛埃耶式 DC-DC 变换器

洛埃耶电路是一种利用少量元器件,由直流输入获得任意电压输出的简单方法。

6.1.1 利用变压器产生自激振荡

图 6.1 给出基本电路的结构。它利用两只晶体管和输出变压器构成自激振荡电路,产生方波。各部分的波形如图 6.2 所示。图 6.3 给出输出变压器磁芯的 B-H 曲线。

首先,接通电源 V_{IN},起动电流 i_G 流过起动电阻 R_G。i_G 为 Tr_1、Tr_2 两只晶体管的基极电流。由于 Tr_2 侧经过 R_f 后电流减小,因而基极电流比较小。因此,Tr_1 首先导通。

于是,由 V_{IN} 经输出变压器 T_1 的 N_P 绕组产生 Tr_1 的集电极电流 I_{C1},电压 V_{IN} 加在 N_{P1} 绕组上。由此,N_f 绕组也产生电压 V_f,流过 Tr_1 的基极电流为

$$I_{B1} = \frac{(N_f/N_{P1}) \cdot V_{IN} - V_{CE(sat)}}{R_f}$$

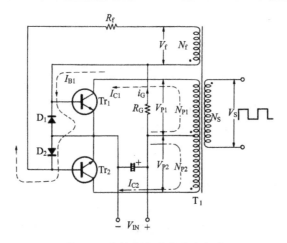

图 6.1 洛埃耶方式的基本电路

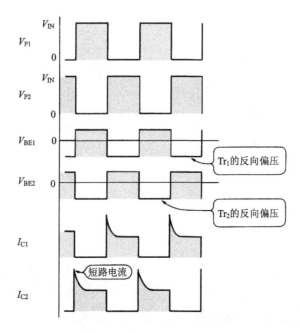

图 6.2 洛埃耶方式中各部分的波形

该基极电流使 Tr_1 维持 ON 状态,使变压器的磁通密度不断上升。变压器上的外加电压为方形波,设 N 为绕组的匝数、A_e 为磁芯的有效截面积,则磁通密度 B 为:

$$B = \frac{V_{IN}}{4 \cdot N \cdot A_e \cdot f} \times 10^8$$

$$= \frac{V_{IN} \cdot t_{on}}{2N \cdot A_e} \times 10^8$$

由上式可知,在时间 t_{on} 内,若达到 $B = B_m$,就引起磁饱和。

在引起变压器磁饱和的瞬间,有非常大的集电极电流流过晶体管 Tr_1,相对于此时的基极电流,h_{FE}是不够大的。因此 N_f 绕组上的感应电压下降,晶体管 Tr_1 将迅速 OFF。与此同时,N_f 绕组产生极性相反的反向电动势,使 Tr_2 的基极处于正向偏压,令其导通。于是与上面一样,在反极性磁通的作用下,再度引起变压器磁饱和,使 Tr_1 ON、Tr_2 OFF,如此周而复始,构成交流电压。

设功率转换效率为 η,晶体管的集电极电流 I_C 为:

$$I_C = \frac{P_O}{\eta} \cdot \frac{1}{V_{IN}}$$

由此可知,输入电压 V_{IN} 越低,I_C 的值越小。

另外一种方法是将基极绕组 N_f 改成 2 个绕组,如图 6.4 所示。这种场合,即使晶体管的基极未连接二极管,也能向晶体管提供基极电流。

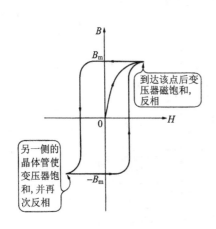

图 6.3 洛埃耶方式中变压器的 $B\text{-}H$ 曲线

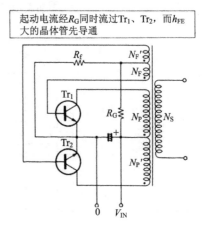

图 6.4 2 个基极绕组的洛埃耶电路

起动电阻 R_G 与基极绕组的中点连接,因而两只晶体管中流过的基极电流是均等的。由于晶体管的 h_{FE} 存在差异,h_{FE} 大的晶体管将先导通,并开始振荡。

6.1.2 次级整流电路的构成

洛埃耶电路的次级整流电路通常采用电容器输入方式,产生正负对称的方波电压。因而,变压器的次级可采用基于 2 个绕组的全波整流或基于单绕组的桥式整流。

选择图 6.5 所示的全波整流,设输出电压为 V_O、二极管的正向电压降为 V_F,求得变压器次级绕组的匝数为

$$N_S = \frac{V_O + V_F}{V_{IN} - V_{CE(sat)}} \cdot N_P$$

式中:$V_{CE(sat)}$ 为晶体管的饱和电压。当 V_{IN} 为 24V、12V 或更低时,$V_{CE(sat)}$ 就不能忽略。

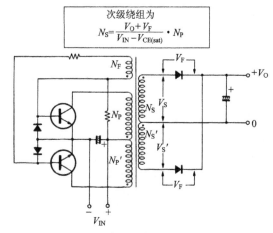

次级绕组为

$$N_S = \frac{V_O + V_F}{V_{IN} - V_{CE(sat)}} \cdot N_P$$

图 6.5　次级的全波整流电路

　　洛埃耶电路产生的电压波形为连续的,不存在间断。因此,经整流后的直流输出电压的下降时间极短,如图 6.6 所示。可见,输出电压仅产生脉动电压,脉动电压由晶体管的开关时间或二极管的 t_{rr} 引起,时间极短,通常低于数微秒。

　　由此可知,采用小容量的平滑电容器即可缓和这些小的脉动电压,这也是洛埃耶电路的一大特点。

6.1.3　晶体管的短路电流

　　前面已经说过,在晶体管开关时存在存储时间

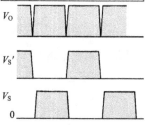

全波整流的输出电压不存在间断,仅由晶体管开关时间的瞬间出现纹波电压

图 6.6　洛埃耶电路的输出电压

t_{stg}。这是指没有基极电流也能维持晶体管 ON 的现象。由于这个原因,在洛埃耶电路中将有短路电流即集电极电流流过。

　　若延长了一段 ON 时间,那么变压器的磁通密度将增加,从而导致磁饱和,使基极绕组的感应电压消失,进而基极电流也消失。然而,由于 t_{stg} 的存在,晶体管不可能立即截止,而是保持持续导通状态。此时,初级绕组的电感值非常小,产生短路电流。该短路电流使晶体管产生很大的开关损耗。

　　设开关时间为 t_S,晶体管的开关损失 P_S 为:

$$P_S = \int_0^{ts} I_C \cdot V_{CE} \cdot dt = \frac{1}{6} I_C \cdot V_{CE} \cdot t_S$$

式中的 I_C 为短路电流,它有时甚至高达集电极电流的 10 倍。因此,开关损耗也将增加 10 倍。每周期都会产生损耗,开关损耗与开关频率成正比增加。

　　由此可知,在洛埃耶电路中振荡频率不能太高。通常限制在 2~3kHz。

6.1.4 起动时的注意事项

在洛埃耶电路中,如果未在输入电源导线之间连接电容器,有时会产生起动不良的现象。

例如,在图 6.7 的 B-H 曲线中,假设磁通达到了 B_1 点,输入开关突然切断。由于变压器磁芯具有很强的保持力,B 无法立即返回到零点,如果此时再一次接通输入开关,变压器的磁通就不可能产生变化,基极绕组上也不会产生感应电压。

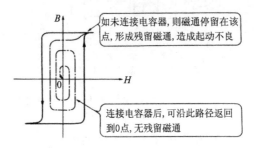

图 6.7 无输入电容器时的 B-H 曲线

因此在输入电源的导线间必须事先接入数百微法的电容器。这样,即使开关切断,磁通密度也会缓慢回到 B-H 曲线的零点,同时停止振荡。

DC-DC 变换器的设计(1)

输入　DC10V～15V

输出　±20V、1A

下面由输入输出条件进行电路常数的计算。

洛埃耶电路的振荡频率 f 与输入电压 V_{IN} 成正比,设在最高输入电压 $V_{IN(max)}$ = 15V 时,f = 1kHz。

由于每个周期内变压器都产生磁饱和,磁滞损耗很大。为了减少损耗,变压器采用第 2 篇表 1.8 中 EI60 型的铁氧体磁芯,材质为 H_{3S},磁芯的特点可以参考第 1 篇第 1 章中的介绍。

设晶体管的饱和电压 $V_{CE(sat)}$ = 0.8V,求得初级绕组的匝数 N_P 为:

$$N_P = \frac{V_{IN(max)} - V_{CE(sat)}}{\Delta B_m \cdot A_e \cdot f} \times 10^8$$

$$= \frac{15 - 0.8}{4 \times 4500 \times 2.47 \times 1 \times 10^3} \times 10^8$$

$$= 32(T)$$

在图 6.8 中次级为桥式整流。二极管的正向电压降 $V_F=1V$,设最低输入电压时次级绕组上的感应电压为 20V,则匝数 N_S 为:

$$N_S = \frac{V_O + 2 \cdot V_F}{V_{IN(min)} - V_{CE(sat)}} \times N_P$$

$$= \frac{20+2}{10-0.8} \times 32$$

$$= 76(T)$$

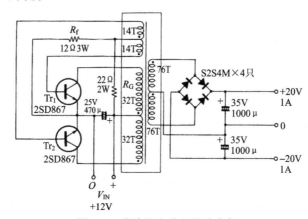

图 6.8 洛埃耶电路的设计实例

按正负两个电路来考虑输出电流,由此求得开关晶体管的集电极电流 I_C 为:

$$I_C = 2 \cdot I_O \cdot \frac{N_S}{N_P}$$

$$= 2 \times 1 \times \frac{76}{32} = 4.75(A)$$

在 DC-DC 变换器中,晶体管的 V_{CEO} 为输入电压的 2 倍,因此选用耐压值 50V 的就足够了。本例使用常用的大功率开关晶体管 2SD867($V_{CEO}=110V$、$I_C=10A$、$t_{stg}=4\mu s$,封装为 TO3 型)。

按最低输入电压时,基极绕组电压 V_B 为 4V 来考虑,则有

$$N_f = \frac{V_B}{V_{IN(min)} - V_{CE(sat)}} \cdot N_P$$

$$= \frac{4}{10-0.8} \times 32 = 14(T)$$

在 $I_C=4.75A$ 时,晶体管(2SD867)的 h_{FE} 一般超过 40,考虑到一定余裕量,取基极电流为 0.2A,由此求得基极电阻 R_f 为:

$$R_f = \frac{V_B - (V_{BE} + V_F)}{I_B}$$

$$= \frac{4-(0.6+1)}{0.2} = 12(\Omega)$$

下面求最大输入电压下的电阻损耗。首先，V_B 的最大值为：

$$V_{B(max)} = \frac{N_f}{N_P} \cdot (V_{IN(max)} - V_{CE(sat)})$$

$$= \frac{14}{32}(15 - 0.8) = 6.2(V)$$

此时，电阻 R_f 的损失 P_R 为：

$$P_R = \frac{[V_{B(max)} - (V_{BE} + V_F)]^2}{R_f}$$

$$= \frac{[6.2 - (0.6 + 1)]^2}{12} = 1.8(W)$$

可见，损耗相当不小。

 .2　约翰逊式 DC-DC 变换器

6.2.1　与洛埃耶电路的区别

洛埃耶电路利用输出变压器的磁饱和产生持续的自激振荡，故晶体管的损耗大，不易提高工作频率。

与洛埃耶电路相类似，图 6.9 所示的约翰逊电路也是利用磁芯的方形磁滞回线实现多谐磁振荡的。但是它的输出变压器不饱和，而是在晶体管的基极电路中设置一小型变压器，让该变压器达到饱和。这样一来，可以降低晶体管的损耗，提高工作频率，有利于变压器的小型化。

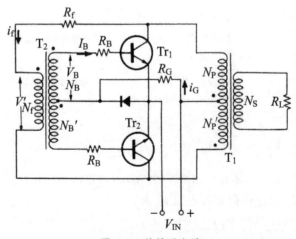

图 6.9　约翰逊电路

6.2.2　采用两个变压器

约翰逊电路采用 2 个变压器,因此也称为双变压器洛埃耶电路。

图 6.10 给出它各部分的波形。其工作过程如下。首先,电流 i_G 经起动电阻 R_G 流向变压器 T_2 的 N_B 绕组,充当晶体管 Tr_1、Tr_2 的基极电流,这两只晶体管中 V_{BE} 低的一个晶体管将先行导通。

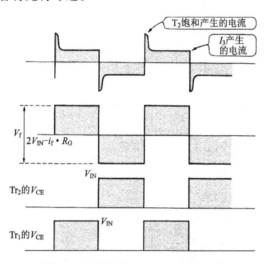

图 6.10　约翰逊电路各部分的波形

我们设 Tr_1 先导通,于是电流由输入电源 V_{IN} 流向变压器的 N_P 绕组,在 N_P 和 N_P' 两端产生 $2V_{IN}$ 的电压。

同时,在变压器 T_2 的 N_f 绕组上也施加了 $2V_{IN}$ 的电压。而且 N_B 绕组上也产生了感应电压,其方向使 Tr_1 进一步导通。设此时 T_2 的 N_B 绕组电压为 V_B,基极电阻为 R_B,则流过晶体管的基极电流 I_B 为:

$$I_B = \frac{V_B - (V_{BE} + V_F)}{R_B}$$

只要它在 Tr_1 的基极持续流过,Tr_1 就保持导通状态。

若不考虑励磁电流,此时 N_f 线圈的电流 i_f 为:

$$i_f = \frac{N_B}{N_f} \cdot I_B$$

N_f 两端的外加电压 V_f 为:

$$V_f = 2 \cdot V_{IN} - i_f \cdot R_f$$
$$= 2 \cdot V_{IN} - \frac{N_B}{N_f} \cdot \frac{V_B - (V_{BE} + V_F)}{R_B}$$

于是,振荡变压器 T_1 磁芯的磁通密度增加,并在某一点迅速达到磁饱和。因此,N_B 绕组感应的电压消失,Tr_1 迅速截止。同时,输出变压器 T_1 产生反向电动势,形成与此前极性相反的电压,使 Tr_2 导通。

如此周而复始地保持自激振荡,并为输出变压器 T_1 的次级提供能量。

输出变压器通常采用高频变压器,由于采用非饱和工作方式,两只晶体管中无饱和电流,因此可实现高频化。

> ### DC-DC 变换器的设计(2)
> 输入　DC12V
> 输出　±24V、1A

下面设计输入电压 V_{IN}＝DC 12V、输出为 ±24V、1A 的直流电源,电路如图 6.11 所示。

设振荡频率为 20kHz,开关晶体管应尽可能选择高速晶体管,集电极-发射极间的电压 V_{CEO} 应大于 $2V_{IN}$,因此可选用 V_{CEO} 等于 30V 的晶体管。考虑到一定的裕量,本例选用的晶体管耐压为 50V 左右。

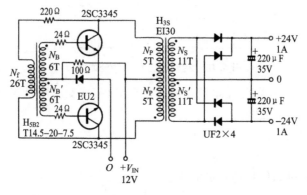

图 6.11 基于约翰逊电路的 ±24V DC-DC 变换器

变压器的初级和次级绕组的匝数比约为 2∶1,集电极电流 I_C 应为 4A,这里取 10A。2SC3345 晶体管的开关速度较快,h_{FE} 可达 60 左右,且饱和电压 $V_{CE(sat)}$ 很低,其参数如下:

$$V_{CEO}＝50V$$
$$I_C＝12A$$

1. 输出变压器的设计

下面计算输出变压器。本例使用的磁芯为第 2 篇图 1.18 中介绍的 TDK 生产的 EI30 磁芯、材质为 H_{3S}、有效截面积 $A_e＝0.9$,算出初级绕组 $N_P＝N_P{}'$ 为:

$$N_P = \frac{V_{IN} - V_{CE(sat)}}{4 \cdot \Delta B \cdot A_e \cdot f} \times 10^8$$

$$= \frac{12-0.3}{4\times 3000\times 1.09\times 20\times 10^3}\times 10^8$$

$$= 4.5(\text{T})$$

因此把它们都取成 5 匝。

次级绕组 N_S 为：

$$N_S = \frac{V_O+V_F}{V_{IN}+V_{CE(sat)}} \cdot N_P$$

$$= \frac{24+1}{12-0.3}\times 5 = 10.7(\text{T})$$

2 个线圈均取 11 匝。

由于初级、次级的匝数都比较少，因此提高绕组之间的耦合度和保持平衡是很关键的问题。如图 6.12 所示，N_P 与 $N_P{}'$、N_S 与 $N_S{}'$ 分别并联和交叉重叠缠绕。

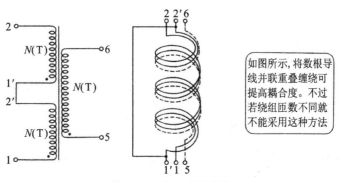

> 如图所示，将数根导线并联重叠缠绕可提高耦合度。不过若绕组匝数不同就不能采用这种方法

图 6.12　交叉重叠缠绕

由匝数比和输出电流，求得晶体管的集电极电流 I_C 为：

$$I_C = \frac{N_S}{N_P} \cdot I_O = \frac{11}{5}\times 2\times 1 = 4.4(\text{A})$$

基极电流 I_B 为：

$$I_B = \frac{I_C}{h_{FE}} = \frac{4.4}{60} = 0.07(\text{A})$$

考虑到留有裕量，取 $I_B = 0.1\text{A}$。

设振荡变压器 T_2 的基极绕组电压 $V_B = 4\text{V}$，则基极电阻 R_B 为：

$$R_B = \frac{V_B-(V_{BE}+V_R)}{I_B}$$

$$= \frac{4-(0.6+1)}{0.1} = 24(\Omega)$$

设限流电阻 R_f 上的电压降 V_R 为 6V，则 N_f 绕组所必需的电压为：

$$V_f = 2(V_{IN}-V_{CE(sat)})-V_R$$

$$= 2\times(12-0.3)-6 = 17.4(\text{V})$$

2. 振荡变压器的设计

从图 6.13 可知,如果振荡变压器磁芯的 B - H 曲线为方形,其饱和特性就好,本例使用 TDK 生产的 T14.5-20-7.5 环型磁芯,材料为 H_{5B2}。

该磁芯的有效截面积 $A_e = 0.2 cm^2$、饱和磁通密度 $B_m = 4200G$。

因此,T_2 的 N_f 绕组的匝数为:

$$N_f = \frac{V_f}{4 \cdot B_m \cdot A_e \cdot f} \times 10^8$$

$$= \frac{17.4}{4 \times 4200 \times 0.2 \times 20 \times 10^3} \times 10^8$$

$$\approx 2.6(T)$$

基极绕组 N_B 为:

$$N_B = \frac{N_B}{V_f} \cdot N_f = \frac{4}{17.4} \times 26 = 6(匝)$$

因此,流过 R_f 的电流 i_f 为:

$$i_f = \frac{N_B}{N_f} \cdot I_B = \frac{6}{26} \times 0.1 = 0.023(A)$$

R_f 为:

$$R_f = \frac{V_R}{i_f} = \frac{6}{0.023} = 260(\Omega)$$

实际上,N_f 绕组中也有励磁电流,限流电阻 R_f 的电压降 V_R 比计算值大,结果造成振荡频率降低。考虑到这一点,R_f 的值取为 220Ω。

2 次整流用二极管的频率为 $20 kHz$,所以采用高速的二极管就可以减少损耗。至于整流用的电容器,它工作在方波的全波整流状态(图 6.14),电压的纹波不大,因此没有必要采用大容量的电容器。

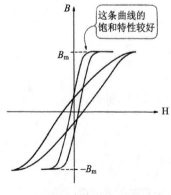

图 6.13　B - H 曲线

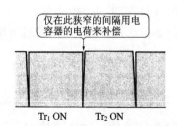

图 6.14　整流电容器的电压波形

篇外话　泵电源型 DC-DC 变换器 IC——ICL7660 的应用

有一种方法无需使用任何变压器或绕组就能实现 DC-DC 变换。该方式称为泵电源或开关蓄电池。英达斯公司的 ICL7660 就是一款这样的专用 IC 芯片。表 A 为其电气特性及引脚图,照片 A 为其外观图。

表 A[22]　ICL7660 的电气特性

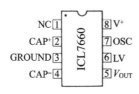

项　　目	符　号	额定值	单　位
电源电压	V_{CC}	10.5	V
最大损耗	P_D	0.5	W
工作温度	T_{ope}	0~70	℃
输出阻抗	R_{OUT}	最大 100	Ω
频　　率	f_{OSC}	10	kHz

照片 A　ICL7660 的外观

该片 IC 的功率不大,适用制作模拟电路的－5V 简单电源或板级局部电源。

1. 泵电源的工作原理

图 A 给出泵电源电路的工作原理图。来自振荡器的信号同时使 S_1 和 S_3 闭合,此时 S_2 和 S_4 断开。电容器 C_1 两端按图示的极性进行充电,直到 V^+。

经过时间 t_1 后,S_1 和 S_3 断开,S_2 和 S_4 闭合,此时,电容器 C_1 中的电荷按图中的极性向 C_2 转移,它两端电压为 V。由于 V_0 为负输出,在它与 GND 之间产生负电压－V_{IN},它与 V_{IN} 之间产生电压 2V_{IN}。

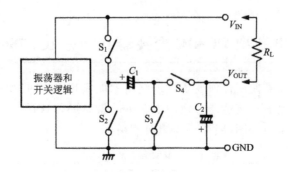

图 A 泵电源的原理图

2.ICL7660 的使用方法

图 B 给出了 ICL7660 的一种应用方法,即由正电源制作一个负电源的例子。极性反相型变换器属于一种标准电源,让我们先来学习 ICL7660 如何用在它的设计上。

该 IC 的振荡频率可由引脚 7 的外接电容器设定。如果不外接电容器,那么工作频率约为 10kHz。在该频率下芯片内部的损耗很大,功率转换效率很低。如图 C 所示,若在引脚 7 处外接一个 27pF 的电容器,工作频率就改为大约 2kHz。

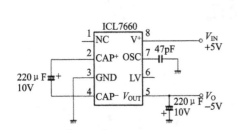

图 B ICL7660 的基本电路

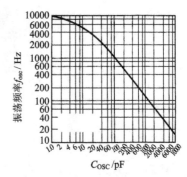

图 C[22] ICL7660 的振荡频率

由于泵电源中用于实现功率传递的外接电容器 C_1 和 C_2 的工作频率很低,因此会产生严重的纹波电压。这些电容器的能量由 V_{IN} 提供,充电时间仅为半周期,在另半周期电容器将电荷释放给负载。

电容器必定存在内部阻抗,它本身会产生一定的电压降,因此,实际上 C_1 的电荷并没有 100% 地转移到 C_2。

设每个电容器的端子电压为 V_1、V_2,则在电荷转移过程中,产生的能量损失为

$$P_C = \frac{1}{2} C_1 \cdot V_1{}^2 - \frac{1}{2} C_2 \cdot V_2{}^2$$

因此,尽管这里电容器的工作频率不高,但是用高频、低阻抗的电容器仍是必要的。

当然,从输出的纹波电压来看,电容器的容量越大输出特性越好。因此,我们在本例使用 SW 稳压器,电容器采用松下公司生产的低阻抗 HF 系列的 10V、220μF 电容器。

3. 稳定输出电压

ICL7660 的输出阻抗约为 70Ω,这意味着输出电流 I_O 将使 IC 内部产生电压降,即使输入电压 $+V_{IN}$ 固定不变,输出电压 V_O 也将随 I_O 的变化而改变。

设 IC 的输出阻抗为 Z_O,忽略电容器 C_1、C_2 的电压降,则输出电压 V_O 为:

$$V_O = V_{IN} - I_O \cdot Z_O$$

设输入电压 $V_{IN} = 5V$、输出电流为 20mA,则输出电压为 3.6V。该 IC 只具有转换功能,不具备稳定输出电压的能力。

在输出电压有变化的场合,应采用多个相同电路并联的方法,来提高输出电压的稳定性,如图 D 所示。此时,由于各个 IC 的振荡频率之间存在差异,实际的输出电压无法同步,所以应该在输出侧连接一个公用的电容器。

为了增大输出功率,可将多个相同电源并联连接,但对于普通电源来说,每个电源并无法平均地分担输出电流。这是

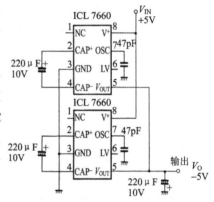

图 D　ICL7660 的并联连接

因为全部电流将率先流过输出电压较高的那个电源。

由于该 IC 的输出阻抗比较高,当有电流流过时输出电压就会低下来,因此各个 IC 能够在某一点处自动地取得平衡,输出电流。图 D 给出 2 片并联连接的 IC,如果输出电流为 20mA,那么每片 IC 平均分担 10mA,每片 IC 上的电压降约 0.7V,而输出电压约为 4.7V,可见并联的数量越多,那么电压的变动量就相应地越小。

如果打算提高输出电压的稳定性还可以采用图 E 所示的方法,即在电源输入侧连接 1 个串联稳压器。考虑到 IC 内部的电压降 V_{DROP},此时的输入电压必为

$$V_{IN} \geqslant V_o + V_{DROP}$$

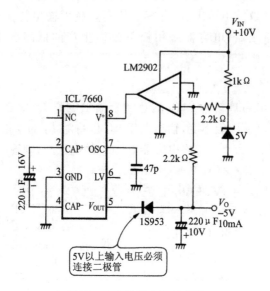

图 E   稳定输出电压的方法

第7章 不间断电源的设计方法
——微型计算机的停电补偿

※ 什么是不间断电源
※ 逆变器部分的设计
※ 充电器部分的设计

7.1 什么是不间断电源

7.1.1 停电时的备用电源

不间断电源一般称为 UPS(Uninterrupt Power Supply),多用于避免工业电源停电所造成的微机内存数据丢失。通常是正常状态下仍由普通 100V 商用电源为微机供电,一旦停电立即切换成 UPS 为微机供电。这样微机就不会受停电影响了。

现在市场上出售的产品大多为在线式 UPS 电源——它在停电时输出与工业电源同步的交流电流,采用高频 PWM 控制方式,能够输出稳定的正弦交流电压。

但是,目前微机的内部直流电源多为线性可调开关稳压器,并不需要严格的AC100V 正弦波,实际上设计这样的不间断电源更为简单一些。

7.1.2 不间断电源的组成

不间断电源的组成中,有三个要素必不可少,即蓄电池充电器、蓄电池、逆变器。

图 7.1 给出不间断电源的基本组成,平时由逆变器向负载提供能量。虽然不停电时最好还是由工业电源向负载提供能量,但是切换方法很复杂。再一点就是满足切换时间为零的要求并非易事,因此从保证负载侧工作的角度看,始终由逆变器提供能量的工作方式比较安全。

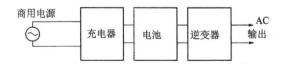

图 7.1 不间断电源的基本构成

$7._2$ 逆变器部分的设计

7.2.1 逆变器

逆变器与转换器是一对反义词。逆变器是输入直流电源、输出交流电压的部件的总称。由于振荡频率很低,采用第2篇第6章 DC-DC 变换器中介绍的洛埃耶电路。

首先,蓄电池组由2个12V的蓄电池串联而成,电压为24V。由于蓄电池的实际电压比标称电压高,因此本例设定变压器的 $V_{IN}=27V$。图 7.2 给出逆变器部分的基本电路结构。

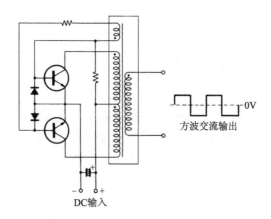

图 7.2 基于洛埃耶电路的逆变电路

7.2.2 逆变电路的设计

由于振荡频率很低(50/60Hz),只有采用最大磁通密度高的磁芯,变压器线圈匝数才不致很多。本例使用日本金属公司生产的环型镍-坡莫合金磁芯,表 7.1 列出了该磁芯的特性(TN15×20×70)。

磁芯的有效截面积 $A_e=2.76\text{cm}^2$、最大磁通密度 $B_m=18\text{kG}$。求得变压器初级绕组的匝数 N_P 为:

$$N_P = \frac{V_{IN}-V_{CE(sat)}}{4 \cdot B_m \cdot A_e \cdot f} \times 10^8$$

$$= \frac{27-0.5}{4 \times 18 \times 10^3 \times 2.76 \times 55} \times 10^8$$

$$= 242$$

由于频率很低,需要的绕组匝数相当多。本例频率 f 按 $50\sim60\,\mathrm{Hz}$ 的中间值 $55\,\mathrm{Hz}$ 计算。

表 7.1　镍-坡莫合金磁芯的特性

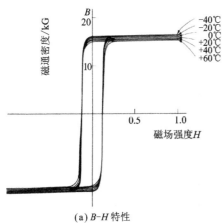

(a) B-H 特性

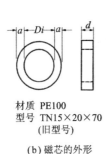

材质 PE100
型号 TN15×20×70
(旧型号)

(b) 磁芯的外形

标准尺寸	外形尺寸			L	A_e
$a\times b\times Di$(mm)	外径	内径	高度	(cm)	(cm²)
2.5×5×20	28	17	8	7.07	0.12
5×5×25	38	22	9	9.42	0.23
5×5×40	55	36	9	14.14	0.23
5×10×20	33	17	14	7.86	0.46
3.5×10×15	25	12	13	5.81	0.32
3.5×10×25	30	17	13	7.38	0.32
5×10×25	38	22	14	9.43	0.46
5×10×30	44	26	14	11.00	0.46
5×10×35	48	32	14	12.57	0.46
5×10×40	54	36	14	14.14	0.46
7.5×10×45	64	42	14	16.51	0.69
7.5×10×30	49	27	14	11.78	0.69
10×10×40	64	36	14	15.71	0.92
10×10×45	69	42	14	17.28	0.92
10×10×55	79	52	14	20.42	0.92
12.5×10×40	69	36	14	16.50	1.15
10×10×60	84	56	14	22.00	0.92
10×10×80	104	76	14	28.28	0.92
10×15×189	216	185	22	62.53	1.38
16×15×189	225	185	22	64.41	2.21
12.5×15×50	81	46	19	19.63	1.73
10×15×60	84	56	20	22.00	1.38
10×20×50	74	47	24	18.84	1.84
3.5×20×24	35	21	24	8.64	0.64
15×20×50	84	46	24	20.42	2.76
10×20×60	84	56	24	22.00	1.84
10×20×65	89	62	24	23.57	1.84
15×20×70	104	67	25	26.71	2.76
10×20×80	104	76	25	28.28	1.84
15×20×80	115	76	25	29.85	2.76
40×20×80	157	65	25	34.56	7.36
17.5×20×85	124	81	25	32.21	3.22
20×20×60	104	56	25	24.14	3.68
17×20×300	338	296	25	99.60	3.13
10×30×50	84	56	35	22.00	2.76
15×30×70	105	66	35	26.71	4.14
15×30×95	132	90	35	34.56	4.14
15×30×90	126	86	35	33.00	4.14
15×30×80	116	76	35	29.85	4.14
20×30×100	145	96	35	37.70	5.52
20×40×85	132	80	47	33.00	7.36
25×50×100	155	95	57	39.28	11.50
25×50×110	165	105	57	42.42	11.50

7.2.3　输出侧交流电压的分析

如果输出侧的交流电压值为 $100\,\mathrm{V}$,是不能满足实际要求的。这是因为工业电源正弦波的有效为 $100\,\mathrm{V}$,峰值则等于 $\sqrt{2}$ 倍的有效值,约为 $140\,\mathrm{V}$。另外,由于为微机负载供电的直流电源,它的输入侧属于电容输入型,充电电压接近交流的峰值。

因此,在本例中,逆变器的输出电压设定为 $120\,\mathrm{V}$,经计算得次级绕组 N_s 为:

$$N_S = \frac{E_S}{E_P} \cdot N_P = \frac{120}{26.5} \times 242$$
$$= 1096$$

输出电流 I_O 按 1A 考虑,输出功率为 $120V \cdot A$,由此可求得初级晶体管的集电极电流 I_C。由于交流电压波形为方波,因此可简单地用变压器的匝数比来计算 I_C:

$$I_C = \frac{N_S}{N_P} \cdot I_O = \frac{1096}{242} \times 1$$
$$= 4.5(A)$$

本例采用大功率开关晶体管 2SD867,图 7.3 给出该晶体管的 h_{FE} 特性曲线。它的最大额定参数为 $V_{CEO} = 110V$、$I_C = 10A$。当 $I_C = 4.5A$ 时 $h_{FE} \geqslant 40$。由此,基极电流 I_B 为:

$$I_B = \frac{I_C}{h_{FE}} = \frac{4.5}{40} = 113(mA)$$

再加上一定的裕量,取 $I_B = 200mA$。

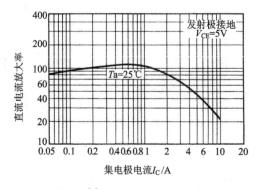

图 7.3[9] 2SD867 的 h_{FE} 特性

设在变压器的 N_f 绕组上产生 5V 感应电压 V_f,那么基极电阻 R_f 的值为:

$$R_f = \frac{V_f - (V_{BE} + V_F)}{I_B}$$
$$= \frac{5 - (0.6 + 1)}{0.2} = 17(\Omega)$$

考虑一定的裕量,R_f 取 18Ω。

表 7.2[23]　蓄电池的种类(GS Portarack)

类型	型号	标称电压(V)	额定容量(A·h;20小时率)	1小时率容量(A·h;参考值)	毛重(g)	外形尺寸(mm)				充电条件(额定电压充电)			最大连续放电电流(A)
						L	W	H	TH	初始最大电流(A)	设定电压 微电流	连续	
便携型	PE4-4R	4	4.0	2.8	510	48±1	35.5±1	119±2	119±2	1.0			12
	PE4A-6R	6	4.0	2.8	770	48±1	51±1	118.5±2	118±2	1.0	—		12
	PE2-12R	12	2.0	1.4	720	200.5±1	25±1	60.5±2	60.5±2	0.5			6
	PE2.7B-12R	12	2.7	1.89	900	100±1	41.5±1	114±2	114±2	0.67			8.1
标准型	PE6-2R	2	6.0	3.6	390	50±1	34±1	100±2	105±2	1.5			18
	PE4.5-4R	4	4.5	2.7	700	49±1	53±1	94±1	98±1	1.12			13.5
	PE9-4R	4	9.0	5.4	1150	102±1	44±1	94±1	98±1	2.25			27
	PE1-6R	6	1.0	0.6	290	51±1	42±1	51±1	56±2	0.25			3
	PE1.2-6R	6	1.2	0.72	300	97±1	24±1	50.8±1	54±2	0.3			3.6
	PE3-6R	6	3.0	1.8	700	66±1	33±1	118±2	122±2	0.75			9
	PE4-6R	6	4.0	2.4	820	70±1	48±1	102±2	106±2	1.0			12
	PE6.5-6R	6	6.5	3.9	1400	151±1	34±1	94±2	98±2	1.62			19.5
	PE8-6R	6	8.0	4.8	1550	98±1	56±1	118±2	118±2	2.0			24
	PE10-6R	6	10.0	6.0	2100	150.5±1	50.5±1	94±2	98±2	2.5	2.25~2.30/节	2.40~2.45/节	30
	PE20-6R	6	20.0	12.0	3700	157±1	83±1	125±2	125±2	5.0			60
	PE0.7-12R	12	0.7	0.42	350	96±1	25±1	61.5±1	61.5±1	0.17			2.1
	PE1.2-12R	12	1.2	0.72	500	97±1	42±1	50.8±1	54±2	0.3			3.6
	PE1.8-12R	12	1.8	1.08	790	200.5±1	25±1	60.5±1	60.5±1	0.45			5.4
	PE1.9-12R	12	1.9	1.14	890	178±1	34±1	60±1	65±2	0.47			5.7
	PE2.6-12R	12	2.6	1.56	1300	195±1	47±1	70±2	75±2	0.65			7.8
	PE2.7-12R	12	2.7	1.62	1100	79±1	55.5±1	102±2	102±2	0.67			8.1
	PE2.7A-12R	12	2.7	1.62	1200	132±1	33±1	101±2	101±2	0.67			8.1
	PE6.5-12R	12	6.5	3.9	2600	151±1	65±1	94±2	98±2	1.62			19.5
	PE10-12R	12	10.0	6.0	4300	134±1	80±1	160.5±2	163.5±2	2.5			30
	PE15-12R	12	15.0	9.0	5800	181±1	76±1	167±2	167±2	3.75			45
L型	PE144-2R	2	144.0	86.4	9100	166±1	125±1	170±2	187±2	36			432
	PE72-4R	4	72.0	43.2	9100	166±1	125±1	170±2	187±2	18	2.25~2.30/节		216
	PE48-6R	6	48.0	28.8	9100	166±1	125±1	170±2	187±2	12			144
	PE24-12R	12	24.0	14.4	9100	166±1	125±1	175±2	175±2	6			72
	PE40-12R	12	40.0	24.0	13000	208±1	174±1	174^{+1}_{-2}	174^{+1}_{-2}	10			114

7.3 充电器部分的设计

7.3.1 充电部分的工作原理

下面设计充电部分。向蓄电池充电的过程在什么时候结束,是受小时率所支配的。在这种方式下的正常工作状态不仅要给蓄电池充电,而且还应该把全部能量输送到逆变器部分,直流输出电流必须在 4.5A 以上。

蓄电池充电结束后,如果始终保持原有处置状态,它会自然放电,通常需要继续用微电流充电,以补偿自然放电的部分。而且,在停电恢复后仍需同时给逆变器和蓄电池提供电流。

7.3.2 蓄电池的选定

下面首先选择采用何种蓄电池。本例中,设定停电后需要保持的时间为 10min,两组 12V 蓄电池串联,这是确定蓄电池容量的前提条件。

本例应用的电池可以从日本铅电池的 Portarack 系列或标准类型中加以选择(表 7.2)。由图 7.4 所示的曲线可查出,当放电电流为 4.8A、放电时间为 10min 时,型号 PE1.9−12R 的产品最合适。

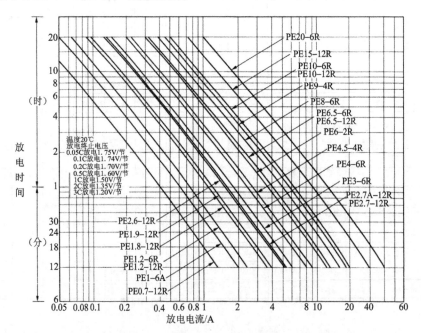

图 7.4 Portarack 蓄电池放电电流与时间的关系特性

该电池每节的电压为 2.4V,一个蓄电池组由 6 节电池组成,因此充电部分需要 2 个蓄电池组串联成 28.8V。严格地说,在充电结束后的微电流补充充电中,充电电压应该略有降低才好。照理说,我们应该根据蓄电池的温度来调节充电的具体条件,但考虑到电路结构非常复杂,通常都采用恒流充电方式。

7.3.3 充电器的设计

整个电路图如图 7.5 所示。

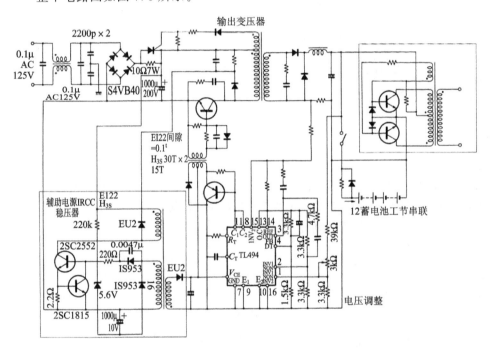

图 7.5 不间断电源装置的电路

充电器采用输出功率约为 135W 的大容量正向变换开关稳压器,电路的基本工作原理与第 2 篇第 4 章中介绍的 AC100V 输入、24V 输出的开关稳压器相同。但是,本例中未采用 MOS FET,而是双极型晶体管。

设稳压器的开关频率为 50kHz,下面计算输出变压器。变压器磁芯选用第 2 篇表 1.9、表 1.10 中的 EE60,材料为 H_{7C1}。磁芯的有效截面积 $A_e = 2.47cm^2$,于是变压器初级绕组的匝数 N_P 为:

$$N_P = \frac{V_{IN} \cdot t_{on}}{\Delta B \cdot A_e} \times 10^8$$

$$= \frac{90 \times \sqrt{2} \times 0.9 \times 10 \times 10^{-6}}{2800 \times 2.47} \times 10^8$$

$$= 16.5$$

本例取成 17 匝。

然后,求次级绕组 N_S。输入电压最低时变压器次级端子电压 V_S 为:

$$V_S = V_O + V_F + V_{LD}$$
$$= 28.8 + 1 + 1 = 30.8V$$

式中: V_O 为输出电压; V_F 为整流二极管的正向电压降; V_{LD} 为导线电压降。由此求得次级绕组的匝数 N_S 为:

$$N_S = \frac{V_S}{V_{IN}} \cdot (1/D) \cdot N_P$$

$$= \frac{30.8}{114} \times 0.5 \times 17 = 9$$

计算在输入最高电压下,次级平滑扼流线圈的电感 L。设流过扼流线圈的纹波电流为输出电流 I_O 的 $30\%_{P-P}$,则有

$$L_1 = \frac{V_S - (V_O + V_F)}{\Delta I_O} \cdot t_{on}$$

$$= \frac{76.9 - (28.8 + 1)}{0.3 \times 5} 7.6 \times 10^{-6}$$

$$= 240(\mu H)$$

扼流线圈采用第 2 篇表 1.5 中的 CY37×23×10C 较为合适。

下面分析开关晶体管的动作。晶体管的 t_{on} 为:

$$t_{on} = T \cdot \frac{V_O}{V_{S(max)} - V_F}$$

代入数据得

$$t_{on} = 20 \times 10^{-6} \times \frac{28.8}{76.9 - 1} = 7.6(\mu s)$$

考虑到次级的纹波电流,开关晶体管的集电极电流 I_C 为:

$$I_C = \left(I_O + \frac{\Delta I_O}{2} \right) \cdot \frac{N_S}{N_P}$$

$$= \left(5 + \frac{1.5}{2} \right) \cdot \frac{9}{17} = 3(A)$$

据此,应该选用高速、高压开关用的 TO3P 型 2SC2555 晶体管($V_{CEO} = 400V$ 、 $I_C = 8A$, $t_{stg} = 2.5\mu s$)。设该晶体管在 $I_C = 3A$ 时, $h_{FE} = 10$,那么所需的基极电流 I_B 为 0.3A。设驱动变压器的次级绕组电压 $V_S = 4V$,则基极电阻 R_B 为:

$$R_B = \frac{V_S - V_{BE}}{I_B} = \frac{4 - 1}{0.3} = 10(\Omega)$$

控制电路 IC 采用 TL494。

7.3.4　电路组成的要点

在停电恢复后,给停止放电的蓄电池充电的电流不宜过大。本例的 PE1.9-12R 蓄电池规定起始最大电流为 0.47A,初始充电电流必须低于该值。

整流电路不要直接与蓄电池相连。充电电流流经电阻,停电时的放电电流经二极管流向逆变器。由充电器的输出电压 V_O、蓄电池的端电压 V_B 及限流电阻 R_B,求得充电电流 I_{CH} 为:

$$I_{CH} = \frac{V_O - V_B}{R_B}$$

因此,在充电过程中,电流自 I_{CH} 逐渐减小,最终转入微电流补充充电。

应设法让蓄电池与一个开关相连,但是该开关必须与 AC 输入侧的开关联动,否则停止使用不间断电源后,蓄电池会向逆变器放电,将电能完全耗尽。

第8章 高压电源的设计方法
——利用DC-DC变换器和倍压整流

※ 高压电源的原理
※ 高压电源的设计实例

数千伏以上的高压电源多用于加速阴极射线管的电子束等,照片8.1所示为用于示波器等高压设备上的高压电源单元。

最近,高压电源拓展到复印机、绘图仪的静电吸附等相当广泛的应用场合。表8.1列出了它的应用实例。

照片 8.1 高压电源单元(示波器用)

表 8.1 高压电源设备应用举例

(1) 阴极射线管
- 测量仪器(示波器)
- CRT 显示器
- 雷达

(2) 静电吸附
- 复印机的涂料吸附
- 绘图仪或 XY 记录仪的纸张吸附

(3) 激光
- 15kV 数百毫安

(4) 放电管
- Xe 灯

(5) 点火装置
- 电子点火器
- 石油加热器
- 便携式液化石油气炉

高压电源除用途比较特殊以外,还有一个特点是负载电流小,通常只需数十微安到十毫安就足够了。因此,电源部分的功率容量一般为数瓦,若按普通的直流电源设计会铸成大错。

本章介绍如何利用 DC-DC 变换器的原理设计 12kV 的高压电源,同时还介绍高压电源与普通电源之间的差异,以及如何解决高压电源特有的问题。

8.1　高压电源的原理

8.1.1　高压电源的制作

制作高压电源的方法之一是初级依据 100V 商用电源,次级基于电源变压器,通过增加匝数来升压(图 8.1)。这种方法的缺点是,商用电源的频率仅 50～60Hz,而次级绕组的匝数往往超过数百万匝。

基于商用变压器,则变压器Ns将超过10万匝

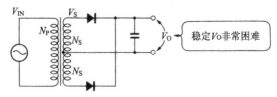

图 8.1　基于商用变压器的高压电源

因此,用较少匝数就满足要求的方案非常重要。一般来说都是基于某种方法,借助高频开关电路来解决问题。

8.1.2　约翰逊式 DC-DC 变换器

例如,输入电压 $V_{\text{IN}}=12\text{V}$、假设振荡频率为 20kHz,我们来试算约翰逊式 DC-DC 变换器的绕组匝数。

设变压器磁芯的有效截面积 $A_{\text{e}}=1.48\text{cm}^2$,则初级绕组的匝数 N_{P} 为:

$$N_{\text{P}} = \frac{E}{4 \cdot \Delta B \cdot A_{\text{e}} \cdot f} \times 10^8$$

$$= \frac{12}{4 \times 2800 \times 1.48 \times 20 \times 10^3} \times 10^8$$

$$\approx 3.6$$

这里取 $N_{\text{P}}=4$ 匝。磁芯的材料为铁氧体,磁通密度的变化量 $\Delta B=2800\text{G}$。

以它为初级绕组,欲得到 12kV 的直流电压,在理想变压器的条件下,次级绕组的匝数 N_{S} 应为:

$$N_{\text{S}} = \frac{V_{\text{S}}}{V_{\text{IN}}} \cdot N_{\text{P}} = \frac{12000}{12} \times 4$$

$$= 4000$$

匝数大大减少,输出电流又很小,因此线径很细小的导线就足够了。即使不采用大的磁芯,在绕制方面也不会发生问题。

8.1.3 寄生电容问题

多匝的细小导线绕制在磁芯上,相邻导线之间的间隙非常狭小(图 8.2),难免存在静电电容。再说 4000 匝线圈按一层也无法绕制,必须分成若干层,那么上下层之间也将存在很大的静电电容。

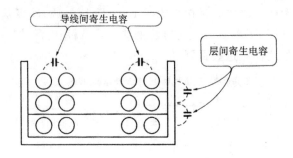

图 8.2 变压器的寄生电容

这些电容通常称为寄生电容。实际上,寄生电容在整个绕组内按分布常数普遍存在。如果将其等效地集中到绕组两端来考虑,其容量值在 2000～3000pF 之间。

如图 8.3 所示,寄生电容 C_s 的两端等同于加上了高频交流电压,每个周期都有电流流过。

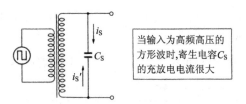

当输入为高频高压的方形波时,寄生电容C_s的充放电电流很大

图 8.3 流过寄生电容的电流

设 $C_s=3000pF$,变压器次级感应电压为 12kV,则单位时间内寄生电容 C_s 的充放电能量 P_s 为:

$$P_s = \frac{1}{2} C_s V^2 \cdot f$$

$$= \frac{1}{2} \times 3000 \times 10^{-12} \times (12 \times 10^3)^2 \times 20 \times 10^3$$

$$= 3.6 (kW)$$

当然这并不是全部损耗,例如,我们已经知道初级开关晶体管中的损耗也是相当可观的。C_s 的充放电电流还会引起相当大的噪声。

8.1.4　整流与电压倍增

综上所述,通过增加绕组的匝数来提高变压器次级电压的方法并非良策。

事实上已经有若干既不过度地升高变压器的端子电压,又可获得直流高压的整流电路方案。其中,最合理的当数图 8.4 中给出的高压倍加器的倍压整流电路。

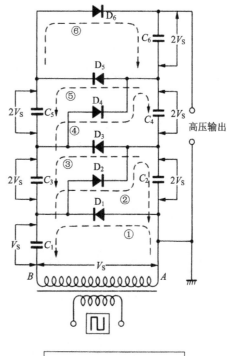

该电路的特点是二极管和电容器串联组成堆栈,堆栈的级数就是变压器次级电压 V_S 的放大倍数。通过控制堆栈级数,就可以得到各种直流高压。

设堆栈级数为 n,则输出电压 V_O 为:

$$V_O = n \cdot V_S$$

该电路的工作过程如下:首先假设变压器绕组的 A 侧产生正电压,那么二极管 D_1 导通,对电容器 C_1 充电。这样构成电容器输入型整流,结果得到 C_1 的端子电压为 V_S。

接下来,变压器各绕组电压反相,在 B 侧产生正电压,变压器的绕组电压和 C_1 的充电电压使二极管 D_2 导通,对 C_2 充电。此时 C_2 的端子电压 V_{C2} 为:

$$V_{C2} = 2 \cdot V_S$$

图 8.4　高压倍加器的原理图

进而,变压器的端子电压再一次反相,A 侧又产生正电压,C_2 的电压 $2V_S$ 加在绕组电压 V_S 上,使 D_3 导通,对 C_3 充电。但是此时由于 C_1 的端子电压为 V_S,所以 C_3 的端子电压不是 $3V_S$,而是与 C_2 一样,为 $2V_S$。

如此反复,除 C_1 以外,其余所有的电容器都将充电到 $2V_S$。

因此,最后的电容器 C_n 的(+)侧与变压器的 A 侧端子之间产生 nV_S 的直流电压,而在每个电容器的连接点处,右侧电压为 V_S 的偶数倍,左侧电压为 V_S 的奇数倍。

如果该电路连接某一负载电阻 R_L,那么仅由右侧偶数编号的电容器为负载提供能量。其余编号的电容器对下一级奇数编号电容器充电,因而各个电容器都有纹波电压产生。

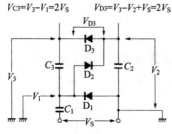

$V_{C3}=V_3-V_1=2V_S$ $V_{D3}=V_3-V_2+V_S=2V_S$

图 8.5 二极管上的反向电压

各电容器串联连接的总容量 C 以及负载电阻 R_L 所确定的时间常数对纹波的大小有影响，因此电容器的容量必须根据输出电流 I_O 的大小来确定。

如图 8.5 所示，各个电容器和二极管的耐压达到变压器端子电压的 2 倍即可。在元器件的选择方面，高压倍加器比直接由 1 级输出获得直流高压更具有灵活性。

高压电路的设计

输入　＋12C

输出　12kV、200μA

1. 约翰逊电路的设计

下面以图 8.6 所示的电路为例讲解高压电路设计的实际过程。

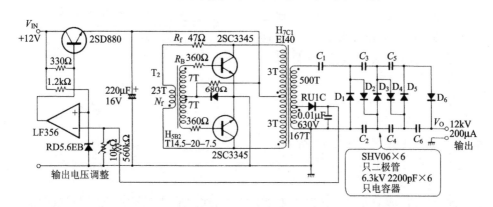

图 8.6 高压稳压电源

约翰逊电路不能直接控制输出电压，考虑到本例的输出功率不大，因此在约翰逊振荡电路的前级添加了一个串联稳压器，由此实现稳压控制（图 8.7）。

本例输出电压 $V_O=12kV$、输出电流 $I_O=200μA$，输出功率 P_O 为：

$$P_O=V_O \cdot I_O=12\times10^3\times0.2\times10^{-3}$$
$$=2.4(W)$$

电路的输入电压 V_{IN} 为 12V，考虑到串联稳压器本身的电压降，将供给振荡电路的电压设为 9V。

振荡频率应在听觉范围之外，本例取 20kHz。输出变压器的磁芯选用 TDK 生产的 EI40,材质为 H_{7C1},其特性见第 2 篇表 1.9、表 1.10。其最大磁通密度 B_m 约为 4600G,考虑到残留磁通 B_r,本例磁通密度的变化量按 $\Delta B=3000G$ 计算。

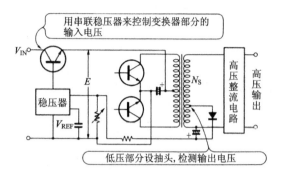

图 8.7　稳定输出电压的方法

磁芯的有效截面积 $A_e=1.27\text{cm}^2$,初级绕组的匝数 N_P 为:

$$N_P=\frac{E}{4\cdot\Delta B\cdot A_e\cdot f}\times10^8$$

$$=\frac{9}{4\times3000\times1.27\times20\times10^3}\times10^8$$

$$=2.9$$

此处取 3 匝。

2. 高压倍加器电路的设计

设高压倍加器电路的级数为 6,变压器的端子电压 V_S 为:

$$V_S=\frac{12\text{kV}}{n}=2(\text{kV})$$

变压器的次级绕组匝数 N_S 为:

$$N_S=\frac{V_S}{E}\times N_P=\frac{2000}{9}\times3$$

$$=667$$

可见线圈匝数大幅度减少了。不过正由于匝数少了,制作变压器时一定要特别精心。太细的导线绕制起来很困难,本例中线径为 $\phi0.2\text{mm}$,每层绕制 70 匝。即使如此,上下层之间仍有最大 400V 以上的电位差。

为了绝缘,在图 8.8 中,各层绕组的端部放置宽约 1.5mm 的绝缘垫,以确保上下层的沿面距离。图 8.9 给出一种常用的绝缘垫。

另外,在缠绕的始端、末端的导线间要插入绝缘管。图 8.10 所示为绝缘管实例。通过这些措施防止绝缘破损和局部短路。

还有一种绕组的缠绕方法是用带绝缘层的绕线轴,常见于电视机高压电源的回扫变压器。其磁芯形状为 UU 形,用绝缘材料将圆形绕线轴沿卷轴方向 10 等分。这样各层之间即使未绕制层间绝缘纸，绕组也被隔离，因而很容易保证耐压。

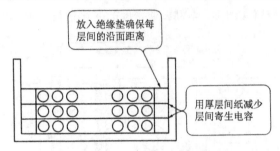

放入绝缘垫确保每层间的沿面距离

用厚层间纸减少层间寄生电容

图 8.8 高压变压器的构造

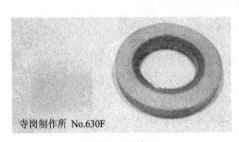

寺岗制作所 No.630F

图 8.9 绝缘垫

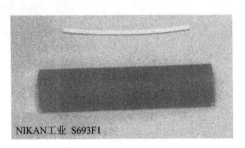

NIKAN工业 S693F1

图 8.10 绝缘管

3. 振荡电路的设计

下面计算约翰逊振荡电路中晶体管的集电极电流 I_C。除去开关稳压器部分，设电路的功率变换效率 $\eta = 85\%$，振荡电路的输入电源为 E，则有

$$I_C = \frac{V_{IN}}{\eta \cdot E} = \frac{2.4}{0.85 \times 9}$$
$$= 0.31(\text{A})$$

据此，本例使用典型大电流开关晶体管 2SC3345（$V_{CEO} = 50\text{V}$、$I_C = 12\text{A}$、$P_C = 40\text{W}$、$t_{stg} = 1.0\mu\text{s}$），设 $h_{FE} = 80$，则必需的基极电流 I_B 为：

$$I_B = \frac{0.31}{80} \approx 4(\text{mA})$$

考虑一定裕量，将 I_B 取为 10mA。

设振荡变压器基极一侧绕组的电压 V_B 为 4V，则晶体管的基极电阻 R_B 为：

$$R_B = \frac{V_B - V_{BE}}{I_B} = \frac{4 - 0.6}{0.01}$$
$$= 360(\Omega)$$

然后计算振荡变压器 T_2。设 N_f 绕组上反馈电阻 R_f 的电压降为 4V，则 N_f 线圈的电压 V_f 为：

$$V_f = 2 \cdot E - 4 = 14(\text{V})$$

下面求 N_f。选振荡变压器 T_2 的磁芯为环型 T14.5-20-7.5,材质为 H_{5B2}（图 8.11）。它的有效截面积 $A_e = 0.2cm^2$,饱和磁通密度 $B_m = 3800G$,因而有

$$N_f = \frac{V_f \times 10^8}{4 \cdot B_m \cdot A_e \cdot f}$$

$$= \frac{14 \times 10^8}{4 \times 3800 \times 0.2 \times 20 \times 10^3} = 23$$

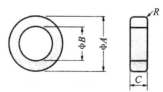

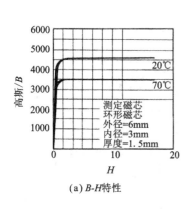

形　　状	A	B	C	有效截面积 /mm²	有效磁路长度 /mm
T8-16-4	16	8	4	15.4	34.8
T9-18-4.5	18	9	4.5	19.5	39.2
T10-20-5	20	10	5	24.0	43.6
T14.5-20-7.5	20	14.5	7.5	20.4	53.3
T16-28-13	28	16	13	76.0	65.6
T19-31-8	31	19	8	47.1	75.5
T30-44.5-13	44.5	30.0	13.0	93.0	114.0
T31-51-13	51	31	13	127.0	124.0
T44-68-13.5	68	44	13.5	159.5	170.5
T52-72-10	72	52	10	99.1	191.4
T74-90-13.5	90	74	13.5	108	256.0

（b）外形（单位 mm）

（a）B-H特性

图 8.11　环型磁芯的形状（材质为 H_{5B2}）

于是晶体管的基极驱动绕组 N_B 为：

$$N_B = \frac{V_B}{V_f} \times N_f = \frac{4}{14} \times 23$$

$$= 6.6$$

在本例中 2 个绕组均取 7 匝。

4. 高压整流电路的元器件

由于是振荡频率为 20kHz 的高频,因此在产生高压的电路中各个二极管必须采用高频二极管,二极管的反向耐压 V_{RM} 为不得低于

$$V_{RM} = 2 \times 2kV = 4kV$$

本例采用表 8.2 中的 SHV06（三垦电气）。该二极管的正向电压降 V_F 为 26V,比输出电压小得多,因而不会对输出产生太大影响,照片 8.2 给出该二极管的外观。

各支路电容器的耐压也必须超过 4kV,本例使用表 8.6 所示的高耐压陶瓷电容器 DE1510E222Z6K。

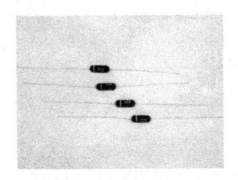

照片 **8.2** 高压二极管 SHV06 的外观

表 **8.2**[25] 高压二极管(三垦电气(株))

额定特性	最大额定值				电气特性($T_a = 25℃$)			
	$V_{RSM}/$ kV	$V_{RM}/$ kV	$I_{FSM}/$ A 50Hz 正弦 半波,单步	$T_j/$ ℃	$V_F/$ V $I_F = 10\text{mA}$ max	$I_{R(H)}/$ μA $V_R = V_{RM}$ $T_a = 100℃$ max	$t_{rr}/$ μs	$C_t/$ pF $f = 1\text{MHz}$ $V_R = 100V$
品名								
SHV03	—	3			16			
SHV06	7	6			26			1
SHV08	9	8			36			
SHV10	12	10			40			
SHV12	14	12	0.5	100	45	3	0.18	
SHV14	17	14			55			0.6
SHV16	19	16			60			
SHV20	24	20			75			
SHV24	27	24			75			
SHV06UN	7	6			44			
SHV08UN	9	8	0.5	100	55	3	0.15	—
SHV12U	14	12			68			
SHV16U	19	16			90			

注:$I_O = 2\text{mA}, I_R = 1\mu A (V_R = V_{RM})$

表 **8.3**[26] 高耐压陶瓷电容器 **DE** 系列(村田制作所)

●6.3k VDC

静电容量/ pF	外径尺寸/ mm	引线间隔/ mm	容量容许差	型　号
100	9			DE0910B101K6K
150	9			DE0910B151K6K
220	9			DE0910B221K6K
330	9	10±1.5	±10%	DE0910B331K6K
470	10			DE1010B471K6K
680	11			DE1110B681K6K
1000	13			DE1310B102K6K

● 6.3k VDC

静电容量/ pF	外径尺寸/ mm	引线间隔/ mm	容量容许差	型　　号
1000	11	10±1.5	+80% −20	DE1110E102Z6K
2200	15			DE1510E222Z6K

由于从输出电压进行电阻分压检测很困难,因此在变压器的次级线圈预先设有抽头,以此为近似值构成反馈电路来进行稳压控制的电压检测。若抽头上的电压太低,则输出电压的精度会很差,因此选定抽头点的电压约为 500V。

5. 稳压电路的设计

最后我们来进行串联稳压器的设计。本例为基于 OP 放大器的稳压器,外接有电流放大晶体管,该晶体管的损失 P_C 为：

$$P_C = (V_{IN} - E) \cdot I_C$$
$$= (12 - 9) \times 0.31 = 0.93(W)$$

由此可见需要安装小型散热器。此晶体管为 2SD880($V_{CEO} = 60V$、$I_C = 3A$),非常适用于普通的功率放大。

至于输出电压 V_O,它往往与计算的电压值不那么吻合,因此要靠电位器的调整来决定输出电压值。

如果输出的纹波电压很大,应该将电压控制检测电阻与电容器并联连接,如图 8.12 所示。这样,大部分的脉动成分将被反馈到误差放大器的输入端,再利用负反馈来抑制电压的脉动。

输出电压的脉动成分是无法用示波器直接观测到的,因为它属于高压。对于普通示波器而言,输入端的额定电压仅限于 600V 左右,因此需采用 100∶1 的衰减器。但是,这样就无法正确地观测 1V 以下的纹波电压了。

在图 8.13 中串联了一个高压电容器以去除直流成分,只留下交流成分待观测。添加的电容器对脉动频率的线性阻抗必须很低,否则不易得到正确的测量值。因而应选小容量的高压电容器。

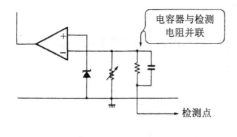

图 8.12　减小输出脉动的方法

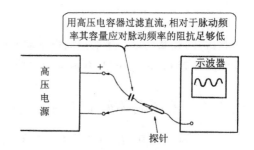

图 8.13　测定输出脉动的方法

第**9**章 降低噪声的技术技巧

——噪声抑制技术详解

※ 噪声源
※ 噪声的分类
※ 抑制噪声的具体方法

开关稳压器的最大缺点就是存在较大的噪声电压。呈方波的开关波形里包含有多种高频谐波成分。同时,开关晶体管 ON 或 OFF 时,电压、电流的高速变化也会产生噪声。

9.1 噪声源

9.1.1 产生噪声的基本原因

电气电路处于工作状态时,多多少少都会产生噪声。即使像串联稳压器这样的线性电路,也会产生热噪声和散粒噪声等物理噪声。但是开关稳压器属于电压和电流变化起伏激烈的设备,因此噪声电平也相当高。

方波中除了基波成分外,还含有许多高次谐波成分,其中主要为 3 次和 5 次这样奇数次的高次谐波成分。

由于开关电流的变化很大,所谓的过渡现象也十分明显,如图 9.1 所示,产生的噪声电压为

$$V_n = -L \frac{di}{dt}$$

由此可知,线圈两端产生的反向电动势与电流变化的速度 di/dt 成正比。特别是当开关晶体管 OFF 时,电路电感越大则噪声电压 V_n 越大。

9.1.2 开关晶体管产生的噪声

为了减少损耗,在开关稳压器中我们总是千方百计地设计驱动电路以提高晶体管的开关速度。但是,开关速度越高,di/dt 的值就越大,噪声电压也就越高。

　　对于线性可调开关电源,晶体管集电极-发射极间的电压波形往往叠加成超过300V 的噪声电压。如图 9.3 所示,发射极与输入端的(一)侧相连,虽然输出电压没有变化,但是集电极总是处于开关电压反复变化的状态。

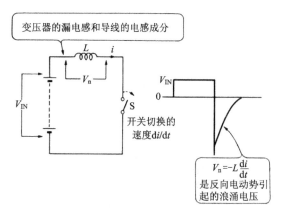

图 9.1　电流变化产生的噪声

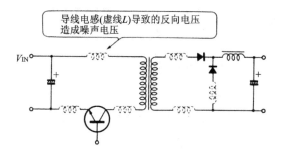

图 9.2　电感产生的噪声

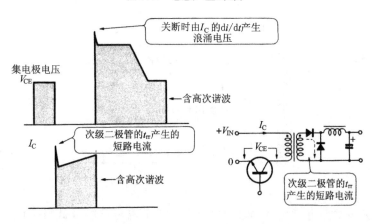

图 9.3　过渡时浪涌电压波形

图 9.2 表示出导线或印刷电路板的电感 L。采用最短距离布线对于减小噪声非常重要。

无论何种型号的功率晶体管,封装的金属外壳都被做成集电极。为了抑制温升,其上还安装散热器(图 9.4)。结果是集电极的噪声电压也加到散热器上,噪声通过大面积的散热器被辐射到大气中。

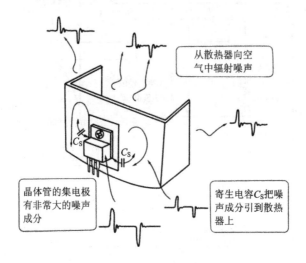

从散热器向空气中辐射噪声

晶体管的集电极有非常大的噪声成分

寄生电容 C_S 把噪声成分引到散热器上

图 9.4 散热器辐射噪声

9.1.3 次级整流二极管产生的噪声

噪声源随电路方式不同而异,但在开关稳压器中最大的噪声源出自次级整流二极管。

第 1 篇第 2 章中已讲过,二极管存在反向恢复时间 t_{rr}。例如,图 9.5 中的正向变换器,当晶体管 ON 的瞬间,D_2 的 t_{rr} 就会产生短路电流 i_S。

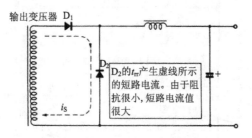

输出变压器 D_1

D_2 的 t_{rr} 产生虚线所示的短路电流。由于阻抗很小,短路电流值很大

i_S

图 9.5 二极管的短路电流

为了减少短路电流 i_S 引起的电压降,总是采取尽可能降低阻抗的设计措施,结果造成短路电流值很大,di/dt 也很大。

在 RCC 方式开关稳压器中,当二极管中的电流为零之后晶体管才导通,因此 t_{rr} 很短,不存在短路电流。再有就是多管式变换器,由于二极管的外加反向电压很低,电流的最大值也比较小(图 9.6)。由此可见,所有方式中,正向变换器的短路电流最大,产生的噪声也明显。

类似于开关晶体管,二极管的阴极电压也存在很大的变化。因此,如果在二极管的阴极封装壳上安装散热器,也会将噪声辐射到大气中去。

像 RCC 方式这样采用电容器输入型的整流器,由于输出电压的负极接地,产生的噪声比较小(图 9.7)。

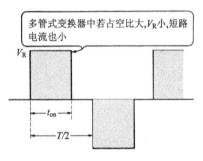

图 9.6　多管式变换器二极管的
反向电压

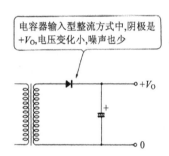

图 9.7　RCC 方式的整流电路

9.1.4　输出变压器及扼流线圈产生的噪声

RCC 方式应特别注意输出变压器产生的噪声。这是由于绕组的电感值是通过调整间隙确定,间隙周围将有漏电感,因此漏电感在邻近金属体内形成噪声涡流,如图 9.8 所示。

正向变换器的输出变压器通常不特意设置间隙,但由于初级绕组产生的磁通不能完全与次级绕组交链,因此仍会有少量的漏电感。

正向变换器次级整流电路的扼流线圈也不存在很大的间隙,如图 9.9 所示,由于磁通变化较小,因此与变压器相比,其漏电感并不大。

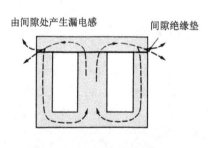

图 9.8　变压器的漏电感

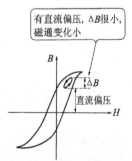

图 9.9　扼流线圈的磁通变化

9.1.5　噪声电流的路径

　　根据上面的叙述可知,产生噪声的主要元器件有三种:开关晶体管、次级整流二极管、输出变压器和扼流线圈。实际上,噪声并不仅仅来自上述元器件,包含噪声成分的电流流经的整条路径都会向外部辐射噪声。

　　图 9.10 给出典型的电路结构方式,红线路径部分均有噪声电流流过。无论哪种电路方式,从输入侧的电容器到输出侧的整流电容器,整个主电路电流所流经的导线路径上都存在噪声。要减小这些噪声,就必须在布线设计以及印刷电路板的结构方面下功夫,尽量缩短走线的长度。

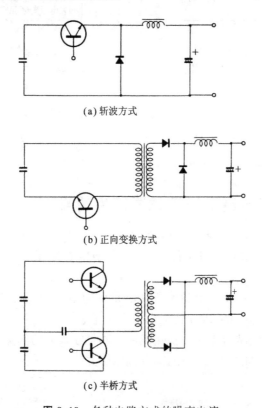

(a) 斩波方式

(b) 正向变换方式

(c) 半桥方式

图 9.10　各种电路方式的噪声电流

9.2　噪声的分类

9.2.1　常态噪声和同态噪声

　　按性质来分,噪声大致可分为两类:常态噪声和同态噪声。如图 9.11 所示,常态噪声是指电流流过导线间出现的噪声成分,典型的常态噪声为输出电压中重叠的纹波电压。

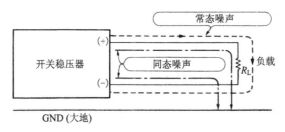

图 9.11 常态噪声和同态噪声

同态噪声是指各导线与大地间的噪声成分,即所谓的尖峰噪声。实际上同态噪声的抑制非常困难。

同态噪声是由各导线对大地阻抗的不平衡引起的。如输出侧的(＋)和(－)导线长度不一样,各段导线上接入的元器件也会存在差异等等都属于不平衡。如果将大地视为基准,那么流过正负导线上的电流不对称,称之为不平衡状态。

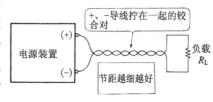

图 9.12 铰合布线

因此,从电源直流输出端到负载的导线必须采取图 9.12 的铰合对方法连接,也就是从(＋)和(－)侧到负载间的导线应尽可能拧成小节距的铰合对。这样可确保平衡,避免同态噪声的影响。

9.2.2 噪声的频谱

开关稳压器产生的噪声具有很宽的频谱——从低频到高频,图 9.13 给出典型实例。

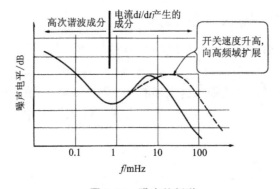

图 9.13 噪声的频谱

噪声的发生基本上不会低于开关频率。当然,输入侧存在工频成分的噪声则另当别论。

因此,低频域 1MHz 以下的噪声成分主要来自于开关波形中高次谐波成分。

而超过 1MHz 的高频域噪声成分主要来自于晶体管集电极电流的 di/dt 或次级整流二极管的短路电流,提高开关速度,噪声的频谱将向高频域扩展。

一般说,高频开关稳压器的晶体管开关速度越快,损失越小,因此,有时噪声频谱扩展到数百兆赫也并不奇怪。

RCC 方式开关电流的峰值很大,因而开关波形中包含许多高次谐波成分,1MHz 以下的低频噪声很大。二极管不产生短路电流,因而与其他方式相比,其高频域噪声较少。

9.3 噪声的传递方法

如图 9.14 所示,开关稳压器内部噪声向外部传递的路径大致有三条。

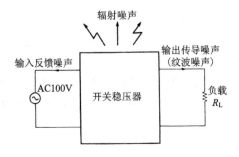

图 9.14 噪声的传导途径

9.3.1 返回 AC 输入端的噪声

最近,世界上都强化了电子设备噪声的规定。其中被限制的对象之一就是所谓的输入反馈噪声。

输入反馈噪声是指开关稳压器内部的噪声返回到输入端的 AC 导线上。如图 9.15 所示,内部噪声 V_n 以线性阻抗 Z_l 和内部阻抗 Z_i 的比例构成输入反馈噪声 V_b,其大小为:

$$V_b = \frac{Z_l}{Z_i + Z_l} \cdot V_n$$

出现在 AC 输入的端子上。

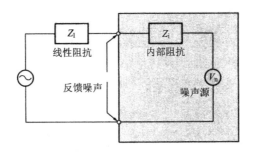

图 9.15　输入反馈噪声

上述噪声混入共用相同 AC 输入电源的设备中就会造成噪声故障。另外,也有部分噪声直接通过导线辐射到空气当中,该部分噪声包含常态噪声和同态噪声两种成分。

总之,由上式可知,提高稳压器的内部阻抗 Z_i 就可减少输入端子的噪声。在电源内部安装线性滤波器的目的就在于此。

虽然直接关联性很小,但是常有的现象是如果强化线性滤波器,输出端所显现的回扫噪声就会得到抑制。

9.3.2　辐射到空气中的噪声

辐射到空气中的噪声是指内部噪声以磁通或电磁波的形式直接辐射到大气中的成分。例如,在 RCC 方式的电路中输出变压器产生的漏电感,以及在晶体管上安装散热器等。

该部分噪声强度随距离变大而逐渐衰减,与距离的平方成反比。因而,把电路中易受噪声影响的元件配置在远离噪声源的地方是减少噪声影响的有效方法。

将电源部分封装在金属外壳内也具有滤波效果。但这样做的结果往往使热对流恶化,引起内部温度大幅的上升。

如图 9.16 所示,通常采取在变压器的间隙周围包裹铜板构成屏蔽环的方法。这样漏电感在铜板中能形成涡流,而不会泄漏到外部环境中去。

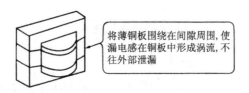

将薄铜板围绕在间隙周围,使漏电感在铜板中形成涡流,不往外部泄漏

图 9.16　变压器的屏蔽环

最近,RCC 方式的间隙变压器大多采用在 EE 磁芯的中间部分插入间隙的所谓中心间隙方式,如图 9.17 所示。在该方式变压器中,来自间隙的漏电感只在绕制于其上的线圈中形成涡流,不会泄漏到外部去。

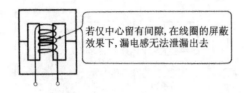

图 9.17 中心间隙的变压器

当然,该方法的缺点是变压器一旦做好,就无法对间隙进行微调。

9.3.3 输出纹波噪声

输出纹波噪声也称为输出传导噪声,图 9.18 给出它的波形实例。由于纹波电压是常态成分,因此增大次级平滑电路扼流线圈的电感,或者降低平滑电容器的内部阻抗就可简单地减少纹波噪声。

但是,还应该在元器件布置方面给予特别的考虑,如图 9.19 所示,必须让输出电流流过平滑电容器端子的附近。这是因为若电容器引线的阻抗很大,则内部的等价阻抗升高,导致再也无法降低纹波噪声。

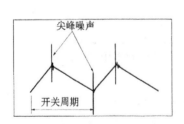

图 9.18 纹波噪声的波形

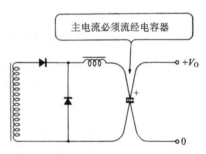

图 9.19 整流电容器的接线路径

尖峰噪声产生于晶体管 ON/OFF 的瞬间,抑制起来非常困难。尖峰噪声的感应路径非常复杂,但由于其为同态成分,处理的方法是在输出导线上添加同态滤波器,如图 9.20 所示。

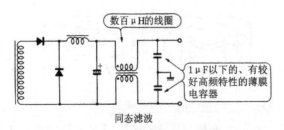

图 9.20 输出变压器同态噪声的抑制

同态噪声一般是数兆赫以上的高频成分,因此同态滤波器可以由 $100\mu H$ 以下的小电感线圈和 $1\mu F$ 以下的具有较好高频特性的薄膜电容器构成。

9.4 抑制噪声的具体方法

显然,对于开关稳压器噪声的抑制,目前还没有一种特效方法。也就是说,几乎任何一种措施都无法使噪声电平降低到设定的目标值。

虽然就单个措施的效果来看不甚理想,但各中措施综合起来就能达到降低噪声的效果。噪声源各不相同,因而现实的方法是耐心地一一解决。

9.4.1 采用软恢复特性二极管

前面已经说过,二极管在反向恢复时间 t_{rr} 内的短路电流是非常大的噪声源,t_{rr} 越短,短路电流越小,高速二极管能够起到这个作用。

但是,t_{rr} 太短也不太好,这里牵扯到二极管的特性问题。虽然电流减少率 di/dt 由电路的阻抗确定,但图 9.21 表示的 I_{RP} 返回到零的过程中,电流变化率也非常重要。该电流缓慢变化,即具有所谓的软恢复特性,那么因为 di/dt 很小,所以噪声电压也减小。因此,单纯地根据 t_{rr} 的数值来判断噪声是不全面的。

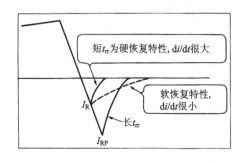

图 9.21 二极管的恢复特性

最近,市场上有多种 t_{rr} 时间短而且具有软恢复特性的二极管,采用这类二极管对降噪有好处。

该类二极管具有两种结构,其一为普通的 PN 结型,为加速载流子的扩散速度,采取被称为寿命因子的白金或金对扩散的深度进行最优控制。难点是正向电压降 V_F 太高,然而低廉的价格却很有诱惑力。

还有一种是采用外延硅片和离子注入法制造的二极管。其正向电压降 V_F 很低,维持在 1V 以下,但该二极管目前的耐压程度只达到 200V 左右,而且价格比较昂贵。

9.4.2 串联可饱和电抗器

事实上 t_{rr} 不可能等于零,次级整流二极管始终无法根绝短路电流。因此可采用一种给二极管串联电抗器限流的方法来有效地抑制噪声,如图 9.22 所示。

但是,电抗器在整个周期内都存在电感,产生图 9.23 所示的电压降,这样既不好也无必要。因此,通常采用可饱和电抗器,即在二极管的 t_{rr} 期间存在电感而其后立即达到磁饱和状态。

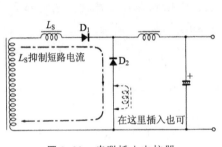

图 9.22 串联插入电抗器

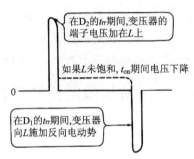

图 9.23 可饱和电抗器的
外加电压波形

电抗器在一个开关周期中反复 2 次达到饱和,会造成磁芯的磁滞损耗问题,并带来很高的温升。因此,通常希望其 $B\text{-}H$ 曲线的宽度窄一点、长宽比大一点,非晶态磁芯最适合这个要求。第 2 篇表 1.5 给出了可饱和电抗器的一个实例。

用于可饱和电抗器的非晶体磁芯并不具有物理上的晶体构造,因此也称为非晶态磁芯。该磁芯是在铁系金属中添加钴,经高温熔化成薄板,再急剧冷却炼制成的。

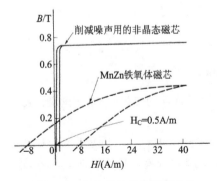

图 9.24 非晶态磁芯的磁通特性

它的磁通特性如图 9.24 所示,$B\text{-}H$ 曲线有很尖的锐角。该特性被称为高长宽比特性。由于 $B\text{-}H$ 曲线包围的面积很小,磁芯产生的铁损也很少,是高频电路中可饱和电抗器的最理想材料。

东芝金属公司出售的名为消峰器的小型线圈就是采用非晶态磁芯。其特性见表 9.1 所示。

专　栏

关于噪声的感应

噪声电压若未以某种形态与其余电路耦合,它就不构成电路正常运行的障碍。其感应方法大致从以下两个方面考虑。

1.电磁感应耦合

在图 A 中设有两根平行导线,噪声电流流过其中一根导线并产生磁通,磁通即与另一根导线耦合产生感应电压。

设噪声电流为 I,平行距离为 1,两根导线间的耦合度为 M,则感应噪声电压 V_n 为:

$$V_n = j\omega M I l$$

耦合度 M 与两导线间的距离 d 成反比。因此,只要确保距离 d 即可减小耦合度 M,而平行距离的长度越短,感应噪声电压也越小。

初级导线和次级导线原则上不允许采用通量线的道理就源于此,即避免外部侵入的噪声自输入导线传递到输出导线。

这也意味着次级产生的噪声不会回到输入侧成为反馈噪声。

因此,如果两束导线必须邻近,那么绝对不得平行布置,必须呈直角交叉状态。

2.静电容量耦合

如图 B 所示,经两根导线间的寄生电容感应出噪声电压。

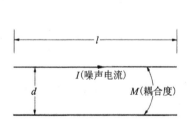 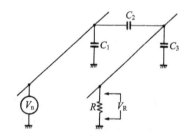

图 A　电磁感应耦合　　　　　**图 B**　静电容量耦合

设噪声源的电压为 V_n,则在某一阻抗 R 两端感应的电压 V_R 为:

$$V_R = \frac{\omega C_2 R}{\sqrt{1 + \omega^2 (C_2 + C_3)^2 \cdot R^2}} \cdot V_n$$

由于 C_2 为寄生电容,因而感应电压的增加与之成正比。

如图 9.4 所示,晶体管或二极管的电极感应到散热器上的噪声,通过寄生电容对周围电路造成噪声故障的原因就在于此。

此时,布线时应注意通过保持导线相互之间的距离,减小寄生电容。

表 9.1　消峰器［(株)东芝］

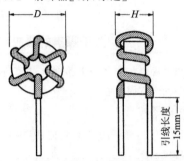

(a) 外形

型　号	最大尺寸 D-H/mm	磁通量 /min	抑制效果持续时间的目标［元件端子电压 5V(μs)］	起始电感 μH	最大电感 μH	残留电感 μH	连续使用电流 (DC. A)
SA4.5×4×3F	7.2−5.2	270	0.3	10	50	0.15	1.0
SA45×4×3E	7.2−5.2	400	0.4	20	100	0.20	1.0
SA5×4×3F	7.7−5.2	550	0.6	20	100	0.20	1.0
SA5×4×3E	7.7−5.2	800	0.9	40	200	0.25	1.0
SA5×4×3D	7.7−5.2	1100	1.2	70	350	0.30	1.0
SA7×6×4.5D	11.0−7.5	1600	1.8	80	350	0.30	1.5
SA7×6×4.5B	11.0−7.5	2400	2.6	150	800	0.40	1.5
SA8×6×4.5C	13.0−8.0	3600	4.0	200	1000	0.30	2.0
SA8×6×4.5A	13.0−8.0	5200	5.7	400	2000	0.50	2.0

(b)　特性

9.4.3　布线的要点

　　产生噪声电路的布线原则是元器件的安排要尽量缩短连线的距离。印刷电路板应该让正反两面的导线流过上下对称的电流，电缆必须使用小节螺距的双绞线以保持平衡。如前所述，双绞线结构不容易产生同态噪声。

　　如图 9.25 所示，为了不致使电流环围的面积扩大，应使往返两条路径彼此尽量靠近而且平行地布置。初级侧的整流电容器与电源一样，应尽量降低导线的电阻。

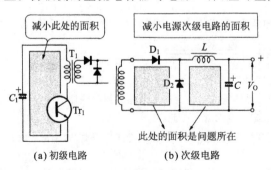

(a) 初级电路　　　　(b) 次级电路

图 9.25　电流回路的面积

布置次级侧的平滑电容器时,也要考虑如何降低流过高频电流时的阻抗。

但是,这样布线的结果实际上可能将电容器与发热体靠得很近,反而出现热干扰。因此,应在二者兼顾的原则下安排在一个适当的地点。当然,这说起来简单,实际上是开关稳压器设计中最难的部分,一定要慎重对待。

9.4.4　减小散热器的感应电压

前面已经讲过,晶体管或二极管的噪声电压经散热器感应后辐射到空气中去,噪声是通过元器件的寄生电容感应到散热器的。

由于晶体管的外壳为集电极,而二极管的外壳为阴极,因此通常在这些地方出现很高的噪声电压。即使如图 9.26 所示在接触面间插入绝缘材料,寄生电容的容量仍有

$$C_S = \varepsilon \cdot \frac{S}{d}$$

可见,散热器也带有很大的噪声成分。

由上式可知,应采用导电率 ε 较小、厚度 d 较大的绝缘体,同时热传导率要好。最理想的绝缘体是氧化铍磁性材料,但由于价格昂贵,实际上大多采用硅橡胶。

噪声还会随扼流线圈所处的位置不同而变化。通常功率二极管的外壳为阴极,若将线圈接入(＋)线,噪声将被感应到散热器上。二极管的阴极电压之所以含有大量噪声电压,而且经常发生变化,就是因为被寄生电容感应的缘故。

因此,应该按照图 9.27 所示,把扼流线圈接入(－)线,由于二极管阴极与直流输出的(＋)直接连接,电位不会变化,也就不易感应出噪声。

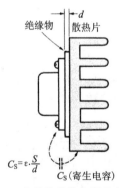

图 9.26　半导体和散热器的寄生电容

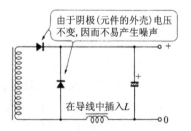

图 9.27　扼流线圈的插入位置

9.4.5　接入 **CR** 吸收器

在图 9.28 中,在各个开关晶体管或二极管的电极间串联了的 C 和 R,可以起到抑制噪声的效果,好像这些元器件在吸收噪声,实际上它们的作用如下。

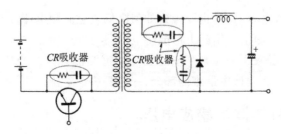

图 9. 28 *CR* 吸收器

例如,在晶体管关断的瞬间,集电极电流以斜率 dI_C/dt 减小。此时由导线电感产生反向电动势,该值与开关断开时的阻抗成正比。如果在这里接入 *CR*,就可提高过渡阻抗,从而抑制噪声电压的产生。

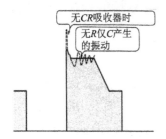

图 9. 29 插入吸收器后的波形

另外,*CR* 的时间常数也可抑制电压的上升速率 dV_{CE}/dt,这样对抑制噪声也是十分有利的。

当然,不能单独采用 *C*,因为一旦它和电路的电感满足共振条件,如图 9. 29 所示,将在高频引起衰减振荡。因此,必须利用 *R* 抑制该振荡。

该 R 的值太高或太低都不会起到什么作用,必须通过实验在数十欧[姆]至数百欧[姆]的范围内选择最合适的值。同时,由于该 *R* 会产生热损耗,因而电容 *C* 的容量不能太大,应将它限制在数百皮法至 1000pF 之内。

9. 4. 6 AC 线性滤波器的效果

返回到 AC 输入端的噪声处理起来十分棘手,如果能除去它可以降低输出噪声。

降低输入反馈噪声,除了强化线性滤波之外没有什么好方法。当然,采用市售的线性滤波器也是一种方法,但 1MHz 以下的具有大衰减率的滤波器很少,价格也很高,因此把 *LC* 集成在电源内部作为线性滤波器有很多方便之处。

电路结构有若干方案,图 9. 30 所示的共态线圈是其中之一,常取 1 级或 2 级结构。

滤波器的低频域衰减特性一般由 $L \cdot C$ 决定,为了使流入大地的漏电流不至于太大,有必要采用电感较大的线圈。

共态线圈的效果可由图 9. 31 的等效电路进行定量分析,设产生的噪声电压为 V_g,则

$$V_g = j\omega L_1 \cdot I_1 + j\omega M I_2 + I_1 R_4$$

$$V_g = j\omega L_2 I_2 + j\omega M I_1 + I_2 R$$

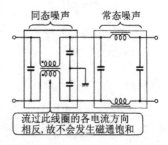

图 9. 30 线性滤波器的电路实例

设 $L_1=L_2=M=L$，整理上式得

$$I_1=\frac{V_g \cdot R}{j\omega L(R+R_L)+R\cdot R_L}$$

$$I_2=\frac{V_g \cdot R_L}{j\omega L(R+R_L)+R\cdot R_L}$$

负载 R_L 产生的噪声电压 V_N 为：

$$V_N=I_1\cdot R_L=\frac{V_g\cdot R\cdot R_L}{j\omega LR+j\omega\cdot L\cdot R_L+R\cdot R_L}$$

$$=\frac{V_g\cdot R}{j\omega L\dfrac{R}{R_L}+j\omega L+R}$$

实际上，由于有 $R\ll R_L$，因而有

$$V_N=\frac{V_g\cdot R}{j\omega L+R}$$

噪声电压的衰减比可表示为

$$\frac{V_N}{V_g}=\frac{\dfrac{V_g\cdot R}{j\omega L+R}}{V_g}=\frac{R}{j\omega L+R}$$

由上述结果可知，噪声的衰减度与电感 L 成正比。

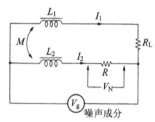

图 9.31 共态线圈的等效电路

9.4.7 线性滤波器的制作

通过这个C_S，高频噪声从输入传向输出

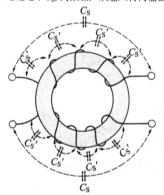

图 9.32 线圈的寄生电容

下面说明实际设计线性滤波器的要点。一般希望滤波器从低频域到高频域都具有很大的衰减比，但这是不现实的，原因是线圈中存在寄生电容 C_S，如图 9.32 所示，无法阻止 C_S 在高频域传递噪声。

要得到好的低频特性就要增加线圈的匝数，然而，与此同时寄生电容也会增加。因此线圈的分层不能太多，各层间还要插入绝缘纸以保持一定的距离，从而减小 C_S。另外，将大电感的线圈和小电感的线圈组合起来能扩展滤波器的频带。

至于选择何种形状的磁芯并没有太多的要求，从材质看，导磁率 μ 越大、频率特性越差，但是从它将噪声化解为磁芯损耗来看，采用导磁率大的磁芯反而能得到良好的特性。表 9.2、表 9.3 列出了线性滤波器线圈的一个实例。

滤波器的安装位置距离变压器或扼流线圈太近，在磁通耦合作用下噪声成分将感应出共态扼流。因此应保持元器件之间足够的距离，且应特别注意输入端子附近元器件的安排。

表 9.2 共态滤波用 SC 线圈[(株)TOKIN]

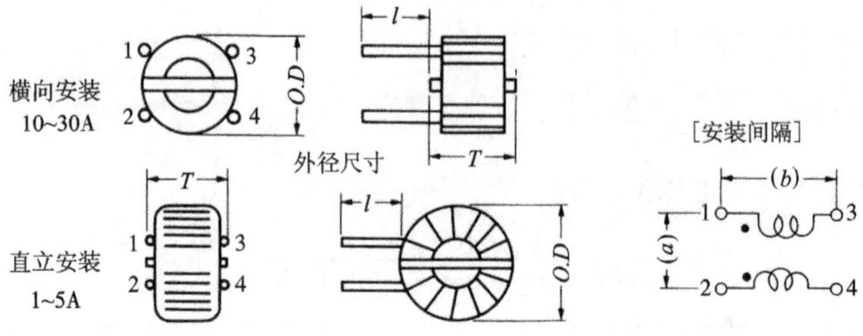

横向安装
10~30A
直立安装
1~5A
外径尺寸
O.D
T
l
[安装间隔]
(a)
(b)
1
2
3
4

(a) 外形

(单位:mm)

型号	额定电流/A	电感/mH 100kHz	直流电阻 单侧导线/mΩ	温升/deg	线径 φ	O.D	T	l±2	(a)	(b)
SC02−101	2	≥1	≤100	≤40	0.6	23.0	13.0	15	10	13
SC02−100	2	≥1	≤100	≤40	0.6	23.0	18.5	15	10	19
SC02−200	2	≥2	≤110	≤40	0.6	23.0	18.5	15	10	19
SC02−300	2	≥3	≤100	≤40	0.6	25.0	20.0	15	10	17
SC02−500	2	≥5	≤150	≤45	0.6	27.0	20.0	15	10	17
SC02−800	2	≥8	≤50	≤40	0.6	34.0	23.0	15	18	16
SC05−100	5	≥1	≤70	≤40	0.8	25.0	18.5	15	10	19
SC05−200	5	≥2	≤80	≤40	0.8	32.0	21.0	15	18	21
SC05−500	4	≥5	≤80	≤60	0.8	34.0	23.0	15	18	21
SC05−800	4	≥8	≤20	≤60	0.8	34.0	23.0	15	18	21
SC10−100	10	≥1	≤20	≤40	1.3	34.0	21.0	15	22	21
SC10−200	10	≥2	≤28	≤40	1.3	47.0	27.0	15	30	30
SC15−100	15	≥1	≤12	≤40	1.8	49.0	27.0	15	35	35
SC20−100	20	≥1	≤8	≤40	2.3	60.0	30.0	15	40	40
SC30−100	30	≥1	≤6	≤40	2.6	62.0	35.0	15	55	20

(b) 特性

9.4.8 选用市售的线性滤波器

最近,各个厂家都推出了多种线性滤波器。它们的特点各自不同,因此必须加以合理的选择以取得较好的使用效果。

最主要的选择标准是噪声的衰减特性。线性滤波器由线圈和电容器组合而成,线圈的电感 L 和电容器的容量 C 的乘积越大,低频域的衰减特性就越好。

但是,在图 9.33 所示的同态噪声用滤波器电路中,若电容器 C 太大,AC 端流向大地的漏电流也增大。

金属封装
①
②
③
④
IN Ⓔ
OUT
L
若此电容器C的容量增大,流向大地Ⓔ的漏电流增加

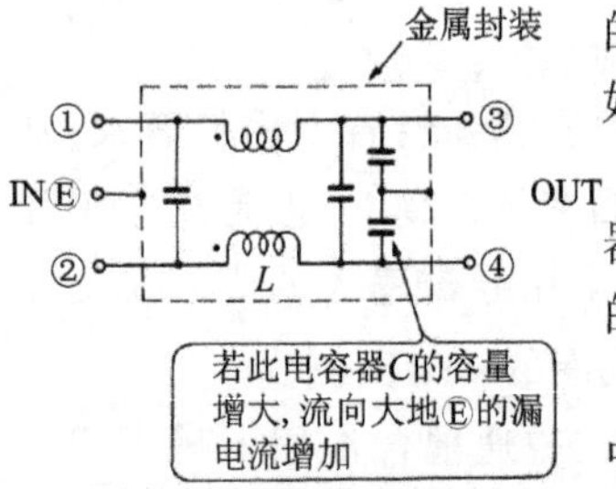

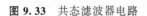

图 9.33 共态滤波器电路

表 9.3　常态 SN 线圈［(株)TOKIN］

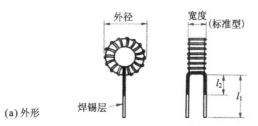

(a) 外形

型　号		额定电流/A	电感/μH min	直流电阻/Ω_{max}	尺寸/mm				线径 mmφ
					外径/max	宽度 max	l_1	l_2	
小型	SN 3−200	1	10	0.040	8.5	5.5	$20^{\pm2}$	5max	0.4
	SN 5−300	2	25	0.042	13	7	20	5	0.55
	SN 5−400	2	48	0.058	13	8	20	5	0.55
标准型	SN8S−300	2	26	0.042	16	8	$20^{\pm2}$	5max	0.6
	SN8S−400	2	46	0.052	16	8	20	5	0.6
	SN8S−500	2	72	0.068	16	9	20	5	0.6
	SN8D−300	2	45	0.052	16	11	$20^{\pm2}$	5max	0.6
	SN8D−400	2	80	0.072	16	11	20	5	0.6
	SN8D−500	2	125	0.092	17	12	20	5	0.6
	SN10−300	3	40	0.035	21	11	$20^{\pm2}$	5max	0.8
	SN10−400	3	72	0.042	21	11	20	5	0.8
	SN10−500	3	110	0.052	21	12	20	5	0.8
	SN12−400	5	64	0.032	25	12	$20^{\pm2}$	5max	1.0
	SN12−500	5	100	0.040	26	12	20	5	1.0
	SN13−300	6	56	0.023	30	17	$20^{\pm2}$	5max	1.2
	SN13−400	6	100	0.030	30	18	$20^{\pm2}$	5max	1.2
	SN13−500	6	155	0.036	31	18	$20^{\pm2}$	5max	1.2

(b) 特性

　　该电流具有触电的潜在危险,按照安全标准,该电流通常必须低于 1mA,即工频时电容器须限制在 2000pF 以下。

　　因此,如果实际中要求线圈具有大电感,那么考虑绕组的发热,就必须把粗导线绕制在大型磁芯上,结果会使线圈的体积变大。

9.4.9　线性滤波器的分类使用

　　按形状,市售线性滤波器分为照片 9.1 所示的插入型和螺栓端子结构型。

　　输入型多为小型滤波器,线圈的电感为 2mH 左右,用在 1MHz 以上的频率可以得到 40dB 以上的衰减特性。

照片 9.1 线性滤波器

然而,像 RCC 开关稳压器,它更多地包含数百千赫以下的噪声,此种场合插入型滤波器降噪就无能为力了,应改用内部线圈电感在 5mH 以上的螺栓端子型滤波器。

正向变换器中包含很多数十兆赫以上的高频噪声,因而没必要采用电感太大的滤波器。否则,高频噪声将顺利通过线圈间的寄生电容,并未被衰减。

若开关频率很高,那么产生的噪声也分布在高频域,这时应采用小型线性滤波器。

9.4.10 金属外壳的接地

市售的线性滤波器大多采用金属外壳封装。由于金属封装都接地,因此必须用螺钉牢固地固定在装置的底座上,或者说,布线时请尽量缩短接地线的长度。

照片 9.2 给出添加线性滤波器前后输入侧反馈噪声的变化情况。

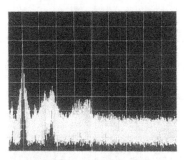

(a) RCC方式(无滤波器)

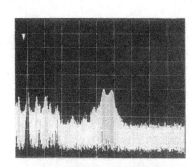

(b) 正向变换器方式(无滤波器)

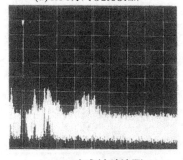

(c) RCC方式(有滤波器)

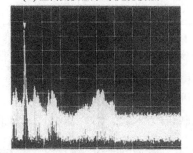

(d) 正向变换器方式(有滤波器)

照片 9.2 开关电源的输入反馈噪声(14.9MHz/div、10dB/div)

图 9.34 所示为线性滤波器的实例。

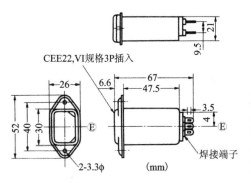

	GL2030C3	GL2060C3
额定电压	250V	250V
额定电流	3A	6A
绝缘耐压	1800V DC(线-线之间) 1500V AC(线-外壳之间)1min	
绝缘电阻	500V DC 300MΩ 以上(线-外壳之间)	
漏电流	250V 60Hz 0.5mA 以下	

(a)插入型

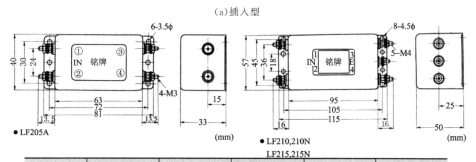

型　号	额定电压 AC DC/A	额定电流 AC DC/A	试验电压 AC 1min/V 大地、端子间	绝缘电阻/MΩ 500VDC 1min 大地、端子间	漏电流 /mA 250V·60Hz
LF202A	250	2	1500	≥300	≤1
LF202U1	250	2	1500	≥300	≤1
LF205A	250	5	1500	≥300	≤1
LF210	250	10	1500	≥300	≤1
LF215	250	15	1500	≥300	≤1

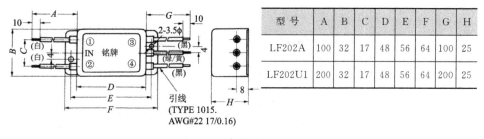

型号	A	B	C	D	E	F	G	H
LF202A	100	32	17	48	56	64	100	25
LF202U1	200	32	17	48	56	64	200	25

(b)螺栓端子型

图 9.34　线性滤波器的实例

最后,图 9.35 给出上述各噪声处理措施的总结。

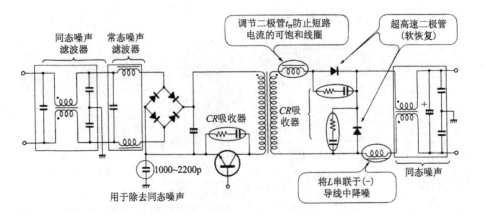

图 9.35 抑制开关稳压器噪声的措施

附录　散热及散热器安装技巧

※　热设计分析
※　散热元器件的安装
※　线路设计

在电源装置中,如何布置元器件非常重要。特别功率元器件、发热元器件的散热设计对装置的可靠性具有重大影响。随着噪声生成元器件的布置和布线的不同,开关稳压器的噪声水平将呈现出很大的差别。

还有一点,即电源装置中有些元器件,如变压器等相当笨重,因此也不能忽视它们的振动、冲击以及机械强度。

上述种种说明,电源的布置设计也并不简单。

热设计分析

在电源装置内部,多发热元器件与少发热元器件通常是混在一起的。典型的发热元器件包括功率晶体管和二极管,它们的散热设计已在第 1 篇第 5 章做了详细的叙述。此外,在电源中像变压器、电阻之类的元器件的发热也不可忽视。

典型的小发热元器件当数电解电容器。电解电容器的温度每上升 10℃,寿命就会减一半。从电源电路的输出特性,特别是减小纹波及噪声的要求看,应该尽量将功率晶体管和电解电容器靠近,减小导线的长度,但是这显然又与散热是矛盾的。

1. 元器件的整体布置技巧

如附图 1 所示,设备内部的热量通过对流、辐射、传导三种途径传播到外部。特别是在封装内部,通过内部对流,热量自下而上转移。

由于热空气轻,向上升,因此装置内部上部的温度总比底部的温度高。

在不同的通风条件下,上部与底部的温差超过 15℃不足为奇。

为获得良好的对流条件,不让热量滞留在发热元器件的周围,如附图 2 所示,元器件在实际安装时应采取垂直布置方式。

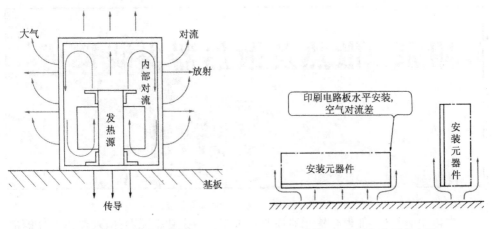

附图 1　热的传播路径　　　　　　附图 2　印刷电路板的布置

　　当然如果发热元件位于底部,这种热源将使上方的元器件受热,以致整个元器件的温度大幅上升。

　　因此,应该像附图 3 所示的那样,不要把电解电容器布置在发热元器件的正上方,而且上下左右都与发热元器件保持一定距离。

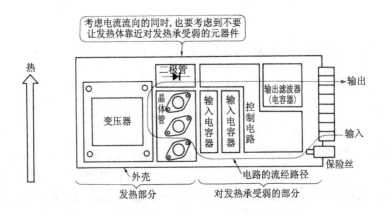

附图 3　元器件的基本配置

2. 装置内部的热对流

　　若封装外壳采取密闭结构,则内部与外部大气无法实现热流通,内部温度将大幅上升。在这种场合下,外壳表面必须设置多个通风孔。

　　附图 4 列出了几种常用的通风孔。孔的位置或形状不同对流也存在差别。因此,开孔设计时应尽量增大孔的总面积以提高所谓的开孔率。

　　热空气总是滞留在外壳的上部。因此,在外壳上部必须留有透气孔。但若孔置于顶部,容易落入尘土和污垢等杂物,因此应在侧面的上部开设透气孔。

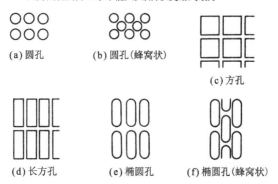

因为圆孔的开口率不能太大,所以交错式最好

(a) 圆孔   (b) 圆孔(蜂窝状)

(c) 方孔

(d) 长方孔   (e) 椭圆孔   (f) 椭圆孔(蜂窝状)

附图 4 通风孔的种类

但是,下方没有空气流入孔同样无法得到良好的对流状态,而且无论侧下方开设多少个空气流入孔,吸入的空气也总是有限的。因此,流入孔应开设在底面上,如附图 5 所示,在安装时,元器件下面应有 10～15mm 的流通层。

如果有多块印刷电路板,它们的元器件不应相互靠近,而应该改成附图 6 所示背对背布置,这样有利于元件表面的空气对流。

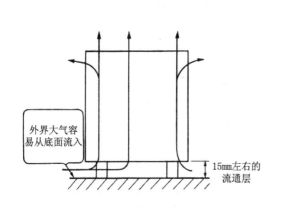

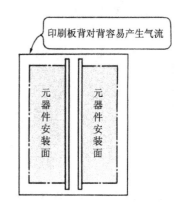

附图 5 来自底面的空气流   附图 6 2 块印刷电路板的布置

3. 内部温升的计算方法

设计电源装置时,粗略估算装置内部温升的程度是非常重要的。但是,由于装配条件非常复杂,因此计算值与实际值往往存在较大的差别,所以以下的计算值仅供参考。

由附图 7 所示的曲线可查出装置包络体积相对的热电阻 θ_e。由该曲线及电路的内部损耗可以估算温升 T_e。

设输出功率为 P_O、功率转换效率为 η,则电源的内部损耗 P_e 为:

$$P_e = P_O \left(\frac{1}{\eta} - 1 \right)$$

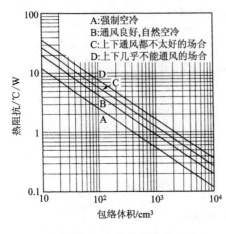

附图7　包络体积和热电阻

这里,设安装散热器的元器件的损耗 P_S 中有 50% 散射到空气中,则装置内部的损耗 P_I 为:

$$P_I = P_e - \frac{1}{2}P_S$$

$$= P_O\left(\frac{1}{\eta} - 1\right) - \frac{1}{2}P_S$$

由此求得温升为:

$$\Delta T_e = \theta_e \cdot P_I$$

$$= \theta_e\left[P_O\left(\frac{1}{\eta} - 1\right) - \frac{1}{2}P_S\right]$$

ΔT_e 与环境最高温度之和就是安装元器件实际的环境温度。

4. 散热器的形状及其安装方法

即使采用相同热电阻的散热器,形状及安装方法不同,温升也存在很大差异。

附图 8 给出 2 种散热器的比较。它们的散热片分别为水平放置和垂直放置。图(a)所示的散热片呈水平布置,由于散热片之间不存在空气对流,因而散热条件差。通常上述布置上的差别会产生 10℃ 的温差。

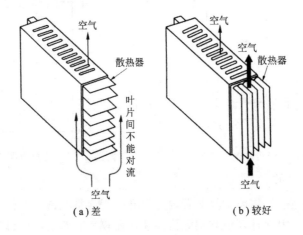

附图8　散热器的配置方法

显然在考虑装置的布置时,散热片应该呈垂直方向布置。

另外,散热片的间距过窄以及过长均对空气对流产生不利影响,一般来说,散热片的间隔至少在 5mm 以上。

散热元器件的安装

1.半导体元件的安装

下面讨论大功率损耗的功率半导体元件的散热问题。

大功率的半导体元件,无论是晶体管还是二极管都需要安装散热器。

可是安装方法不同,半导体与散热器间的接触热电阻不一样,温升也产生差异。当然,绝缘体种类的不同,热电阻也存在差异,是否涂有硅酮酯膏将产生30%的温差。

附图9给出TO3型晶体管温升的测定方法,附图10给出TO220型晶体管温升的测定方法。本书所采用的SAKON公司晶体管都不需要涂抹硅酮酯,因而只给出了一种数据。

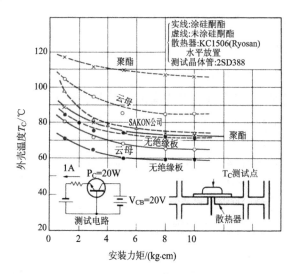

附图9 TO3晶体管的温升

图中横坐标为紧固力矩,它表示晶体管拧紧的程度。当力矩达到某一值后温升明显降低,由此进入温升变化不大的区域。因此,拧得太紧是不必要的,这会增加元器件的机械应力,所以我们不提倡拧得太紧。

涂有硅酮酯的元件其温升总是较低的。但是,如果给塑料封装的TO220等涂上硅酮酯,油剂从密封材料与金属之间的间隙浸透到元件内部,导致元件的可靠性降低。

有时,由于布线和印刷电路板结构的关系,散热器不能直接安装在半导体上。此时,采取如附图11所示的方法,用铝板等把热传递到散热器。

铝板越厚导热性能越好。但若折成直角时,由于折角处存在裂缝,将增大热电阻。

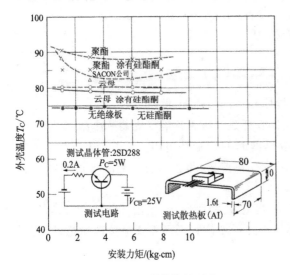

附图 10 TO220 晶体管的温升

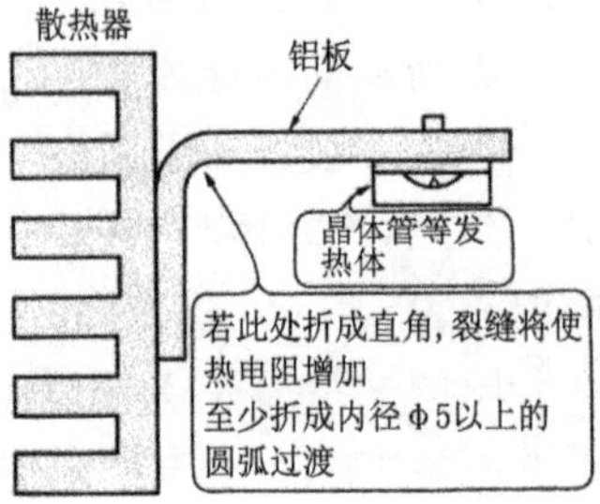

附图 11 半导体的热传导方法

因此,请最好弯成直径约为 5R 的圆弧。

2. 变压器以及线圈的发热

通常变压器和线圈都很笨重,因此从机械强度考虑,除小功率之外,商用电源变压器均不布置在电路板上。通常以 5V·A 容量为临界值。

至于开关稳压器的绕组,即使它们的功率很大,绕组的体积也比较小且质量轻,因此,一般直接安装在电路板上。但是,若将笨重元器件安排在面积较大的电路板中央(附图 12),电路板容易被压弯,因此应将笨重元器件布置在电路板的端部。

变压器也是重要的发热源,且表面和内部的温差也在 10℃ 以上。

根据绝缘类型不同对变压器的绝缘材料有明确的规定(附表 1)。通常采用的氨基甲酸电线属于 E 类,它确保的绝缘温度上限为 120℃。

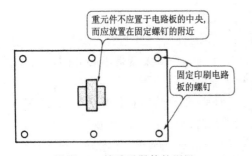

附图 12 笨重元器件的配置

附表 1 变压器的绝缘种类

绝缘种类	最高容许温度
A 种	105℃
E 种	120℃
B 种	130℃
F 种	155℃
H 种	180℃

电阻法是计算变压器内部温度的方法之一,该方法基于铜绕组电阻值的增加与温度成正比的关系进行温度计算。

可按下式计算温升量 ΔT：

$$\Delta T = \frac{R_2 - R_1}{R_1}(234.5 + t)$$

式中：R_1 为通电前绕组的直流电阻；R_2 为通电后绕组的直流电阻；t 为室温。

但是，变压器的温度上升到完全稳定需要相当长的时间，所以测定前必须先通电放置 1h 左右。

3. 电解电容器的安装方法

前面已经讲过，电解电容器对发热的承受力比较弱。下面讨论如何来选用它的形式和布线的注意事项。

对于输入为 AC100V 的线性可调型开关稳压器的初级整流电路，应着重注意电容器的静电容量大小，这对纹波电流有明显的影响，而对电容器的形式不必太在意。

但是，开关稳压器次级高频整流电容器的形式就不能忽视。因为决定电解电容器内部阻抗的电感因形状的不同而异。

电解电容器由 2 张铝箔和夹在其间的绝缘纸卷制而成，卷绕的圈数越多，电感越大，线性阻抗也越大。

因此，即使电容器的额定值相同，细长形状电容器的线性阻抗较低。

将电容器安装到电路板上时还必须注意线路的走向。

例如，在附图 13 中，如果有 2 个相同的电解电容器并联，图(a)所示的主电流的线路和电容器引脚之间存在电感成分。因此，应避免出现图(b)所示的让主电流通过电容器引脚的情况。

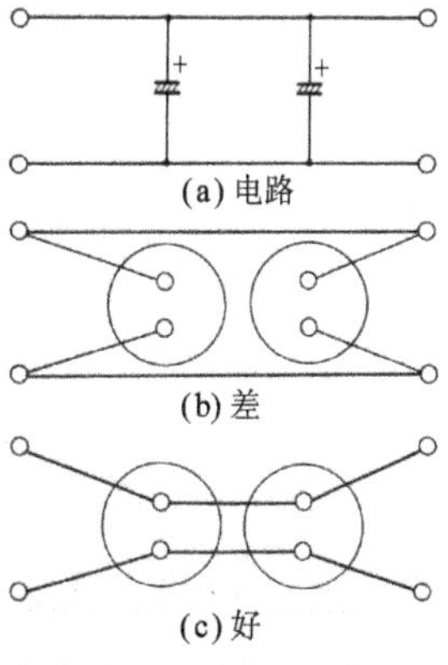

附图 13 电容器的布线实例

4. 功率电阻的安装方法

对于电阻本身来说，即使温度上升到 200℃ 左右都不会有什么问题。但是，如果电阻与印刷电路板靠得很紧密，那么电阻的温升也会使电路板的温度上升，结果产生变色或炭化等严重问题。

而且周围元器件的温度也会随之上升。

附图 14 给出电阻功率和表面温度关系的曲线，由图可知，电阻越大则温升越高。

因此，如果使用 1W 以上的电阻器，要求消耗的功率约为额定值的 $1/2 \sim 1/3$。如果将电阻悬浮安装在电路板上方(附图 15)，可防止基板温度上升。

100W 左右的电源，大部分的元器件一般都应安装在印刷电路板上。然而，如果电源的电压为 5V，直流电流就高达 20A，因此线路设计时应特别小心。

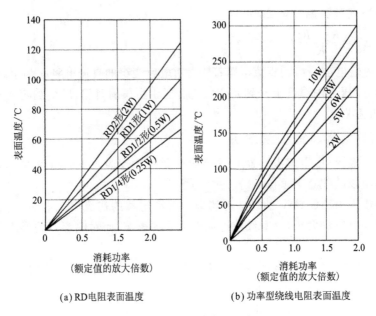

(a) RD电阻表面温度　　　　　(b) 功率型绕线电阻表面温度

附图 14　电阻的表面温度

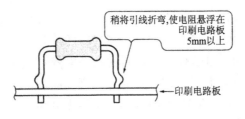

附图 15　功率电阻的安装方法

线路设计

1. 线路的许用电流

通常印刷电路板的铜箔厚度为 $35\mu m$。如果薄铜箔中流过大电流,必然会产生线路损失,并引起发热。

理论上讲,宽 1mm 的敷铜层一般可流过 1A 电流,这样算下来 10mm 的宽度大约可通过 10A 左右的电流,若让比 10A 更大的电流通过,温升就会很高。因此,此时敷铜层的宽度应设计得大于 10mm。

如果属于双面印刷电路板,正反面都有大电流流过,那么产生的热量集中在一起会造成更高的温升,这一点应特别注意。通常的办法是让主电流流过铜板,如附图 16 所示。

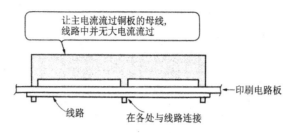

附图 16　电路板通过大电流的方法

2.线路间的耐压

近来,各国都强化了电气安全规格,尤其针对电源中初级电路的电极间距离与外加电压的关系做出了规定。附表2给出各国的典型数据。

且不说安全规格,对于线性可调型的开关稳压器,某些部分的电压值可能高达数百伏,因而注意线路间的耐压状况是十分必要的。

通常 1mm 的空间间隔距离相当于 1kV 的耐压。然而沿印刷电路板绝缘层表面距离(沿面距离)的耐压要低得多,实际上只有一半左右。因此,线路的间隔应留有足够的裕量。

应特别注意位于双面印刷板上面的电解电容器(附图 17)。因为电解电容器的外壳是(－)极,若(＋)电极的走线经过电容器的下方,就不能确保耐压。

3.绕组周围的线路

输出变压器以及扼流线圈会产生大量的漏电感。因此,其正下方或周围的线路将有可能被感应磁通。

特别是如果输出侧的(－)端受到这种噪声电压的干扰,那么无论在后部如何强化滤波也无法消除影响。

为了降低开关稳压器的噪声电压,通常需添加 π 型滤波器,若线圈采用开磁路型磁芯,那么磁通将与线路发生交链(附图 18),这时,如果两者的距离很近,即使磁通变化很小,也会存在干扰问题。

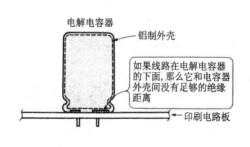

附图 17　电解电容器的走线

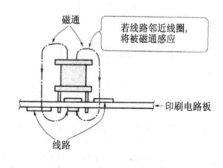

附图 18　绕组周围的线路

附表 2 各国的安全规格

(a) 初级电路间、空间、沿面距离 (单位：mm)

电路电压/V			初级电路间					
RMS	峰值	规格	UL	CSA	VDE	IEC	BSI	SEV
<50	71	空间距离	1.2	1.2	1.5	—	1.5	2.0
		沿面距离	1.2	1.2	2.0	—	2.0	2.0
<125	177	空间距离	1.6	1.6	1.5	1.5	1.5	3.0
		沿面距离	1.6	1.6	2.0	2.0	2.0	3.0
<130	184	空间距离	2.4	2.4	1.5	1.5	1.5	3.0
		沿面距离	2.4	2.4	2.0	2.0	2.0	3.0
<250	354	空间距离	2.4	2.4	2.5	2.5	2.5	3.0
		沿面距离	2.4	2.4	3.0	3.0	3.0	3.0
<354	500	空间距离	9.5	9.5	3.0	3.0	3.0	3.0
		沿面距离	12.7	12.7	4.0	4.0	4.0	4.0
<440	622	空间距离	9.5	9.5	3.0	3.0	3.0	3.5
		沿面距离	12.7	12.7	4.0	4.0	4.0	4.5

(b) 初级-接地间、初级-次级(non-SELV)间的空间、沿面距离 (单位：mm)

电路电压/V			初级-接地间 初级-次级(non-SELV)间					
RMS	峰值	规格	UL	CSA	VDE	IEC	BSI	SEV
<50	71	空间距离	1.2	1.2	1.5	—	1.5	2.0
		沿面距离	1.2	1.2	2.0	—	2.0	2.0
<125	177	空间距离	1.6	1.6	1.5	1.5	1.5	3.0
		沿面距离	1.6	1.6	2.0	2.0	2.0	3.0
<130	184	空间距离	2.4	2.4	1.5	1.5	1.5	3.0
		沿面距离	2.4	2.4	2.0	2.0	3.0	3.0
<250	354	空间距离	2.4	2.4	3.0	3.0	3.0	3.0
		沿面距离	2.4	2.4	4.0	4.0	4.0	4.0
<354	500	空间距离	9.5	9.5	—	3.0	—	3.0
		沿面距离	12.7	12.7	—	4.0	—	4.0
<440	622	空间距离	9.5	9.5	—	3.0	—	3.5
		沿面距离	12.7	12.7	—	4.0	—	4.5

(注 1) SELV 电路(safety extra—Low voltage circuit)：在正常及单一故障状态下，电路的设计和保护措施使操作中人所接触到的两个电路间的电压不超过安全值。通常指有效值在 30V，峰值在 42.4V 以下的电路。

non-SELV 电路：电压高于 SELV 的电路。

(注 2) 规格与对应国家的关系如下：

UL：美国 VDE：德国 BSI：英国 CSA：加拿大 IEC：国际电气学会 SEV：瑞典

4.输入输出线的布置方法

要想使电源装置的输入、输出的布线不受噪声影响,必须注意以下几点:

(1) 电源的输入、输出线尽量采用双铰线,如附图 19 所示;

(2) 在负载电路的入口接入薄膜电容器以降低噪声;

(3) 在多输出电源中,若接地线不共地,各电路应采用双绞线连接;

(4) 勿使输入端和输出端靠近;

(5) 若电源金属封装的外部导线分布密集,导线将将被封装内的噪声电流所感应。因此尽量不要沿金属封装布线。

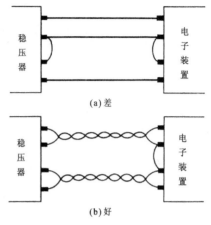

附图 **19** 外部布线方法

小结　电源电路的新技术

※ 改善功率因数的有源平滑滤波器
※ 高频率低噪声的共振型电源

电源电路是电子设备的核心,因此对有关技术的研究开展得非常活跃。虽然大部分研究项目在未来几年都不可能实现,但其中也不乏不久即可达到实用化要求的技术。

作为本书的结尾,作者向大家介绍两项有关电源电路的前沿技术。

一个是提高线性可调型开关稳压器的整流电路功率因数的技术;另一个是进一步实现开关稳压器高频化、小型化的共振电源技术。

现有整流电路的缺点

1.平滑电容器的充电电流问题

如果电子设备的输入源于商用 AC100V 电源,那么整流电路是必不可少的。在小型设备中,只要电源变压器把电压转换成数伏至数十伏的交流,再经过整流就可得到直流电源。

但是,在第 2 篇第 3 章(RCC 稳压器)、第 4 章(正向变换器)及第 5 章(多管式变换器)中我们频频接触到线性可调型开关稳压器,它经常被用来将 AC100V 直接整流到 130V 左右的直流,然后在数百千赫的高频下实现功率转换,而线性可调型稳压器大多基于桥式整流器的电容器输入型整流方式。

图 1 给出一典型实例的电路结构。桥式整流属于全波整流方式,整流电压波形为 2 倍电源频率的交流(图 2)。此时,i_1 和 i_2 交替对电容器充电(图 3),充电电流为非常大的脉冲电流(图 2),这是造成整流电路的功率因数低下的问题所在。

2.电容器输入型整流电路回顾

电容器输入型整流方式为峰值充电方式,在线性可调型电源中,当 AC100V 输入时,交流的最大值达到 140V 左右时才对电容器充电。由平滑电容器的端子电压与交流电压的关系可知,如果交流电压值降低,则电容器无充电电流流过。

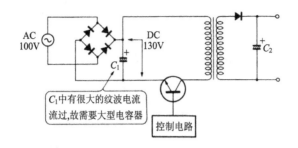

图 1 线性可调型电源的构成

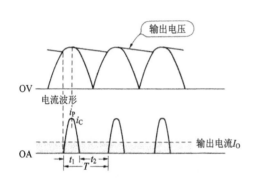

图 2 电容器输入型整流的纹波电压和电流   **图 3** 电容器输入型的电流路径

但是在此期间,由于电容器会连续向开关稳压器的负载释放存储电荷,因此电容器端子电压随时间逐渐下降。下降斜率由负载电阻 R_L 和电容器的静电容量 C 即充电时间常数确定。经过时间 t 后,电容器的端子电压可表示为

$$V_C = V_P \cdot \varepsilon^{-\frac{t}{CR_L}}$$

式中:V_P 为充电电压的最大值。

若交流电压再度开始上升,它高于电容器的端子电压后,将产生充电电流,从而电容器端子电压也随之上升。端子电压的变化构成输出纹波电压。

因此,若负载电阻 R_L 不变,则电容器的静电容量越大,那么 t_2 期间电压下降的斜率越小,而纹波电压的值也越小。

3. 平滑电容器充电电流的大小

如前所述,电容器输入型整流电路并非在交流循环的整个周期内都有充电电流。如图 4 所示,仅在 t_1 期间才有电流流过电容器,称 t_1 为导通角,电容器中充电电流的平均值等于直流输出电流 I_O。因此,输出电流 I_O 可表示为:

$$I_O = \frac{1}{T} \int_0^{t_1} i \, \mathrm{d}t$$

这意味着图 4 所示的充电电流的面积等于直流输出电流 I_O。

然而,这里存在一个问题。对于相同输出电流 I_O,要减小导通角 t_1,则必须增大充电电流的最大值 i_P。因此,充电电流的有效值 i_{RMS} 为:

$$i_{RMS} = \sqrt{\frac{1}{T} \int_0^{t_1} i^2 \, dt}$$

可见其值非常大值。

整流电路中电解电容器的温度随内部损耗增加而上升,同时元器件的寿命缩短。利用图 5 所示的等价电路的电阻成分 r 和充电电流的有效值,即可求得电解电容器的损耗就是由 $(i_{RMS}^2 \cdot r)$ 引起的发热。

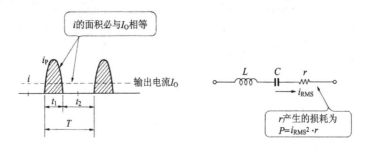

图 4 电容的纹波电流   图 5 电解电容器的等价电路

因而,需要对所有流经电解电容器的最大电流值做出规定,称之为容许纹波电流。这意味着要制作可靠性高的电源电路,至少应使电容器的充电峰值电流 i_P 较小,且纹波电流也应较小。

照片1给出电容器输入型整流方式的输入电流波形,照片2给出输出纹波电压的波形。

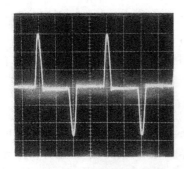

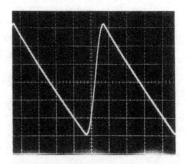

照片 1 电容器输入方式的输入电流
（0.5A/div、5ms/div）

照片 2 电容器输入方式的输出纹波电压
（0.5A/div、5ms/div）

4. 功率因数分析

在线性可调型稳压器中,即使平滑电容器的充电电流与输入侧交流电路的电流具有相同的波形,从 AC 输入侧看,电路的视在功率因数也很低。

根据电路理论,功率因数可表示为

$$\cos\varphi = \frac{W}{VA}$$

当交流电源的负载为纯电阻时,上式成立(图 6)。

上式中 $\cos\varphi$ 的 φ 表示电流和电压的相位差,如果电路为电容性负载,那么电流的相位超前 $90°$(图 7),如果电路为电感性负载,那么电流的相位滞后 $90°$。

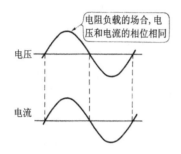

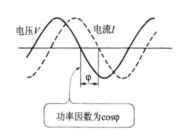

图 6　电阻负载的电流和电压　　　　**图 7**　功率因数

然而,整流电路的视在功率因数并不是指电流和电压的相位差,而是有功功率 W 与视在功率 $V \cdot A$ 的比例,可用图 8 所示的测定电路来表示。在普通的电容输入型整流中,有

$$\frac{W}{V \cdot A} \approx 0.6$$

这个数值非常差,是由于视在功率表达式中电流的有效值太大所引起的问题。

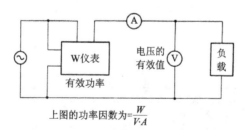

上图的功率因数为 $= \dfrac{W}{V \cdot A}$

图 8　有功功率和视在功率的测定电路

5. 扼流线圈输入型整流

为改善电容器输入型整流的输入电流波形,最简单的方法是采用扼流线圈输入型整流方式。

如图 9 所示,在桥式整流器和平滑电容器之间连接一个扼流线圈。扼流线圈的电感限制了流向电容器的充电电流,扩展了导通角,起到改善功率因数的作用。

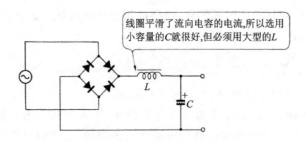

图9　扼流线圈输入型整流方式的原理图

　　但是该方式中,由于整流输出电压 V_O 为交流电压的平均值,因而 V_O 低于输入电压的有效值,约为有效值的 0.9 倍。

　　并且只有当输出电流非常大时才满足这个倍数关系,当输出电流很小时,整流工作状态更多地类似于电容器输入型,输出电压急剧上升。

　　因此,扼流线圈的电感值必须很大,结果体积也很大、质量也很可观,几乎无法用于小型电源装置。

　　这说明实际应用需要一种即可实现小型化又可改善功率因数的方法。有源平滑滤波器就是其中之一。

有源平滑滤波器

1. 有源平滑滤波器 IC——TDA4814

　　图 10 给出实现快速平滑滤波的结构图。在该电路中,由升压型斩波变换器替代了平滑电容器。

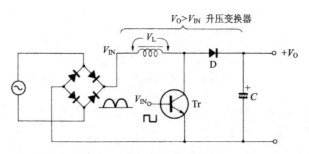

图10　有源平滑滤波器的结构

　　升压型斩波的原理在第 2 篇第 2 章中已做过详细的叙述,它属于输出电压高于输入电压的非绝缘型开关稳压器。

　　实现快速平滑滤波的电路结构非常复杂。近来德国西门子公司推出一种专用控制 IC,只需在其外部连接几个元器件即可得到极好的滤波特性。该 IC 的型号为 TDA4814,在具有 14 条引脚的 DIP 封装内几乎集成了所有必要的功能。

图 11 给出 TDA4814 的引脚图,表 1 给出了它的电气特性。

表 1　TDA4814 的电气特性

项　目	符　号	条　件	min	max	单　位
供给电压	V_S	齐纳电压	-0.3	V_Z	V
比较器输入(+)	$V_{COMP(+)}$	IC 内部电压 V_{QM}	-0.3	33	V
比较器输入(-)	$V_{COMP(-)}$		-0.3	33	V
控制放大器输入(+)	V_{REF}		-0.3	6	V
控制放大器输入(-)	$V_{OP(-)}$		-0.3	6	V
乘法器输入(M_1)	V_{M1}		-0.3	33	V
乘法器输入(M_2)	V_{M2}		-0.3	6	V
齐纳电流(V_S-GND)	I_Z	P_{max}	0	300	mA
驱动输出	V_Q		-0.3	V_S	V
驱动输出箝位二极管	I_Q	$V_Q>V_S,V_Q<-0.3V$	-10	10	mA
起动输入	V_{ISTART}		-0.3	25	V
起动输入外部容量	C_{ISTART}	$I\ START-GND$		150	μF
起动输出	V_{QSTART}		-10	3	V
停止输入	V_{ISTOP}		-0.3	33	V
停止输出	V_{QSTOP}		-0.3	6	V
检测器输入	V_{IDET}		0.9	6	V
检测器输入箝位二极管	I_{IDET}	$V_{IDET}>6V,V_{IDET}<0.9V$	-10	10	mA
结点温度	T_j			125	℃
保存温度	T_S		-55	125	℃
热电阻(结点-周围)	R_{thJa}			65	℃/W

在有源平滑滤波器中,经过桥式整流器后得到的全波整流交流波形再被转换成为频率在数千赫以上的开关电流,如图 12 所示。

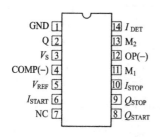

图 11　TDA4814 的引脚图

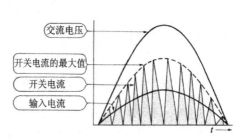

图 12　开关电流的波形

于是,输入电流波形为各开关电流各周期的平均值,即使负载侧有大容量的电容器,也宛如纯电阻性负载一般,宏观上输入的开关电流为正弦波状。

此时,即使输入电压或者负载电流发生变化,只要与之相应地改变各个开关电流,就能实现直流输出电压的稳定化,且平滑电容器的纹波电流也将大幅度减小。

2. 基于 TDA4814 的稳压电源

利用 TDA4814 可构成快速平滑滤波工作的电路。图 13 给出由 TDA4814 构成的稳压电源。

在图 13 中,交流电压经 R_1 和 R_2 分压后,加到 TDA4814 的管脚 11,即乘法器的 M_1 上。M_2 端子与 OP 放大器的输出相连。该 OP 放大器是稳定整流输出的误差放大器,正向输入端的 2V 基准电压来自内部。输出电压的检测信号加到反向输入,即管脚 12 上。

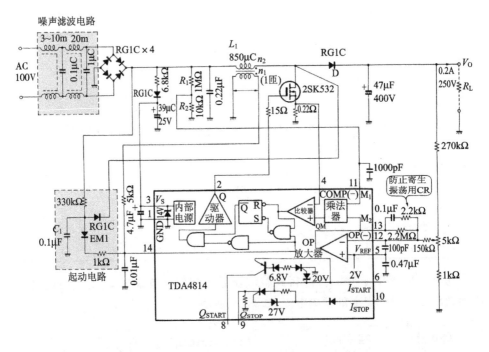

图 13 250V、0.2A 的稳压电源电路

若输出电压 V_O 下降,则 OP 放大器的输出上升,作为乘法器的输出信号,QM 使脉动电平上升并送至比较器。开关电流的检测信号加到比较器的另一个反向输入端管脚 4。

若开关电流的检测信号与乘法器的输出电压 QM 相等,则比较器反相。于是导致 RS 触发器复位,激励电路的输出转为低电平,开关晶体管 OFF。

于是,电流流过线圈 L_1,使其产生反向电动势,让二极管 D 导通,并向负载提供电流。线圈中绕制 n_2 绕组的作用是检测线圈的内部电流。

当线圈中存储的能量全部供给负载后,不再产生反向电动势,端子电压 V_2 恢复为零。

如图 14 所示,在晶体管 ON 期间,输入电压加在线圈 L_1 上,其端电压变为:

$$V_2 = \frac{n_2}{n_1} \cdot V_{\text{IN}}$$

而 Tr_1 OFF 期间,端电压为:

$$V_{2'} = \frac{n_2}{n_1} \cdot (V_{\text{O}} - V_{\text{IN}})$$

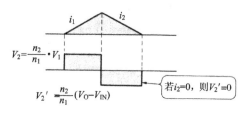

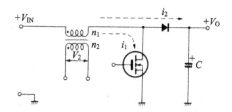

图 14 线圈的电流检测

存储能量释放完毕后 V_2 变为零,IC 内部的触发器置位,并输出使开关晶体管 ON 的信号。

基于上述电路动作过程,由于二极管的电流变为零后开关晶体管才 ON,因此二极管的反向恢复特性很少出现,不会产生短路电流。

然而,当该 IC 接通电源时,若无起动信号加到引脚 14(电流检测引脚),IC 就无法起动自激振荡,因此需要在电路外部添加起动电路。

输入电源接通后,首先全波整流产生交流,经过 CR 后,该交流成为小电压的脉冲加到管脚 14,它使 IC 内部的触发器置位,输出最初的 ON 驱动信号。

IC 开始自激振荡后就不再需要起动电路了,电容器 C_1 通过二极管向开关晶体管放电。

另外,IC 用作直流整流时不需使用管脚 6、8、9、10。

3. 开关晶体管的选定——MOS FET

对这个有源平滑滤波器来说,MOS FET 是最为合适的开关晶体管,当然,也可采用双极型晶体管。IC 的驱动输出可以直接驱动 FET 的门极,此时 $I_{\text{SOUSE}} = 200\text{mA}$,$I_{\text{SINR}} = 350\text{mA}$。

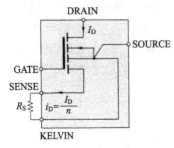

图 15 SENSE FET

摩托罗拉公司最近推出的 SENSE FET 更为实用。该 FET 为 5 端子结构,除了漏极、源极、门极之外,还添加了 SENSE/KELVIN 端子(图 15)。利用该 FET 检测开关电流即漏电电流,检测电阻中几乎没有电流流过,因此电流检测没有损耗。

反观 MOS FET,则必须设法减小漏极-源极间的导通电阻 $R_{\text{DS(ON)}}$,降低电压降 $V_{\text{DS(ON)}}$,从而达到减少损耗的目的。因此在内部构造上,它采用的是被称为栅元的小元件并联结构。设并列的数目为 n,漏极电流 I_{D} 均等地流过各个栅元,则每个栅元的电流为

$$i_{\text{D}} = \frac{I_{\text{D}}}{n}$$

因此,与之连接的电流检测电阻中几乎没有损耗。图 16 给出以检测电阻为参数的漏极电流和检测电压的关系曲线。

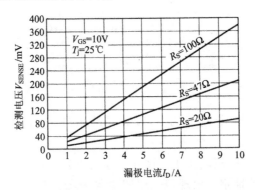

图 16 功率 MOS FET 的 I_{D} 和 V_{SENSE} 的关系

OFF 时,漏极-源极间的电压就是输出电压 V_{O},若假设该电源为线性可调型电源,则必有 $V_{\text{DSS}} \geqslant 250\text{V}$。但目前 SENSE FET 的最大耐压为 150V,近期还会发布高耐压的产品。

本例采用 400V 耐压的普通 MOS FET 2 SK532,利用 0.2Ω 的低电阻进行电流检测。

4. 消除输入反馈噪声措施的必要性

对于快速平滑滤波,一定要注意返回到 AC 输入侧的输入反馈噪声。在这种滤波方式中因为是对 AC 输入电源直接进行高频开关,开关电流引起的噪声会在

输入侧出现,并对周围的其他设备造成影响。

因此,必须采取措施消除噪声。在图 17 中的电路中接入了 L_1、L_2、C_1。由于开关电流引起的噪声是常态噪声,C 和 L 构成常态模式滤波器。

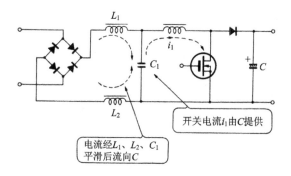

图 17　常态模式滤波器

电容器 C_1 的静电容量越大,削减噪声成分的效果越好,但是容量太大就与电容器输入型整流没有区别了。另外,每一个开关周期都有电流流过电容器为好,本例使用 $0.22\mu F$ 的薄膜电容器。

选择聚丙烯薄膜电容器的原因是流过电容器的电流属于高频大电流,因此低阻抗,损耗小的电容器比较适合。

5. 有源平滑滤波器的功率转换效率

与普通的电容器输入型整流方式相比,有源平滑滤波器中所采用的元器件数量有所增加。因此,产生功率损耗的元器件也相应增加,功率转换效率略有下降。

但是,由于它的电流波形为正弦波,所以桥式整流器的损耗减小。另外,开关晶体管和防止逆流用二极管的损耗增加了。综上所述,应采用开关速度快、电压降小的开关元件。

6. 克服寄生振荡的方法

图 13 所示的稳压电源电路通过反馈控制检测整流输出电压实现稳压功能,一旦反馈系统中存在相位差就会引起寄生振荡现象。

寄生振荡属于振荡现象的一种,在相位延迟为 180° 的频率处,误差放大器的增益必为零。

为了克服寄生振荡,图 13 所示的电路中,在 TDA4814 的引脚 12 和引脚 13 之间串联了相位补偿电阻和电容器。

7. 与电容器输入型的功率因数比较

可以将电容器输入型整流与有源平滑滤波器进行一下比较,表 2 给出了整流输出为 DC 250V、0.2A、50W 时的测量数据。

从表2可以查出,有源平滑滤波器的输入功率损耗增加1.5W,与总的输出功率比,其效率下降约3%,功率因数为0.96,略低于理论值。如照片3所示,为使开关动作在零交叉点附近停止,电流导通角不能为180°。

尽管如此,与电容器输入型(功率因数=0.57)相比,有源平滑滤波器的功率因数得到了大幅度提高。

表 2   特性数据

项　目	有源平滑滤波器	电容器输入型	单　位
输入电压	100	188	V_{AC}
输入电流	0.56	0.49	A_{RMS}
输入功率	54	52.5	W
功率因数	0.96	0.57	$\dfrac{W}{V \cdot A}$
输出纹波电压	5.5	13	V_{P-P}
纹波电流	0.12	0.23	A_{RMS}

照片4～照片6给出了各部分的波形。由图可知,有源平滑滤波器较电容器输入型整流电路有诸多优点。由于流过电容器的纹波电流为正弦波(照片3),所以无论是纹波电流还是纹波电压都被大幅度地削减,甚至使用小型电容器也可得到很高的可靠性。

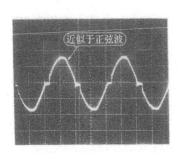

照片 3   有源平滑滤波器的输入电流
(0.5A/div、2ms/div)

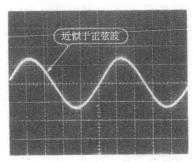

照片 4   有源平滑滤波器的输出纹波电压
(2V/div、2ms/div)

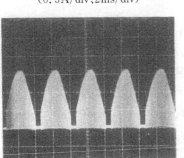

照片 5   FET 的漏极电流
(0.5A/div、5ms/div)

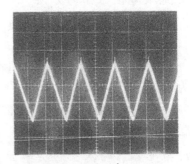

照片 6   线圈的开关电流
(0.5A/div、50μs/div)

由于有源平滑滤波器升高整流电压也能实现稳压输出,因此,对于连接负载的开关稳压器来说,它的设计相对比较简单。

当然,它还有不少缺点有待改进,因此仍有许多课题留待今后研究,但是,只要向有源平滑滤波器和开关晶体管集成化的道路发展,使用起来就会简单许多。

开关频率的高频化

随着电子设备向小型发展的趋势,电源部分也面临小型化的问题。

功率 MOS FET 的出现和高频整流二极管的特性改善,以及输出变压器磁芯的低损耗化等等都有助于电源的小型化。同时电路的集成化也为小型化提供了很大的方便。

然而,要想实现开关频率的高频化,大多数的电路元器件还应该做得更小一些,因此,在高频化方面要继续一点一点地努力。

1.高频化的优点

实现高频化,首先可以使输出变压器变小。如前面所述,输出变压器的初级绕组的匝数 N_P 可表示为:

$$N_P = \frac{E}{\Delta B \cdot A_e \cdot f} \times 10^8$$

由于 f 为开关频率,高频化后 N_P 减少,采用小磁芯的变压器即可满足要求。

图 18 中,防止噪声用的共态扼流圈的噪声衰减特性 A 的增加与频率成正比,即

$$A = \frac{\omega L + R}{R}$$

换而言之,若衰减率相同,高频越高,共态扼流圈的电感越小,式中 R 表示电路电阻分量。

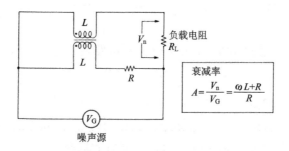

图 18　共态扼流线圈的等效电路

在图 19 中,普通开关稳压器负载电流急剧变化所引起的电压变化(称为动态负载变化),是靠位于输出变压器间的电容器所存储电荷加以补偿的。为了防止寄生振荡,即使是 100kHz 的开关稳压器,反馈环的响应频率也应被限制在 5kHz 以下。

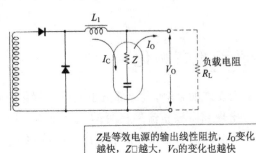

Z是等效电源的输出线性阻抗,I_O变化越快,Z□越大,V_O的变化也越快

图 19 电源负载的动态变化

若负载变化使响应速度超过上述界限,误差放大器就无法输出稳定的电压。因此,通常需在输出导线上添加大容量的电解电容器。但由于电解电容器存在使用寿命上的问题,因此,原则上仍应尽量减少该类元件的使用。

实现开关频率的高频化,可减少输出侧平滑扼流线圈的电感,同时也呈正比地减少了反馈环内的相位延迟。

其结果是即使误差放大器的响应频率很高,也不会引起寄生振荡现象。也就是说,即使负载电流急剧变化,不依靠输出变压器间的电容器所存储电荷也能得到稳定的输出电压。

因而平滑用电容器就可以无需采用寿命较短的电解电容器,而代之以其他高可靠性的电容器,如薄膜电容器或层叠陶瓷电容器等。

2. 实现开关频率高频化的难点

目前常用的开关稳压器的动作波形基本上都是方波。不同电路方式的电压波形及电流波形多少存在一定差异,但为了减少开关晶体管的损耗,显然必须提高导通/关断时的开关速度。

可是,电流开关速度太快,由开关电流和电路电感引起的噪声电压也随之增加,即

$$V_n = -L \cdot \frac{\mathrm{d}i}{\mathrm{d}t}$$

如果属于小型化的电源,那么开关频率提高后,既会增加开关晶体管的损耗,也会相应地加快电流的开关速度,结果又进一步增加了噪声。

这是限制开关稳压器开关频率高频化的一个重要障碍。

随着以存储器为代表的半导体制造技术的出现,电子设备快速地向小型化发

展。因此要求电源部分也必须相应地向小型化发展。几年前开始出现共振型电源的研究,作为一项新的电源技术,它目前正在逐渐深入地展开。

目前这项技术尚未成熟,也许不久的将来会成为电源技术中最有前途的方法之一,它具有同时实现高频化、小型化和低噪声化的潜在可能。

什么是共振型电源

1.共振型的基本思路

顾名思义,所谓共振型电源就是通过线圈和电容器使电流或电压产生共振,让电路以正弦波的形式进行开关动作。

如图20所示,使开关电流共振的称为电流共振,或串联式共振;使电压共振的称为电压共振或并联式共振。

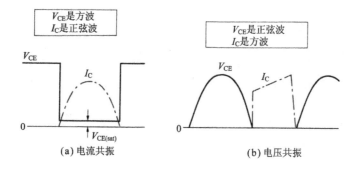

图20 共振型电源的动作波形

下面来分析图20(a)所示的电流共振型电路的工作过程。最普通的电路结构为图21所示的变形半桥式电流共振型电源。

在该电路中,若晶体管 Tr_1 ON,则电流 i_1 流过共振电容器 C_R 和共振线圈 L_R,当频率为

$$f = \frac{1}{2\pi\sqrt{L_R \cdot C_R}}$$

时产生共振,并得到正弦波。该电流流过输出变压器的初级绕组 N_P,并向次级绕组 N_S 传递功率。

若 Tr_1 OFF,而 Tr_2 ON,与 i_1 反方向的电流 i_2 流过 C_R 和 L_R,变压器的次级成为基于中心抽头绕组的全波整流,每半个周期都输出相同的功率。

晶体管的集—射极间的电压 V_{CE} 以方波形式反复 ON/OFF。在电压波形变为ON的同时,集电极电流 I_C 沿图20(a)中的共振曲线从零开始慢慢上升。因此,晶

体管导通时几乎没有产生开关损失,就转移到 ON 状态。

其后,电流沿共振曲线逐渐减小直到零。此后,若开关的电压波形 OFF,即使处于关断过渡状态,V_{CE} 和 I_C 也不会重叠,因此不会产生开关损耗。

这样一来,无论动作频率如何上升,开关损耗都不会增加,效率也不会降低。

电流波形时间的变化率 $\mathrm{d}i/\mathrm{d}t$ 远小于方波,其噪声电压也很低。加之是正弦电流波形,所含高谐波成分非常少,这意味着可实现低噪声化。

2. 基本的电路构成

图 22 给出电压共振型的基本电路结构。在推挽式变换器的输出变压器初级绕组的两端,附有共振电容器。

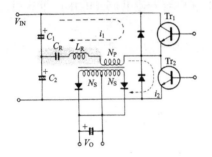

图 21　变形半桥式电流共振型电源

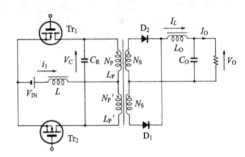

图 22　推挽式电压共振型电源

若晶体管 Tr_1 ON,则电流 i_1 流过输出变压器的 N_P 绕组。此时,由于 Tr_2 OFF,$N_{P'}$ 绕组产生电压 V' 为:

$$V' = \frac{N_{P'}}{N_P} \cdot V_{IN}$$

由于 $N = N_{P'}$,因而 $V' = V_{IN}$。

然而,由于有电容器 C_R,V' 无法立刻达到 V_{IN},并在 $N_{P'}$ 的电感 $L_{P'}$ 的作用下,电压产生共振并慢慢上升。

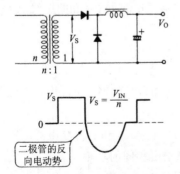

图 23　次级整流二极管的外加电压

共振的频率 f 为:

$$f = \frac{1}{2\pi\sqrt{L_{P'} \cdot C_R}}$$

该共振电压波形作为集射极间的电压加到晶体管 Tr_2 上。V_{CE} 沿共振曲线达到零后,若 Tr_1 OFF,Tr_2 ON,则 V_{CE} 和 I_C 不会产生重叠,也不会产生开关损耗。

该电压使变压器的次级绕组也感应了与匝数比成正比的电压。因此,如图 23 所示,次级整流二极管的外加反向电压也从零开始慢慢上升。

由二极管的反向恢复特性可知,短路减小了,从而降低了噪声。同时,电压波形中含有的高谐波成分也很少,从这一点来说,即使产生噪声也可以限制在很低的程度上。

因此,共振型电源也可实现开关频率的高频化,构成低噪声高效率的电源。整理目前常用的所有开关稳压器的构筑方式,即可构成共振型电源。

3. 单管式电流共振型变换器

图 24 给出了单个晶体管构成的电流共振型变换器。若晶体管 Tr_1 ON,经限流用的扼流线圈 L_1,输入侧电源有电流 i_1 流过 Tr_1。由于 L_1 的值非常大,i_1 几乎为方波电流。

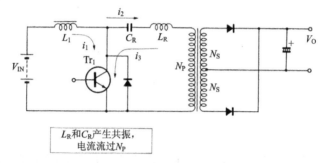

图 24　单管式电流共振型变换器

经过某一 ON 时间 t_{on} 后,Tr_1 OFF。于是,L_1 产生反向电动势,电流 i_2 沿共振电容器 C_R 的充电方向流过变压器的初级绕组。此时,由于 L_1 和 C_R 的时间常数远大于 t_{on},故 i_2 不是共振波形。

接下来,若 Tr_1 再次 ON,与 i_1 同时还存在电容器 C_R 中充电电荷所释放出来的电流 i_3。由于 L_R 小于 L_1,它与 C_R 之间形成共振状态,i_3 为正弦波。

Tr_1 的集电极电流为方波 i_1 和正弦波 i_3 的耦合波形。但变压器内只有正弦波电流,与普通开关稳压器相比,可以降低噪声。

4. 基于正向变换器的电压共振

图 25 给出一个将正向变换器变形得到的电压共振型电源的实例。在晶体管 Tr_1 ON 期间,它与普通的正向变换器具有相同的动作。

若经过 ON 时间 t_{on} 后 Tr_1 OFF,连接在集电极-发射极间连接的电容器 C_R 和变压器的电感分量 L_P 使电路共振,电压波形为正弦波。若输入侧的电容 $C_1 \gg C_R$,则共振频率由 C_R 决定。

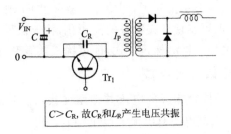

$C > C_R$,故C_R和L_R产生电压共振

图 25   基于正向变换器的电压共振型电源

共振型电源的课题

1. 如何进行稳压控制

与普通开关稳压器相比,无论何种电路方式的共振型电源的性能都非常好。但是,目前限制这种电源应用的一个瓶颈来自于输出电压的稳压控制非常困难。

要是普通开关稳压器,通过改变晶体管的 ON 时间的 PWM 控制就可非常容易地调整输出电压。

但对于如图 26 的共振型电源,如果 t_on 变化,就将偏离共振条件。这样在集电极电流变为零后好容易让晶体管 OFF 的优点却丢失殆尽了。

图 27 所示的电压共振型电源中,在电压达到 0 之前必须让晶体管 ON,这也产生了同样的问题。

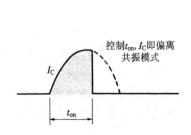

图 26   电流共振型电源的难点

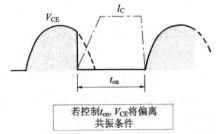

图 27   电源共振型的难点

因此,目前的做法是让电流共振型电源的 ON 时间固定,以及让电压共振型电源的 OFF 时间固定,再通过改变动作频率,即靠频率控制法来实现稳压。于是可见,这样虽可以确保共振条件不被破坏,但是必须与输出电流成正比地降低频率。

结果,好容易实现的高频化又不得不根据最低频率来决定电路常数,因而无法达到所期望的小型化结构。

2.改善特性的控制方法

这里提出图 28 所示的电路结构。

我们所采用的方法是在共振电流流经的路线上添加由 L_R' 和 C_R' 构成的并联共振电路,或称辅助共振电路。辅助共振电路的共振频率 f' 预先设定为略低于 C_R 和 L_R 的共振频率 f。

从本质上说,该方法也是固定 Tr_1 和 Tr_2 的 ON 时间的频率控制方式,利用了并联共振电路在共振点附近呈现高阻抗的特性(图 29)。

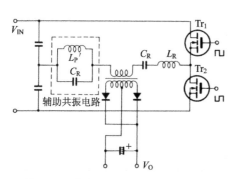

图 28 改善特性后的电流共振型电源

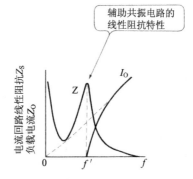

图 29 辅助共振电路的特性

例如,当输出电流从最大值慢慢减小时,频率相应也降低。当频率临近辅助共振电路的共振频率 f' 时,电路的阻抗上升,电压降 V' 增加。于是输出变压器的初级绕组 N_P 的外加电压 V_P 下降至:

$$V_P = V_{IN} - V'$$

结果次级绕组的电压也降低,达到改变输出电压的目的。

对于共振电路,无论电压降如何降低,除纯电阻以外都不会产生损耗,于是就实现了在不降低效率的条件下进行稳压控制的任务。

这一思路虽然很好,但需要添加其余的共振元器件,从经济角度来说并不实用。因此,一些研究人员正在探索更为完善的控制方法,目前已经有一些新的设计思路发表,今后这样的研究还会持续下去。

可以想像,在不久的将来,基于共振方式应该能够构建工作频率超过 10MHz 的小型、高效、低噪声电源。

参考文献

[1] 長谷川彰；スイッチング・レギュレータ設計ノウハウ，CQ出版社.
[2] 白庄司・戸川；スイッチング・レギュレータの設計法とパワー・デバイスの使い方，誠文堂新光社.
[3] 新電元，半導体製品カタログ，CAT Ne.F 029.
[4] 日立製作所，情報産業用リニヤICデータ・ブック.
[5] 東芝，産業・汎用バイポーラIC.
[6] サンケン電気，半導体集積回路カタログ.
[7] ナショナル・セミコンダクター，リニヤICデータブック.
[8] テキサスインスツルメンツ，リニヤ・サーキット・データブック，No.SCJ 1166.
[9] 東芝，半導体データブック，パワートランジスタ編.
[10] フェアチャイルド，リニヤ・ディビジョン・プロダクツ・データブック.
[11] リョーサン，半導体素子用ヒート・シンク，CAT No.82.
[12] マキシム，パワー・サプライ・サーキット.
[13] モトローラ，リニヤ・アンド・インターフェースIC.
[14] 松下電器，コンデンサ・カタログ.
[15] 東北金属工業，東金プロダクツ'85/'86，No.GL 002.
[16] 太陽誘電，マイクロ・インダクター・カタログ.
[17] サンケン電気，半導体集積回路カタログ.
[18] 東芝，アモルファスCYチョーク・コイル.
[19] TDK，プロダクツ・セレクション・ガイド'85/'86.
[20] 戸川治朗；スイッチング・レギュレータの設計演習，トリケップス.
[21] 東芝，半導体データブック光半導体編.
[22] インターシル，アナログ・プロダクト総合カタログ，Vol.1.
[23] 日本電池，ポータラック・シリーズ・バッテリ・カタログ.
[24] 東芝，パワーMOS FET技術資料.
[25] サンケン電気，半導体カタログ・ダイオード.
[26] 村田製作所，中高圧セラミック・コンデンサ.
[27] 鳳，木原；高電圧工学，共立出版.
[28] 戸川治朗監修；スイッチング・レギュレータ実装トラブル対策の要点，日本工業技術センター.
[29] 横山秀夫監修；電源設計/製作技術，日本工業技術センター.
[30] 戸川治朗；スイッチング電源応用設計の問題と対策，トリケップス.
[31] 鍬田・榊原；動作周波数の負荷依存性を改善した直列共振コンバータ，電子通信学会 PE 86-13
[32] 日本金属，ニッパロイ・コア・カタログ.
[33] 日本フェライト，フェライト・コア・カタログ.
[34] マルコン電子，電解コンデンサ・カタログ.
[35] 信英通信工業，電解コンデンサ・カタログ.